生态环境监测技术与应用研究

楚君 王慧 任莹 著

东北林業大学出版社

Northeast Forestry University Press

·哈尔滨·

图书在版编目（CIP) 数据

生态环境监测技术与应用研究 / 楚君, 王慧, 任莹
著. -- 哈尔滨 : 东北林业大学出版社, 2023.9
ISBN 978-7-5674-3326-7

Ⅰ. ①生… Ⅱ. ①楚… ②王… ③任… Ⅲ. ①生态环
境—环境监测—研究 Ⅳ.①X835

中国国家版本馆CIP数据核字(2023)第181661号

责任编辑: 姚大彬
封面设计: 郭　婷
出版发行: 东北林业大学出版社
　　　　　 (哈尔滨市香坊区哈平六道街 6 号　邮编 : 150040)
印　　装: 北京四海锦诚印刷技术有限公司
开　　本: 787 mm×1092 mm　1/16
印　　张: 12.5
字　　数: 285千字
版　　次: 2023 年 9 月第 1 版
印　　次: 2024 年 4 月第 1 次印刷
书　　号: ISBN 978-7-5674-3326-7
定　　价: 80.00元

内容简介

　　生态环境监测是环境保护工作中一项不可缺少的基础性工作,也是环境质量研究的最基础工作之一。为进一步加强环境质量、环境管理和环境执法等工作,科学地开展野外环境监测工作,促进我国生态环境保护事业又好又快地发展,笔者将生态环境监测工作的经验知识、技术技巧、应急对策归纳编辑成册,介绍给读者,以便环境监测工作者在今后的工作中积极展开与应对。本书围绕环境监测的基础知识,主要内容包括:绪论、环境监测质量保证、水和废水监测、空气质量和废气监测、噪声监测、土壤质量监测、固体废物监测、环境污染生物监测、环境污染自动监测、环境监测新技术发展。本书适用于构建监测系统人员和研究生参考用书。

前　　言

　　环境问题不仅关乎人们的身体健康，而且对我国可持续发展战略的实施具有重要影响。近年来，虽然我国经济得到了飞速发展，但是从实际情况来看环境问题却越来越严重。为了响应国家环保号召，在城市发展规划中要平衡生态环境管理工作和城市经济发展工作，提升具体环节的整体水平和质量。相关监督管理部门要充分重视环境监测技术的价值，结合环境保护规划和方案落实相应的内容，促进环境保护工作的全面进步和发展，并且有效建立完整的环境监测体系，从而缓解生态被破坏的情况，打造更加合理的生态控制规范，实现经济效益和环保效益的共赢。因此，对我国环境监测技术进行研究具有现实意义，需要对其给予高度重视，以便对我国环境进行有效改善，促进环境保护工作的全面进步和发展，提高环境质量。

　　环境监测活动的开展需要科学合理的监测设备和高科技人员的储备，假如不具备这样的高端设施和人才，便无法有序地开展监测活动，致使下达的指令没办法完成，工作没有进展。所以，环境的科学治理不是一蹴而就的，需要长期的积累。我国对环境问题的重视程度与日俱增，对于企业的环保监督工作越来越密集，企业付出的环保成本也在迅速增加，这也迫使企业走向绿色节能产业之路，而回避用污染换利润的行业。环保工作是利国利民的，民众需要长期坚持把环保工作做到位。

　　本书具有以下特点：

　　（1）以工作过程为导向开发学习项目，以工作任务为载体构建本书内容。本书以生态环境监测工作过程为导向开发了体现岗位核心能力的几个典型学习项目，如污水监测、环境空气监测、土壤污染监测、噪声监测、辐射监测、生态监测等。

　　（2）适应我国环境监测发展需求，在系统地选择了经常性监测内容的同时，注重突出服务性监测。

　　（3）适应教育改革的理念和发展方向，理实融合，方便采用项目化、按任务教学的模式，学做一体，可实施性强，有利于培养学生应用能力和职业能力。

　　（4）融入新技术、新标准。监测因子的选择注意先易后难，避免重复，在线监测按监测对象归属相应章节，依据新标准规范增加了应急监测等。

　　为了确保研究内容的丰富性和多样性，作者在写作过程中参考了大量理论与研究文献，在此向涉及的专家学者们表示衷心的感谢。

　　最后，限于作者水平，加之时间仓促，本书难免存在一些不足之处，在此，恳请读者朋友批评指正！

目　　录

第一章 绪 论

第一节 生态环境监测概述

在经济高速发展的社会背景下，资源、人口与环境问题不断加剧，随着公众对环境问题及其规律认识的不断深入，尤其是党的十九大精神的不断深入人心，环境问题不再局限于排放污染物引起的健康问题，逐渐延伸到自然环境的保护、生态平衡和可持续发展的资源问题。党的十九大以来，党和国家对生态环境管理提出新任务、新要求。《关于深入打好污染防治攻坚战的意见》《关于深化生态保护补偿制度改革的意见》《关于进一步加强生物多样性保护的意见》等中央多项文件中也提出环境质量、生态质量、污染源监测全覆盖，建设"陆海统筹、天地一体、上下协同、信息共享的生态环境监测网络"，补齐生态短板，强化生态保护监管，加强生态保护修复监督评估。因此，环境监测正从一般意义上的环境污染因子监测开始向生态环境监测过渡和拓宽。除了常见的各类污染因子外，由人为因素影响，灾害性天气增加，森林植被锐减，水土流失严重，土壤沙化加剧，洪水泛滥，沙尘暴，泥石流频发，酸沉降等产生的生态环境问题也是今后监测和关注的重点。在经济建设过程当中一定要做好生态环境保护工作。必须对环境生态的演化趋势、特点及存在的问题建立一套行之有效的动态监测与控制体系，这就是生态环境监测。所以，生态环境监测是环境监测发展的必然趋势。

一、生态环境监测的概念

生态环境监测是指以山水林田湖草生命共同体为对象，以准确、及时、全面反映生态环境状况及其变化趋势为目的而开展的监测活动，包括环境质量、污染源和生态状况监测。其中，环境质量监测以掌握环境质量状况及其变化趋势为目的，涵盖大气（含温室气体）、地表水、地下室、海洋、土壤、辐射、噪声等全部环境要素；污染源监测以掌握污染源排放状况及其变化趋势为目的，涵盖固定源、移动源、面源等全部排放方式；生态状况监测以掌握生态系统数量、质量、结构和服务功能的时空格局及其变化趋势为目的，涵盖森林、草原、湿地、荒漠、水体、农田、城市、海洋等全部典型生态系统。环境质量监测、污染源监测和生态状况监测三者之间互相关联、互相影响、互相作用。

生态环境监测是采用生态学的各种方法和手段，从不同尺度上对各类生态系统结构和功能的时空格局的度量，主要通过监测生态系统的条件、条件变化、对环境压力的反映及其趋势而获得。生态环境监测比普通环境监测标准更加严格，具有复杂性，能够对环境质量做出科学系统的评价，并提出有针对性的科学治理方案，为生态环境规划和生态设计和科学管理决策提供良好基础依据，实现人与自然的和谐发展。总之，生态环境监测是生态环境保护的基础，是生态文明建设的重要支撑。

二、生态环境监测的内容与特点

生态环境监测的范围一般指的是大的区域和宏观的区域。每一类监测对象都具备多样性的特性，主要包括生物资源的变化、环境要素的变化以及人类活动变化三方面。生态环境监测具有四个特点：一是由于涉及监测的要素比较多，因此是一项综合性的工程，而且涉及生态、环境、化学等各个方面，所以属于交叉的研究范围；二是生态环境监测属于一个长期的工作，只有经过长期的对比、监测、取样、化验，才能得出准确的结论；三是生态环境监测具有一定的复杂性，由于自然界的生态系统包含了很多的要素，导致生态环境监测工作也较为复杂；四是生态环境监测具有分散性，生态环境监测的基础是生态环境监测站点，但是往往生态环境监测站点的设置十分分散，监测网也十分分散，故此生态环境监测时间跨度较大，较为分散。

总之，生态环境监测是一项长期性工程，涉及范围广、内容多、综合性强，表现出明显的周期性特征。生态系统的运行与发展就是整体性的循环过程，容易被外界环境干扰，影响自身平衡。例如资源的开发、污染物的干扰等，只有进行科学的、完善的、有效的周期性监测，明确生态系统发展规律，才能确保整个系统处于平衡状态，解决生态环境问题，走可持续发展道路。而且环保工作的技术要求较高，在生态环境不断恶化的过程中要利用先进技术加以处理，依托先进生态环境监测及环保技术进行监测，并处理监测结果，达到控制、优化生态环境的目的，促进环境可持续发展，奠定良好的经济社会发展基础，保护好绿水青山，造福子孙后代。

三、我国生态环境监测的发展

我国生态环境部门的生态监测开始于 1993 年，初始以水生物监测为主，2000 年联合中国科学院开展了我国第一次生态遥感调查，2005 年颁布了我国第一个生态评价标准，2015 年进行修订，即《生态环境状况评价技术规范》（HJ 192—2015），并以遥感为主，综合环境监测等多源数据，每年对我国县域、省域和流域生态状况进行评价，评价结果作为生态部分纳入《中国生态环境质量报告》和《中国生态环境状况公报》公开发布。2010 年起生态地面监测逐步得到重视，我国先后开展了森林、草原、湿地等典型生态系统的群落组成、生境、生态功能的试点监测，为全国生态地面监测提供了技术探索和储备。2011 年原环境保护部牵头制定并发布了《中国生物多样性保护战略与行动计划》（2011—2030 年）。2012 年，原环境保护部开展了生物多样性调查，在全国范围内对维管植物、哺乳动物、鸟类、爬行动物、两栖动物、鱼类等生物类群的数量和空间分布进行了调查和监测，初步建成了生物多样性调查网络。2015 年，确定了《中国生物多样性保护优先区域范围》；联合国《生物多样性公约》第十五次缔约方大会

（COP15）于 2021 年 10 月 11 日至 24 日在我国昆明召开。2021 年，《中国的生物多样性保护》白皮书发布。

总之，党的十八大以来，以习近平同志为核心的党中央把生态文明建设摆在全局工作的突出位置，提出一系列新理念新思想新战略，全面加强生态文明建设，推进山水林田湖草沙一体化保护修复。大力推动绿色发展，深入实施大气、水、土壤污染防治三大行动计划，率先发布《中国落实 2030 年可持续发展议程国别方案》，实施《国家应对气候变化规划（2014—2020 年）》。党的十九届六中全会指出，在生态文明建设上，党中央以前所未有的力度抓生态文明建设，全党全国推动绿色发展的自觉性和主动性显著增强，美丽中国建设迈出重大步伐，我国生态环境保护发生历史性、转折性、全局性的变化。中国成为全球生态文明建设的重要参与者、贡献者和引领者。

马丁园把我国的生态环境监测发展分为三个阶段。

1. 人员监控阶段

人员监控工作顾名思义，就是在生态环境监测工作中，通过派遣人员的方式，使用实地走访、生物多样性调查、对于动物的标记重捕等方法，分析在当前的工作中，该地区的生态环境被破坏情况。但存在三个方面不足：首先取得的调查数据具有间断性，无法取得连续性的生态环境监测数据，容易遗漏各类关键性的生态环境监测因素；其次，工作成本过高，工作人员需要完成大量的外业作业，容易出现人身伤亡事故；第三，虽然会采用大量的统计学知识得到数据，但是精准度会受到多种自然因素的影响。

2. 硬件监控阶段

步入 21 世纪以来，我国已经开始在生态环境监测工作中，探索硬件监控设备的使用方法，2009 年哥本哈根气候大会后，国家也提高了对生态环境监测的重视程度，并且意识到生态环境监测作为一项系统性的工程，单纯通过人工监管难以得到高可靠性的结果，开始在硬件监控技术上全面发力，比如，借助卫星监控系统，分析各个地区的绿化面积、相关地区的环境遭受破坏情况等，同时也设置了大量的地面监控设备，包括大气环境监控设备、森林内环境监控摄像机等，借助这类设施实现生态环境监测。

3. 多联监控阶段

借助目前可以应用的所有新型技术和旧有技术，建立硬软件系统相结合的体系，实现生态环境监测数据的即时取得、计算、分析与反馈，实现生态环境的实时监测，并立即采取专业措施投入保护的方式。我国目前的技术优势是，5G 通信技术得到了大规模商业性使用，这就意味着生态环境监测可以使用大量的硬件环境监控设备，把取得的监控信息立即上传到云计算平台，得到专项监控数据，并在找到环保问题后解决。

目前来看，我国生态质量监测仍存在一定问题，首先是国家生态质量监测网尚未形成，主要是因为国家生态监测技术体系尚不统一，面向国家生态监管的监测指标体系和技术体系还不健全，缺乏技术方法和质控技术体系，监测范围和要素覆盖不全面，生态环境监管能力相对薄弱。

第二节　生态环境监测的技术与体系

生态环境监测技术是对现代化科学仪器设备的合理有效运用，对生态系统中的监测对象做出准确判断与科学分析，对收集获取的数据信息采取进一步的科学分析与系统对比，以分析结果为基础依据，制定科学可行的治理生态系统的方法措施。生态环境监测的技术和方案都要涉及几个环节，首先要提出存在的生态环境问题；其次就是对监测站点的选择，继而确定监测的方法、内容，同时要对生态环境监测的指标和要素进行确定；最后经过监测频度和场地等，对监测到的数据进行整理和分析。生态环境监测体系主要包括生态数据的获取及处理、生态因子的生成以及生态环境评价三部分。

一、生态环境监测的任务与原则

（一）生态环境监测的基本任务

生态环境监测的基本任务是对生态系统现状以及因人类活动所引起的重要生态问题进行动态监测，对破坏的生态系统在人类的治理过程中生态平衡恢复过程的监测，通过监测数据的收集、积累，研究上述各种生态问题的变化规律及发展趋势，建立数学模型，为预测、预报和影响评价打下基础。需要注意以下几个方面：其一，提出合理的生态问题；其二，对监测站点位置做出合理选择；其三，确定合理监测周期。监测全过程各阶段以图像和监测数据为主，对其进行系统分析与科学处理，提供科学依据，有效保护和改善生态环境质量，促进国民经济持续协调地发展。具体来说，生态环境监测的主要任务涉及以下几个方面。

（1）监测人类影响下的生态环境的组成、结构和功能现状，以及综合评估生态环境质量现状和变化，揭示生态系统退化、受损机理，同时预测变化趋势。

（2）监测自然资源开发利用活动、重要生态环境建设和生态破坏恢复工作所引起的生态系统的组成、结构和功能变化，评估生态环境受到的影响，以合理利用自然资源，保护生存性资源和生物多样性。

（3）监测人类活动所引起的重要生态问题在时间以及空间上的动态变化，如城市热岛问题、沙漠化问题、富营养化问题等，评估其影响范围和不利程度，分析问题形成的原因、机理以及变化规律和发展趋势，通过建立数学模型，研究预测预报方法，探讨生态恢复重建途径。

（4）监测生态系统的生物要素和环境要素特征，揭示动态变化规律，评价主要生态系统类型服务功能，开展生态系统健康诊断和生态风险评估，以保护生态系统的整体性及再生能力。

（二）构建生态环境监测指标的原则

构建生态环境监测指标体系，应坚持的基本原则有以下几点。其一，代表性原则，对生态系统所具有的关键问题做出全面准确的反映；其二，敏感性原则，以生态环境内部对外部环境变化作为敏感因素，以此作为监测指标；其三，可操作性原则，以特点鲜明的生态系统指标为主，对此开展科学严格的监测。生态环境监测指标体系在设置方面，应对生态系统类型加以重点考虑，以代表性较强的基础要素为主，以此作为监测指标。一般而言，陆地生态系统以水文、植物与土壤等居多；水文生态系统以水质、微生物和水文等居多。此外，不同的生态系统应当基于具体特点确定监测目标。

二、生态环境监测技术与应用

生态环境监测会产生大量数据和信息，包含水监测、地面监测、空气监测以及地理信息等。目前大部分地区都做到了生态环境监测的全覆盖，借助地面监测技术进行生态环境在线监测，实时把握区域内生态环境的实际情况，并通过分析监测数据帮助环境保护的实施。其中的基本前提在于获取生态环境监测数据，当下在监测生态环境、保护生态环境的过程中主要使用色谱、光谱和3S技术等手段。

（一）色谱技术

色谱技术的常见方法有液相色谱分离、气相色谱分离、毛细管电泳等，例如在检测水质时使用气相色谱技术方法，分离监测水中的有机物，如PHAs（多环芳烃类）。目前我国还建立了通过高效液相色谱法测定环境空气里的醛酮类化合物的标准。

（二）光谱技术

光谱技术在检测水环境方面发挥了重要作用，主要有紫外一可见吸收谱、原子发射光谱、原子吸收光谱、荧光光谱等技术方法，通过利用各种物质的独特光谱进行物质的定性或定量测定。国家已经建立数十种利用光谱技术监测水中污染物的技术标准与规范，例如测定水中的铁离子含量时使用邻菲啰啉分光光度测定法，使用紫外分光法测定水里的硝酸盐氮，利用甲醛肟分光光度法测定水里的锰等。

（三）3S技术

3S技术是遥感（Remote Sensing，RS）技术、地理信息系统（Geographic Information System，GIS）、全球定位系统（Global Positioning System，GPS）的统称，在生态环境监测及环保领域得到广泛应用。

RS技术应用于生态环境监测时主要通过卫星实时远距离监测，基于电磁波的改变判断所监测空间的生态环境形成的动态信息，借此预判区域内的生态环境发展。在监测时使用RS技术的扫描功能、拍摄功能，可以采集监测区域内的各方面的内容信息，包括植被生长情况、森林覆盖面积、生态环境污染指数以及气温闷坏等。例如在对山西省森林资源展开生态环境监测作业时，通过RS技术既能实时监测山西省森林覆盖面积的增减情况，又能分析可能发生的生态环境变化，为开展环保工作提供可靠的参考。当森林中发生严重自然灾害时，利用RS技术能够在最短时间里报警，完成保护生态环境的目的，节省监测生态环境的成本。

GIS技术应用于生态环境监测主要是了收集、整理地理信息中形成的数据，通过计算机系统构建地理数据信息存储平台，实时监测、实时管理地理信息。在数据平台的运行中不仅可以分析地理空间的生态环境问题，处理生态环境问题信息，还能实时动态化管理空间的生态环境动态信息。所以，GIS 技术是非常重要的生态环境监测技术，监测中心要充分掌握这一技术手段，在实践应用中体现 GIS 监测地理信息的功能，确保地理信息监测满足及时性、真实性的要求。

GPS 技术应用于生态环境监测，可以凭借技术特征与优势建立全球定位体系，实时监测生态环境，同时确保监测所得数据信息达到及时性、真实性的标准。在 GPS 技术的应用中，通过和卫星构建的全球定位系统，借助三维导航能力建立生态环境监测的全球化监控系统。GPS 技术和 RS 技术相比可以及时收集生态环境的动态信息，在监测不同区域生态环境时全方位监测、管理生态环境。

（四）信息化技术应用

在当今的网络信息时代，环保信息化建设是现阶段保护生态环境的基础性工作之一，在环境管理转型阶段应将信息化视作重要手段，基于环保系统推进信息标准化，借助信息化技术手段更好地服务生态环境的监测与保护。例如，山西省根据顶层设计、系统开发、网络建设以及数据管理的一体化原则，积极推进生态环境监测及环保平台建设，通过促进资源整合、深化技术应用提高生态环境信息利用率，构建生态环保云平台、生态环境数据库，针对监管污染源、监测生态环境质量、监控预警生态环境风险、应急处置生态环境事故等核心业务进行数据的集成、分析、挖掘，持续提升生态环境监测及环保的信息化水平。

除了常用的色谱、光谱和 3S 等技术手段外，在生态环境监测及环保工作中要注意这些技术与先进大数据技术的融合应用，促进信息共享，推动生态环保政策的实施，发挥"互联网+"环保技术的作用。

三、生态环境监测评价应用

在生态环境保护工作中，基础的环节为环境评价。环境评价能够将目前自然生态环境现状客观反映出来，依托相应数据、指标等对环境状况进行真实展示，帮助人们对大气、水体等环境污染种类、污染严重性等充分了解。而通过环境监测工作的开展，利用相关技术与设备可准确、直接地获取需求的环境数据，从资料层面保障生态环境保护评价工作的顺利实施。

（一）明确生态环境治理目标

受思想观念等因素的影响，过去在人类活动、经济发展过程中严重污染、破坏到自然生态环境。为保障自然生态安全，需科学治理与修复遭受破坏的生态环境，促使过去所造成的污染问题得到消除。而通过环境监测工作的开展，能够对环境污染类型、污染原因、污染程度等内容充分掌握，进而采取有针对性的治理和修复方法，明确治理和修复的目标，显著提升生态环境治理成效。

（二）辅助制定法律法规

为进一步提升生态环境保护工作质量，我国正在逐步加快生态环境保护的法治化进程。在制定各项管理政策、法律法规时，需严格依据相应的量化数据来开展，这样能够有效克服主观因素的影响，保证法律政策的科学性与可行性。而通过环境监测的实施，能够对自然生态环境质量的现状数据进行全面性获取，相关人员深入整合、分析这些数据之后，即可将生态环境保护方面的管理制度、量刑标准等科学制定出来，进而有效指导各项工作的规范化开展。

（三）及时了解突发性污染情况

大部分生态环境污染问题皆为突发性情况，且具有较快的扩散速度，短时间内即可造成十分严重的后果。针对这种情况，工作人员需及时发现与应对突发的污染问题，对污染扩散趋势进行高效遏制，最大限度上降低污染问题所造成的危害。而在环境监测过程中，需要运用大量的环境监测仪器设备，工作人员能够对环境质量实时情况进行动态掌握，如果部分监测指标出现异常情况，工作人员能够及时发现，启动相应的应急预案，高效控制突发性环境污染问题。

第三节 生态环境监测的现状

随着生态环境受到较为严重的破坏，社会各界开始对生态环境问题予以关注。为了确保生态环境得到保护，必须做好生态环境监测工作，并提出相关的解决措施。本章分为我国生态环境监测的现状、生态环境监测存在的问题、生态环境监测发展面临的新形势三部分，主要包括生态环境监测方法现状、生态环境监测指标体系现状、生态环境监测设备落后、生态环境监测技术水平较低、生态环境监测服务能力有限等方面的内容。

一、我国生态环境监测的现状

（一）生态环境监测方法现状

生态环境监测就是对生态系统中的指标进行具体测量和判断，以获得生态系统中某一指标的关键数据，通过统计数据，来反映该指标的状况及变化趋势。这就为环境的建设提供了数据基础和帮助。如今，生态环境监测的方法主要有三种：一是地面的现场调查，这项工作需要人力、物力的配合，即要科技设备的支持，以便对环境破坏严重的地区进行考察实践；二是航空的低空照片研读，采用先进的小型侦察设备在平流层进行实况监测；三是靠源于外太空的一些数据，这就需要围绕地球转动的卫星在高空进行监测，科技含量比较高。在三种方法配合下，就可以节省开支、降低成本，并且监测结果良好。同时在监测时应该考虑到，每个地方的环境各异，测量方法也应随环境的变化而变化，这就要求在监测前应进行商讨，做好评估，考虑好备案，优中选优，以防环境的突发状况。

（二）生态环境监测指标体系现状

生态环境监测的本质是环境信息的生产过程。现阶段的环境监测内容包括综合性指标、物理学指标、化学指标、生物学指标、生态学指标、毒理学指标等，或者分为环境质量指标、自然生态指标、环境保护建设指标等。我国环境监测体系存在很多不足，比如，我国在环境污染的监测上力度较小、起步较慢，缺乏实践，而且范围较小；我国偏重于生态过程的研究；我国现在的监测系统还没有具体的统一指标体系，有的现代化技术和监测技术不相适应，使得其无法应用。因此，全面建设监测指标体系将是我们的首要任务。

二、生态环境监测存在的问题

(一) 生态环境监测设备落后

随着环境保护工作的逐步推进，人们越发重视绿色环保理念，但是我国在生态环境的监测工作中仍旧存在一些问题有待解决，包括资金投入不足、缺少完善的设备设施等，究其根本，都是由于生态环境监测工作没有受到足够的重视。和发达国家相比，我国的生态环境监测设备仍须改进，政府及环境部门投入生态环境监测工作中的资金有限，甚至在部分地区用于生态环境监测的设备严重缺失。在多种因素的影响下，我国生态环境监测工作难以更进一步开展。

(二) 生态环境监测技术水平较低

目前，我国生态环境监测技术水平有待进一步提高。在不同地区经济发展水平不同的情况下，生态环境监测水平也存在较大差异。由于工业化的快速发展，工厂、企业排放的污染物种类逐渐增多，但对新环境下污染物监测方法的研究相对落后。在现有的监测方法和设备下，很多污染物的排放和监测很难达到预期标准。

(三) 生态环境监测服务能力有限

生态环境监测是科学管理环境和国家环境执法监督的重要依据。目前，我国的生态环境监测服务多由政府主导，而随着工业化水平的提高，企业不断壮大且数量不断增多，仅依靠政府进行生态环境监测不能满足实际的需求，也不能实现对所有企业的有效监管，这就导致了政府环境监测服务的局限性。在这种趋势下，政府放开生态环境监测市场，对此，环境主管部门有必要加强管理，以杜绝第三方检测机构为企业弄虚作假的情况发生。如何加强生态环境监测的市场准入和监管，确保生态环境监测服务的有序发展是一个重大问题。

(四) 生态环境监测人才储备不足

目前，我国很多环境监测机构存在人才空缺问题，现存的工作人员通常是凭借丰富的工作经验来展开工作的，对环境监测质量管理工作的认知和理解比较片面化。之所以出现这种现象，除了因为专业人才需求量大于供应量，还有环境监测机构自身的因素，其未能对员工专业培训重视起来，导致员工无法及时更新自己掌握的专业知识和技能。

除此之外，在我国目前的环境监测工作中，无论是我国自行研发的环境监测技术还是国外引进的技术，在运用过程中普遍存在缺乏质量管理的现象，存在着很大的质控风险。而且，管理系统上的缺陷会影响环境监测技术的实施，从而导致环境监测质量难以有效提高。

(五) 生态环境监测行业资金投入不足

环境监测行业作为一种新兴行业，与其他行业相比具有一定的特殊性。首先，其采用的监测设备比较先进，购置这些设备和后期维护都需要投入较大的经济成本；其次，环境监测设备在日常运行中，也会产生较大的费用；最后，监测设备与仪器的更新换代，也是一笔不菲的开支，这些开支远远超过了政府提供的资金支持，从而导致环境监测系统正常运行中，一旦设备出现问题，无法及时有效维修。

除此之外，在资金投入不足的情况下，环境监测设备的性能无法得到充分保障，相应的环境监测任务也不能及时有效执行，且仪器设备如果出现问题，其监测的数据准确性也会大大降低，影响环境监测信息的分析，对后续的环境监测及质量控制产生很大的影响。

（六）生态环境监测质量管理制度不完善

目前，在生态环境监测工作中，并没有制定完善的质量管理体系，也没有制定相对应的工作措施。

一方面，缺乏完善的监督管理体系。在内部质量监督工作中，相关监管机构没有树立正确的观念，过分重视业务工作的开展，忽视质量控制工作，过分重视技术应用，忽视质量管理工作，这将大大增加内部质量监督问题发生的概率。在外部监督中，行政管理部门和市场部门负责环境质量监测。但由于专业人才严重缺乏，监测人员专业知识不足，容易出现外部质量监督管理问题。此外，有关部门还没有制定完善的监管工作体系，无法真正落实和贯彻生态环境监测质量监督管理工作。

另一方面，没有制定全面的质量保证体系。近年来，在环境监测质量监督管理中，注重维护监测机构的公正性和社会诚信。监测服务市场化改革实现后，社会监测机构将对提高社会经济发展水平发挥重要作用，可以显著提高环境和社会效益。但由于环境监测市场尚不成熟、不完善，也没有形成针对性的质量保证体系，这会给监测工作的顺利开展带来诸多不利影响。尤其是在利润的诱惑下，很容易出现数据不可靠、不真实等问题。

三、生态环境监测发展面临的新形势

（一）法律法规对生态环境监测提出明确规定

我国资源环境领域相关法律法规对各自领域的生态环境监测都做出明确规定，生态环境监测在生态环境保护中的基础性地位显而易见。新修订的《中华人民共和国环境保护法》（2015 年 1 月 1 日施行）对各级人民政府组织开展环境质量监测、污染源监督性监测、应急监测、监测预报预警、监测信息发布等方面做出规定，强调生态环境监测要统一规划和统一发布信息。

1. 大气环境监测方面

2018 年第二次修正的《中华人民共和国大气污染防治法》规定国务院环境保护主管部门负责制定大气环境质量和大气污染源的监测和评价规范，组织建设与管理全国大气环境质量和大气污染源监测网，组织开展大气环境质量和大气污染源监测，统一发布全国大气环境质量状况信息。《中华人民共和国气象法》规定国务院气象主管机构负责组织进行气候监测、分析、评价，并对可能引起气候恶化的大气成分进行监测。

2. 水环境监测方面

《中华人民共和国水法》规定要加强水资源的动态监测和水功能区的水质状况监测。《中华人民共和国水污染防治法》规定国家建立水环境质量监测和水污染物排放监测制度，国务院环境保护主管部门负责制定水环境监测规范，统一发布国家水环境状况信息，会同国务院水行政等部门组织监测网络，统一规划国家水环境质量监测站（点）的设置。《中华人民共和国水土保持法》规定国务院水行政主管部门应当完善全国水土保持监测网络，对水土流失状况和变化趋势、水土流失危害、水土流失预防和治理等情况开展监测。《中华人民共和国海洋环境保护法》规定国家海洋行政主管部门负责海洋环境的监督管理，组织海洋环境的调查、监测、监视、评价和科学研究。

3. 土壤和土地沙化环境监测方面

《中华人民共和国农业法》提出各级人民政府应当建立农业资源监测制度，并对耕地质量进行定期监测。《中华人民共和国防沙治沙法》提出国务院林业行政主管部门组织其他有关行政主管部门对全国土地沙化情况进行监测、统计和分析，并定期公布监测结果。《中华人民共和国土地管理法》提出国家建立土地调查制度、土地统计制度，对土地利用状况进行动态监测。

4. 草原和森林等监测方面

《中华人民共和国草原法》提出国家建立草原生产、生态监测预警系统。县级以上人民政府草原行政主管部门对草原的面积、等级、植被构成、生产能力、自然灾害、生物灾害等草原基本状况实行动态监测。《中华人民共和国森林法》提出各级林业主管部门负责组织森林资源清查，建立资源档案制度。

（二）绿色生态为生态环境监测带来重要机遇

互联网与生态文明建设的深度融合正在推进。"互联网+"绿色生态，集中体现在构建覆盖主要生态要素的资源环境承载能力动态监测网络，实现生态环境数据互联互通和开放共享。在此形势下，要求生态环境监测网络体系，既能保证监测数据规模足够大，尽量覆盖各地区、各要素、各时段；又要保证监测数据质量足够高，具备科学性、准确性、可比性；同时，还要保证监测信息能联网、能共享、能应用。当前，运用大数据加强和改进生态环境监管已是大势，以往"用眼睛看、用鼻子闻、跟感觉走"的粗放监管模式，逐渐转型发展为监测和监管联动的精准监管模式。

此外，山水林田湖的完整性对统筹生态环境监测提出新要求。生态文明建设要树立尊重自然、顺应自然、保护自然的理念，坚持山水林田湖是一个生命共同体，不能人为割裂自成一体的生态系统。这是我国生态文明建设的理念，也是生态环境监测体制改革需坚持的基本原则。为了统筹监测水流、大气、土壤、森林、草原、海洋等生态环境要素，需对位于上风向与下风向、上游与下游、地上与地下、陆地与海洋的各个监测网络体系，进行整体布局和统一规划。目前，一些部门和地方正在开展相关示范工作。

（三）生态文明重大制度建设要基于生态环境监测

建设生态文明，必须建立系统完整的生态文明制度体系，包括健全自然资源资产产权制度、编制自然资源资产负债表、建立生态环境损害责任终身追究制、实行资源有偿使用制度和生态补偿制度、生态文明建设目标评价考核制度等。这些重大制度的制定、执行、完善等，都有赖于健全的生态环境监测网络体系，也只有基于高质量的监测数据，才有助于构建包括源头严防、过程严管、后果严惩的约束机制，才能形成促进绿色发展、循环发展、低碳发展的激励机制。未来一段时期，我国生态环境风险呈高发频发态势，需及时开展有效的监测预警，提高环境风险防范能力，健全生态环境监测网络体系迫在眉睫。

第四节　生态环境监测的意义

在我国生态环境保护事业不断发展的背景下，必须对生态环境保护的工作模式进行创新和改进，而环境监测工作是生态环境保护事业中的关键环节，精准的环境监测可以发挥极大的效果，为生态环境保护工作的开展提供数据支撑，有利于生态环保事业的长久发展，也能使生态环境保护工作更加符合社会发展的需求，使其与现阶段的经济形势相符，从而进一步提高生态环境保护工作效果。在生态环境保护中，环境监测是重要基础，对促进生态环境保护高效化发展具有重要意义。本章分为环境监测的未来发展趋势和环境监测对生态环境保护的意义两部分，主要包括监测对象更加广泛、制度等理论基础不断完善、生态环境监测站点越来越多、各项基础配套设施设备不断完善等方面的内容。

一、环境监测的未来发展趋势

（一）监测对象更加广泛

国内环境监测侧重于城市环境监测，为有效改善此问题，应扩大监测对象，全方位监测城市环境、乡村环境以及山川河流、沙漠极地等更大范围的生态环境变化，有效预防自然灾害，促进社会的可持续发展。

（二）制度等理论基础不断完善

统一管理是高效管理的前提，也是高效管理、提高管理质量的必要保障条件之一。对于提高生态环境监测管理质量，相关政府部门必须要高度重视对生态环境监测站点统一管理，统筹管理各个监测站点的信息数据，对其进行统一采集、统一收集、统一统计、统一分析，形成流程化、体系化的生态环境监测数据管理信息化平台。同时，还要明确相关执行制度与管理部门的职责与义务，快速推进制度与部门的融合健全，完善相关制度，推进生态环境的监测信息、技术及资源等的整合进程。

（三）生态环境监测站点越来越多

为了最大限度发挥生态环境监测工作的作用与价值，在未来需建立更多的生态环境监测站点，在对更多区域进行生态环境监测的基础上分析与整合数据，形成全国统一的生态环境监测网络。同时，在发展国内生态环境监测基础上，加强与国外的交流与探讨，扩大生态环境监测的网络信息范围，提升生态环境监测工作效果。

（四）各项基础配套设施设备不断完善

目前，我国加大了在生态环境监测方面的投入力度，在资金、资源条件等各方面的投入力度不断加大，健全并完善了各项生态环境监测的基础设施与设备，并在不断完善更新相关制度，打造全国范围内规范、统一的生态环境监测制度体系。除此之外，还有如将在全国范围内增加一些生态环境信息采集点、监测站等监测管理单位，改进并完善原有监测管理单位的基础设施与配套设备，打造标准规范的生态环境监测管理机制，逐渐形成全国范围内先进、完善的生态环境监测技术体系。

（五）生态环境监测各项技术不断融合应用

未来几年，我国将不断完善生态环境监测的方法，引进先进技术，完善并提高自身的技术水平，加大在生态环境监测方面的科研力度，实现多种监测方式的有效融合与优化应用，逐步整合生态监测的新方式，推动生态环境监测技术走向信息化、数字化、智能化、自动化和规范化。在此基础上，将会完善各种监测设备，提高设备功能，提高设备获取信息的能力，实现系统化、信息化的监测手段，实现所获生态监测信息的连贯性、真实性，以及各种监测信息、数据等的融合共享，增强信息数据的传输效率。并且，在生态环境监测的手段上，也会有所更新，高度整合新型的技术手段和传统的技术手段，充分借助数字化、信息化、智能化的现代技术优势，实现生态环境监测工作的统筹协作，实现各国之间的生态环境监测资源数据共享。

二、环境监测对生态环境保护的意义

（一）有利于做好环境治理工作

在工业生产中会产生一些环境污染物，如噪声、尾气、废水等，一些制造业对自然环境资源过度应用，也会打破生态环境的平衡，给人们自身的健康带来威胁。因此，需要做好环境监测工作。环境监测能够在环境保护中为其提供相关的依据，任何领域开展任何工作都需要一个标准参考，环境保护部门的环境监测工作需要围绕具体的标准展开，这样才能明确侧重点，对监测结果依据标准进行对照，才能了解污染程度，为后期的环保措施的制定提供准确的参考依据，让环境保护工作的开展更加科学化。在环境保护工作中通过环境监测还能够及时地监测污染动向，为环境保护工作提供参考，方便环境保护工作调整方向，帮助环境保护工作高效进行。生态环境具有一定的自我调节能力，但如果某地区污染量太大，超过生态环境的自我承受量就会导致生态环境被严重破坏，此时，环境监测技术人员可以结合区域内的环境状况，严格测定了解具体的污染物排放量，然后对其进行准确控制，给企业发放排污许可证，帮助区域内的经济实现更好的发展，帮助环境治理工作有效完成。

（二）有利于进行环境管理工作

现阶段的经济社会发展中，环境工程同步实施，各类环境保护工作的开展，对区域环境评估、保护和修复具有重要的作用，尤其是对环境监测工作而言，有效实现了环境管理的现代化。事实上，因为环境保护工程的特殊性，一切环境管理工程的实施都应该以国家有关部门的保护条例、法律规范来开展，这就使得环境监测、环境保护的实施有效促进了环境问题的解决、监督和改进，大大提升了环境保护对社会的作用。环境监测中所获得的各种环境数据非常多，这些数据在经专门整合与处理以后，可以得出关于环境问题的成因，进而从源头上采取有效的管控策略，因此，环境监测下的环境管理更具科学性。

（三）有利于提升环境保护工作效率

环境保护工作中涉及多方面内容，且易受到多种因素的影响。所以环境保护工作人员在实际进行工作的过程中会遇到各种问题，如大气污染刚刚解决完，又出现了水资源污染，很多时候只能抑制表面，不能真正解决问题。这是一项复杂性较高的工作，因此环境保护工作人员应该要制定有针对性的解决措施，减少工作的盲目性。而应用环境监测的方法恰好可以有效应对这一情况，如我国华北地区之所以频繁发生沙尘暴，不仅因为当地严重的大气污染，还因为当地对草地的过度开垦。而通过环境监测，可以制定出有效的预防措施。

（四）有利于促进环境与经济协调发展

在我国经济社会长期处于粗放型的发展趋势下，各类活动开展的过程中，人们更为关注的是经济效益的实现，忽略了环境保护工作的开展，长期践行这一发展理念，导致经济与环境的协调性不足，各种环境污染问题的出现引发了严重的后果，所产生的恶劣影响在短时间内是难以消除的。随着环境保护理念在全社会范围内的推广，以及环境监测在环境保护中的应用，促进了环境与经济发展的同步性和协调性，将环境保护工作置于与经济发展同等重要的地位，在全社会范围内形成了一种新的工作机制，使得各种生产生活都得到了有效的监督，减小了环境问题出现的概率，创造了一个人与自然相对和谐的条件。

（五）有利于提高生态环境监测质量管理水平

加强生态环境保护，要求我们能够对当前阶段生态环境的现状有充分的了解，使环境监测能够与实际情况更加契合，构建更加完备的国家环境质量监测体系，在条件允许的情况下，选择恰当区域设置生态环境监测中心，用于获取不同地区的环境监测数据，并对于数据信息进行汇总，充分了解不同地区的环境情况，从而指导当地政府有针对性地调整环境保护策略。无论是国家还是地方环境保护部门，都应当积极承担起作为促进环境保护工作开展主体的责任，打造国家与地方政府相结合的一体化的环境监测质量管理体系。从加强内部控制着手，不断优化质量监测技术，打造更加完备的质量管理制度，在必要时引入第三方监督主体，对于不合理、不满足规范要求的监测行为予以严厉处罚，从根本上消除徇私舞弊的现象，为环境监测工作的有序推进保驾护航。

第二章　水和废水监测

第一节　水质监测方案的制定

水质监测方案是一项监测任务的总体构思和设计，制定前应该首先明确监测目的，在实地调查研究的基础上，掌握污染物的来源、性质以及污染物的变化趋势．确定监测项目，设计监测网点，合理安排采样时间和采样频率，选定采样方法和监测分析方法，并提出检测报告要求，制定质量保证程序、措施和方案的实施细则，在时间和空间上确保监测任务的顺利实施。

一、地表水水质监测

地表水系指地球表面的江、河、湖泊、水库水和海洋水。为了掌握水环境质量状况和水系中污染物浓度的动态变化及其变化规律，需要对全流域或部分流域的水质及向水流域中排污的污染源进行水质监测。世界上许多国家对地表水的水质特性指标采样、测定等过程均有具体的规范化要求，这样可保证监测数据的可比性和有效性。自 2002 年 12 月《地表水和污水监测技术规范》（XHJ/T 91—2002）颁布以来，我国加快了水体水质监测工作的规范性和系统性的推进步伐，系列水质采样、监测技术规范等陆续颁布，为各类环境水体的水质监测奠定了技术基础。

二、饮用水源地水质监测

生活饮用水水源主要有地表水水源和地下水水源。饮用水源地一经确立，就要设立相应的饮用水源保护区。生活饮用水源保护区是指为保证生活饮用水的水质达到国家标准，依照有关规定，在生活饮用水源周围划定的需特别保护的区域。

为更科学地实施生活饮用水源地保护，世界上许多国家对地表水的水质特性指标采样、测定等过程均有具体的规范化要求，保证监测数据的可比性和有效性。同样，我国 1998 年颁布了《水环境监测规范》（SL 219—98），并于 2018 年 3 月颁布了《饮用水水源保护区划分技术规范》（HJ 338—2018），该规范适用于集中式地表水、地下水水源保护区（包括备用和规划水源地）的划分，因此，饮用水源地水质监测也是围绕着水源保护区水体而开展的。2009 年国家环保部相继发布了环境保护标准《水质采样技术指导》（HJ 494—2009）和《水质采样方案设计技术指导》HJ 495—2009）。生活饮用水水源质量必须随时保证安全，应建立连续、可靠的水质监测和水质安全保障系统。条件许可时，还应逐步建立起饮用水源保护区水质监测、自来水厂水质监测和饮用水管网水质自动监测联网的饮用水质安全监测网络。

三、水污染源水质监测方案的制定

水污染源指工业废水源、生活污水源等。工业废水包括生产工艺过程用水、机械设备用水、设备与场地洗涤水、延期洗涤水、工艺冷却水等；生活污水则指人类生活过程中产生的污水，包括住宅、商业、机关、学校和医院等场所排放的生活和卫生清洁等污水。

在制定水污染源监测方案时，同样需要进行资料收集和现场调查研究，了解各污染源排放部门或企业的用水量、产生废水和污水的类型（化学污染废水、生物和生物化学污染废水等）、主要污染物及其排水去向（江、河、湖等水体）和排放总量，调查相应的排污口位置和数量、废水处理情况。

对于工业企业，应事先了解工厂性质、产品和原材料、工艺流程、物料衡算、下水管道的布局、排水规律以及废水中污染物的时间、空间及数量变化等。

对于生活污水，应调查该区域范围内的人口数量及其分布情况、排污单位的性质、用水来源、排污水量及其排污去向等。

（一）采样点的布设原则

（1）第一类污染物的采样点设在车间或车间处理设施排放口；第二类污染物的采样点则设在单位的总排放口。

（2）工业企业内部监测时，废水的采样点布设与生产工艺有关，通常选择在工厂的总排放口、车间或工段的排放口以及有关工序或设备的排水点。

（3）为考察废水或污水处理设备的处理效果，应对该设备的进水、出水同时取样。如为了解处理厂的总处理效果，则应分别采集总进水和总出水的水样。

（4）在接纳废水入口后的排水管道或渠道中，采样点应布设在离废水（或支管）入口20~30倍管径的下游处，以保证两股水流的充分混合。

（5）生活污水的采样点一般布设在污水总排放口或污水处理厂的排放口处。对医院产生的污水在排放前还要求进行必要的预处理，达标后方可排放。

（二）采样时间和频次

不同类型的废水或污水的性质和排放特点各不相同，无论是工业废水，还是生活污水的水质都随着时间的变化而不停地发生着改变。因此，废水或污水的采样时间和频次应能反映污染物排放的变化特征而具有较好的代表性。一般情况下，采集时间和采样频次由其生产工艺特点或生产周期所决定。行业不同，生产周期不同；即使行业相同，但采用的生产工艺也可能不同，生产周期仍会不同，可见确定采样时间和频次是比较复杂的问题。在我国的《污水综合排放标准》（GB 8978—2002）和《水污染物排放总量监测技术规范》HJ/T 92—2002）中，对排放废水或污水的采样时间和频次均提出了明确的要求，归纳如下：

（1）水质比较稳定的废水（污水）的采样按生产周期确定监测频率，生产周期在8 h以内的，每2 h采样一次；生产周期大于8 h的，每4 h采集一次；其他污水采集，24 h不少于2次。最高允许排放浓度按日平均值计算。

（2）废水污染物浓度和废水流量应同步监测，并尽可能实现同步的连续在线监测。

（3）不能实现连续监测的排污单位，采样及检测时间、频次应视生产周期和排污规律而定。在实施监测前，增加监测频次（如每个生产周期采集20个以上的水样），进行采样时间和最佳采样频次的确定。

（4）总量监测使用的自动在线监测仪，应由环境保护主管部门确认的、具有相应资质的环境监测仪器检测机构认可后方可使用. 但必须对监测系统进行现场适应性检测。

（5）对重点污染源（日排水量100 t以上的企业）每年至少进行4次总量控制监督性监测（一般每个季度一次）；一般污染源（日排水量100t以下的企业）每年进行2~4次（上、下半年各1~2次）监督性监测。

四、水生生物监测

水、水生生物和底质组成了一个完整的水环境系统。在天然水域中，生存着大量的水生生物群落，各类水生生物之间以及水生生物与它们赖以生存的水环境之间有着非常密切的关系，既互相依存又互相制约。当饮用水水源受到污染而使其水质改变时，各种不同的水生生物由于对水环境的要求和适应能力不同而产生不同的反应，人们就可以根据水生生物的反应，对水体污染程度作出判断，这已成为饮用水水源保护区不可或缺的水质监测内容。实施饮用水水源地水质生物监测的程序与一般水质监测程序基本相同，在此不再重复。以下重点介绍生物监测采样点布设方法、采样方法等。

（一）生物监测的采样垂线（点）布设

在饮用水水源各级保护区布设生物监测采样垂线一般应遵循下列原则；

（1）根据各类水生生物的生长与分布特点，布设采样垂线（点）。

（2）在饮用水水源各级保护区交界处水域，应布设采样垂线（点），并与水质监测采样垂线尽可能一致。

（3）在湖泊（水库）的进出口、岸边水域、开阔水域、海湾水域、纳污水域等代表性水域，应布设采样垂线（点爲

（4）根据实地勘查或调查掌握的信息. 确定各代表性水域采样垂线（点）布设的密度与数量。

对浮游生物、微生物进行监测时，采样点布设要求如下：

（1）当水深小于3 m、水体混合均匀、透光可达到水底层时，在水面下0.5 m布设一个采样点。

（2）当水深为3~10 m，水体混合较为均匀，透光不能达到水底层时，分别在水面下和底层上0.5 m处各布设一个采样点。

（3）当水深大于10 m，在透光层或温跃层以上的水层，分别在水面下0.5 m和最

大透光深度处布设一个采样点，另在水底上 0.5 m 处布设一个采样点。

（4）为了解和掌握水体中浮游生物、微生物的垂向分布，可每隔 1.0 m 水深布设一个采样点。

对底栖动物、着生生物和水生维管束植物监测时，在每条采样垂线上应设一个采样点。采集鱼样时，应按鱼的摄食和栖息特点，如肉食性、杂食和草食性、表层和底层等在监测水域范围内采集。

（二）生物监测采样时间和采样频次

在我国各城市选用的饮用水水源不尽相同，对水源保护区采取的生物监测时间和频次会有差异，在此仅介绍一般性原则。

1. 采样频次

（1）生物群落监测周期为 3~5 年 1 次，在周期监测年度内，监测频次为每季度 1 次。

（2）水体卫生学项目（如细菌总数、总大肠菌群数、粪大肠菌群数和粪链球菌数等）与水质项目的监测频率相同。

（3）水体初级生产力监测每年不得少于 2 次。

（4）生物体污染物残留量监测每年 1 次。

2. 采样时间

（1）同一类群的生物样品采集时间（季节、月份）应尽量保持一致。浮游生物样品的采集时间以上午 8：00~10：00 时为宜。

（2）除特殊情况之外，生物体污染物残留量测定的生物样品应在秋、冬季采集。

五、底质（沉积物）监测

底质（sediment），又称沉积物。它是由矿物、岩石、土壤的自然侵蚀产物，生物过程的产物，有机质的降解物，污水排出物和河床母质等所形成的混合物，随水流迁移而沉降积累在水体底部的堆积物质的统称。

水、水生生物和底质组成了一个完整的水环境体系。底质中蓄积了各种各样的污染物，能够记录特定水环境的污染历史，反映难以降解的污染物的累积情况。对于全面了解水环境的现状、水环境的污染历史、底质污染对水体的潜在危险，底质监测是水环境监测中不可忽视的重要环节。

（一）资料收集和调查研究

由于水体底部沉积物不断受到水流的搬迁作用，不同河流、河段的底质类型和性质差异很大。在布设采样断面和采样点之前，要重点收集饮用水水源保护区相关的文献资料，也要开展现场的实际探查或勘探工作，具体归纳如下：

（1）收集河床母质、河床特征、水文地质以及周围的植被等的相关材料，掌握沉积物的类型和性质。

（2）在饮用水水源各级保护区内随机布设探查点，探查底质的构成类型（泥质、砂或砾石）和分布情况，并选择有代表性的探查点，采集表层沉积物样品。

（3）在泥质沉积物水域内设置 1~2 个采样点，采集柱状样品。枯水期可以在河床内靠近岸边 30 m 左右处开挖剖面。通过现场测量和样品分析，了解沉积物垂直分布状况和水域的污染历史。

（4）将上述资料绘制成水体沉积物分布图，并标出水质采样断面。

（二）监测点的布设

1. 采样断面的布设

底质采样是指采集泥质沉积物。底质采样断面的布设原则与饮用水地表水水源保护区采样断面基本相同，并应尽可能取得一致。其基本原则如下：

（1）底质采样断面应尽可能与地表水水源保护区内的采样断面重合，以便于将底质的组成及其物理化学性质与水质情况进行对比研究。

（2）所设采样断面处于沙砾、卵石或岩石区时，采样断面可根据所绘沉积物分布图，向下游偏移至泥质区；如果水质对照断面所处的位置是沙砾、卵石或岩石区，采样断面应向上游偏移至泥质区。

在此情况下，允许水质与沉积物的采样断面不重合。但是，必须保证所设断面能充分代表给定河段、水源保护区的水环境特征。

2. 采样点的布设

（1）底质采样点应尽可能与水质采样点位于同一垂线上。如遇有障碍物，可以适当偏移。若中心点为沙砾或卵石，可只设左、右两点；若左、右两点中有一点或两点都采不到泥质样品，可将采样点向岸边偏移，但必须是在洪、丰水期水面能淹没的地方。

（2）底质未受污染时，由于地质因素的原因，其中也会含有重金属。应在其不受或少受人类活动影响的清洁河段上布设背景值采样点。该背景值采样点应尽可能与水质背景值采样点位于同一垂线上。在考虑不同水文期、不同年度和采样点数的情况下，小样本总数应保证在 30 个以上，大样本总数应保证有 50 个以上，以用于底质背景值的统计估算。

（3）底质采样点应避开河床冲刷、底质沉积不稳定及水草茂盛、表层底质易受搅动之处。

（三）底质柱状样品采集

由于柱状样品的采样工作困难大，人力、物力和时间的消耗多，所以要求所设的采样点数要少，但必须有代表性，并能反映当地水体污染历史和河床的背景情况。为此，在给定的水域中只设 2-3 个采样点即可。

（四）采样时间和频次

由于底质比较稳定，受水文、气象条件影响较小，一般每年枯水期采样一次，必要时可在丰水期增加采样一次，采样频次远低于水质监测。

六、供水系统水质监测

供水系统水质监测应该包括自来水公司水质监测和给水管网中水质监测两部分。饮用水出厂水质好并不等于供水范围内的居民就能饮用上质量好的水。以往，人们仅把注意力集中在自来水出厂水的质量上，对给水管网系统中的水质变化问题重视不够。而随着城市的不断发展．城市供水管网不断增加，供水面积越来越大，仅依靠人工定时、定点对供水管网监测点采集水样再送实验室化验的管网水质监测的传统方式已显落后，应逐步建立一套符合国家标准的自动化、实时远程供水管网水质安全监测系统．与已经建立的、严格的水厂制水过程控制系统共同构成完善的、科学的供水水质安全保障体系。

（一）自来水公司水质监测

自来水公司涉及的水质监测主要是对供水原水、各功能性水处理段以及自来水厂出厂等取水点水质的监测，其一般要求为：在原水取水点，按照国家和地方颁布的饮用水原水标准，自来水公司应对原水进行每小时不少于一次的水质相关指标检验。原水一旦引入水厂，生物监测立即启动，即水厂在原水中专门养殖了一些对水质特别敏感的小鱼和乌龟，一发现生物受到影响，就立即启动快速检验、应急预案，停止在该水源地取原水，并调整供水布局。

当饮用水源保护区水质受到轻微污染时，应根据饮用水水源水质标准的要求，实施微污染水源水监测方案，简介如下：

（1）在取水口采样，按照取水口的每年丰、枯水期各采集水样。

（2）对水样进行质量全分析检验，并每月采样检验色度、浊度、细菌总数、大肠菌群数四项指标。

（3）一般性化学指标检测。对水源的一般性化学指标进行检测，如 pH 值、总硬度、铜、锌、阴离子合成洗涤剂、硫酸盐、氯化物、溶解性固体等，特别是铁和锭，它们是造成水色度和浊度的重要污染物。

（4）毒理学指标检测。对水源中的氟化物、砷、硒、汞、镉、铬（六价）、铅、硝酸盐氮、苯并［a］芘等进行监测，对于有条件的水厂要进行氰化物、氯仿和 DDT 等的检测，以保障饮用水的安全。

（二）给水管网系统水质监测

随着城市的不断发展，城市供水管网不断增加，供水面积越来越大，引起给水管网系统中水质变化的原因也逐渐增多，归纳起来有：

①在流经配水系统时，在管道中会发生复杂的物理、化学、生物作用而导致水质变化；

②断裂管线造成的污染；

③水在储水设备中停留时间太长，剩余消毒剂消耗殆尽，细菌滋生；

④管道腐蚀和投加消毒剂后形成副产物等，使水的浊度升高。由此可以看出，监测给水管网的水质状况，提高供水水质的安全性是一个实际而又亟待解决的问题。

给水管网系统中的采样点通常应设在下列位置：

①每一个供水企业在接入管网时的结点处。

②污染物有可能进入管网的地方。

③特别选定的用户自来水龙头。在选择龙头时应考虑到与供水企业的距离、需水的程度、管网中不同部分所用的结构材料等因素。

随着城市高层建筑的不断增多，二次供水已成为城市供水的另一主要类型。由于高位水箱易遭受污染，不易清洗，卫生管理上又是薄弱环节，应增设二次供水采样点。采样时间保持与管网末梢水采样同期，每月至少采样 1 次，检测色度、浑浊度、细菌总数、大肠菌群数和余氯 5 项指标，一年两次对二次供水采样点水质进行全分析检测。

由于城市给水管网比较复杂、庞大，通过建立几个有限的监测点人工监测水质变化情况，想实时地、全面地了解整个管网各段的水质情况是非常困难的。可以利用先进的计算机和网络技术，建立监测水质的数学模型，使该模型不仅可以观察监测点处的水质情况，而且还可以根据这些点的有效数据，推测出管网其他各处的水质状况，跟踪给水管网的水质变化. 从而评估出给水管网系统的水质状况。

第二节　水样的采集、保存和预处理

一、水样及其相关样品采集

（一）采样前准备

地表水、地下水、废水和污水采样前. 首先要根据监测内容和监测项目的具体要求，选择适合的采样器和盛水器，要求采样器具的材质化学性质稳定、容易清洗、瓶口易密封。其次，需确定采样总量（分析用量和备份用量）。

1. 采样器

采样器一般是比较简单的，只要将容器（如水桶、瓶子等）沉入要取样的河水或废水中，取出后将水样倒进合适的盛水器（贮样容器）中即可。

欲从一定深度的水中采样时，需要用专门的采样器。图 2-1 是最简单的采样器。这种采样器是将一定容积的细口瓶套入金属框内，附于框底的铅、铁或石块等重物用来增加自重。瓶塞与一根带有标尺的细绳相连。当采样器沉入水中预定的深度时，将细绳提起，瓶塞开启，水即注入瓶中。一般不宜将水注满瓶，以防温度升高而将瓶塞挤出。

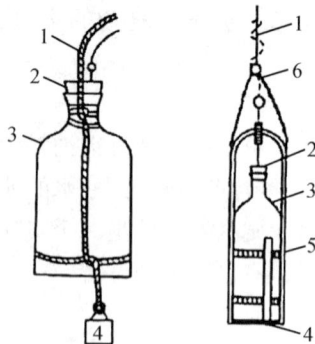

1—绳子；2—带有软绳的橡胶塞；3—采样瓶；4—铅锤；5—铁框；6—挂钩

图 2-1　简单采集器

对于水流湍急的河段. 宜用图 2-2 所示的急流采样器。

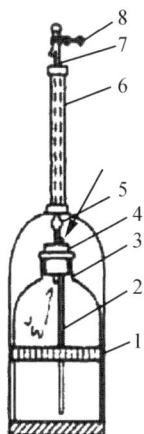

1—带重锤的铁框；2—长玻璃管；3—采样瓶；4—橡胶塞；5—短玻璃管；6—钢管；7—橡胶管；8—夹子

图 2-2　急流采集器

采样前塞紧橡胶塞，然后垂直沉入要求的水深处，打开上部橡胶塞夹，水即沿长玻璃管通至采样瓶中，瓶内空气由短玻璃管沿橡胶管排出。采集的水样因与空气隔绝，可用于水中溶解性气体的测定。

如果需要测定水中的溶解氧，则应采用如图 2-3 所示的双瓶采样器采集水样。当双瓶采样器沉入水中后，打开上部橡胶塞夹，水样进入小瓶（采样瓶）并将瓶内空气驱入大瓶，从连接大瓶短玻璃管的橡胶管排出，直到大瓶中充满水样. 提出水面后迅速密封大瓶。

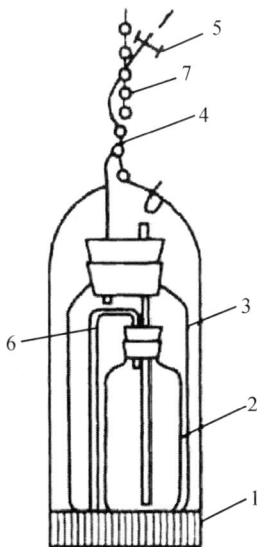

1—带重锤的铁框；2-小瓶；3—大瓶；4—橡胶管；5—夹子；6—塑料管；7—绳子

图 2-3　双瓶采样器

采集水样量大时，可用采样泵来抽取水样。一般要求在泵的吸水口包几层尼龙纱网以防止泥沙、碎片等杂物进入瓶中。测定痕量金属时，则宜选用塑料泵。也可用虹吸管来采集水样，图 2-4 是一种利用虹吸原理制成的连续采样装置。

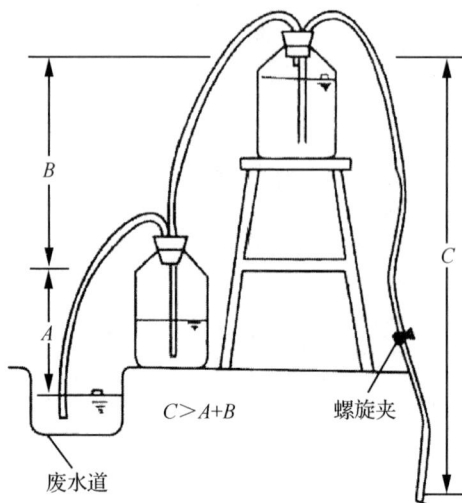

图 2-4　虹吸连续采样器

上述介绍的多是定点瞬时手工采样器。为了提高采样的代表性、可靠性和采样效率，目前国内外已开始采用自动采样设备，如自动水质采样器和无电源自动水质采样器，包括手摇泵采水器、直立式采水器和电动采水泵等，可根据实际需要选择使用。自动采样设备对于制备等时混合水样或连续比例混合水样，研究水质的动态变化以及一些地势特殊地区的采样具有十分明显的优势。

2. 盛水器

盛水器（水样瓶）一般由聚四氟乙烯、聚乙烯、石英玻璃和硼硅玻璃等材质制成。研究结果表明，材质的稳定性顺序为：聚四氟乙烯>聚乙烯>石英玻璃>硼硅玻璃。通常，塑料容器（P-Plastic）常用作测定金属、放射性元素和其他无机物的水样容器；玻璃容器（G-Glass）常用作测定有机物和生物类等的水样容器。每个监测指标对水样容器的要求不尽相同。

对于有些监测项目，如油类项目，盛水器往往作为采样容器。因此，采样器和盛水器的材质要视检测项目统一考虑。应尽力避免下列问题的发生：①水样中的某些成分与容器材料发生反应；②容器材料可能引起对水样的某种污染；③某些被测物可能被吸附在容器内壁上。

保持容器的清洁也是十分重要的。使用前，必须对容器进行充分、仔细的清洗。一般说来，测定有机物质时宜用硬质玻璃瓶，而被测物是痕量金属或是玻璃的主要成分，如钠、钾、硼、硅等时，就应该选用塑料盛水器。已有资料报道，玻璃中也可溶出铁、锭、锌和铅；聚乙烯中可溶出锂和铜。

3. 采样量

采样量应满足分析的需要，并应考虑重复测试所需的水样用量和留作备份测试的水样用量。如果被测物的浓度很低而需要预先浓缩时，采样量就应增加。

每个分析方法一般都会对相应监测项目的用水体积提出明确要求，但有些监测项目对采样或分样过程也有特殊要求，需要特别指出：

（1）当水样应避免与空气接触时（如测定含溶解性气体或游离 CO_2 水样的 pH 值或电导率），采样器和盛水器都应完全充满，不留气泡空间。

（2）当水样在分析前需要摇荡均匀时（如测定油类或不溶解物质），则不应充满盛水器，装瓶时应使容器留有 1/10 顶空，保证水样不外溢。

（3）当被测物的浓度很低而且是以不连续的物质形态存在时（如不溶解物质、细菌、藻类等），应从统计学的角度考虑单位体积里可能的质点数目而确定最小采样量。假如，水中所含的某种质点为 10 个/L，但每 100 mL 水样里所含的却不一定都是 1 个，有的可能含有 2 个、3 个，而有的一个也没有。采样量越大，所含质点数目的变率就越小。

（4）将采集的水样总体积分装于几个盛水器内时，应考虑到各盛水器水样之间的均匀性和稳定性。

水样采集后，应立即在盛水器（水样瓶）上贴上标签，填写好水样采样记录，包括水样采样地点、日期、时间、水样类型、水体外观、水位情况和气象条件等。

（二）地表水采样方法

地表水水样采样时，通常采集瞬时水样；遇有重要支流的河段，有时需要采集综合水样或平均比例混合水样。

地表水表层水的采集，可用适当的容器如水桶等。在湖泊、水库等处采集 2 定深度的水样，可用直立式或有机玻璃采样器。并借助船只、桥梁、索道或涉水等方式进行水样采集。

1. 船只采样

按照监测计划预定的采样时间、采样地点，将船只停在采样点下游方向，逆流采样，以避免船体搅动起沉积物而污染水样。

2. 桥梁采样

确定采样断面时应考虑尽量利用现有的桥梁采样。在桥上采样安全、方便，不受天气和洪水等气候条件的影响，适于频繁采样，并能在空间上准确控制采样点的位置。

3. 索道采样

适用于地形复杂、险要、地处偏僻的小河流的水样采样。

4. 涉水采样

适用于较浅的小河流和靠近岸边水浅的采样点。采样时，采样人应站在下游，向上游方向采集水样，以避免涉水时搅动水下沉积物而污染水样。

采样时，应注意避开水面上的漂浮物混入采样器；正式采样前要用水样冲洗采样器 2~3 次，洗涤废水不能直接回倒入水体中，以避免搅起水中悬浮物；对于具有一定深度的河流等水体采样时，使用深水采样器，慢慢放入水中采样，并严格控制好采样深度。测定油类指标的水样采样时，要避开水面上的浮油，在水面下 5~10 cm 处采集水样。

（三）地下水采样方法

地下水可分为上层滞水、潜水和承压水。上层滞水的水质与地表水的水质基本相同；潜水层通过包气带直接与大气圈、水圈相通，因此其具有季节性变化的特点；而承压水地质条件不同于潜水，其受水文、气象因素直接影响小，畜水层的厚度不受季节变化的支配，水质不易受人为活动污染。

1. 采样器

地下水水质采样器分为自动式与人工式，自动式用电动泵进行采样，人工式分活塞式与隔膜式，可按要求选用。采样器在测井中应能准确定位，并能取到足够量的代表性水样。

2. 采样方法

实施饮用水地下水源采样时，要求做到以下几点：

（1）开始采集水样前，应将井中的已有静止地下水抽干，以保证所采集的地下水新鲜。

（2）采样时采样器放下与提升时动作要轻，避免搅动井水及底部沉积物。

（3）用机井泵采样时，应待管道中的积水排净后再采样。

（4）自流地下水样品应在水流流出处或水流汇集处采集。

值得注意的是，从一个监测井采得的水样只能代表一个含水层的水平向或垂直向的局部情况，而不能像对地表水那样可以在水系的任何一点采样。

另外，采集水样还应考虑到靠近井壁的水的组成几乎不能代表该采样区的全部地下水水质，因为靠近井的地方可能有钻井污染，以及某些重要的环境条件，如氧化还原电位，在近井处与地下水承载物质的周围有很大的不同。所以，采样前需抽取适量样本。

对于自喷的泉水，可在泉涌处直接采集水样；采集不自喷泉水时，先将积留在抽水管的水吸出，新水更替之后，再进行采样。

专用的地下水水质监测井，井口比较窄（5~10 cm），但井管深度视监测要求不等（1~20 m），采集水样常利用抽水设备或虹吸管采样方式。通常应提前数日将监测井中积留的陈旧水抽出，待新水重新补充入监测井管后再采集水样。

（四）生物样品采样方法

在天然水域中，生存着大量的水生生物群落，当饮用水源水质改变时，各种不同的水生生物由于对水环境的要求和适应能力不同也会发生变化。针对饮用水及其水源地的水质生物监测内容很多，采样方法也有较大不同，下面进行简要介绍。

1. 浮游生物采样方法

浮游生物样品包括定性样品采集和定量样品采集，采样方法分为以下几种。

（1）定性样品采集。采用 25 号浮游生物网（网孔 0.064 mm）或 PFU（聚氨酯泡沫塑料块）法；枝角类和极足类等浮游动物采用 13 号浮游生物网（网孔 0.112 mm），在表层拖滤 1~3 min。

（2）定量样品采集。在静水和缓慢流动水体中采用玻璃采样器或改良式采样器（如有机玻璃采样器）采集；在流速较大的河流中，采用横式采样器，并与铅鱼配合使用，采水量为 1~2L，若浮游生物量很低时，应酌情增加采水量。

浮游生物样品采集后，除进行活体观测外，一般按水样体积加 1% 的鲁哥氏（Lugol's）溶液（碘液）固定，静置沉淀后，倾去上层清水，将样品装入样品瓶中。

2. 着生生物采样方法

着生生物采样方法可分为天然基质法和人工基质法，具体采样方法如下。

（1）天然基质法。利用一定的采样工具，采集生长在水中的天然石块、木桩等天然基质上的着生生物。

（2）人工基质法。将玻片、硅藻计和 PFU 等人工基质放置于一定水层中，时间不得少于 14 天，然后取出人工基质，采集基质上的着生生物。

用天然基质法和人工基质法采集样品时，应准确测量采样基质的面积。采集的着生生物样品，除进行活体观测外，其余方法同浮游生物一样。按水样体积加 1% 的鲁哥氏（Lugol's）溶液（碘液）固定。静置沉淀后，倾去上层清水，将样品装入样品瓶中。

3. 底栖大型无脊椎动物采样方法

底栖大型无脊椎动物采样也包括定性样品采集和定量样品采集，采样方法如下：

（1）定性样品。用三角拖网在水底拖拉一段距离，或用手抄网在岸边与浅水处采集。以 40 目分样筛挑出底栖动物样品。

（2）定量样品。可用开口面积一定的采泥器采集，如彼得逊采泥器（采样面积为 $1/16 \text{ m}^2$）或用铁丝编织的直径为 18 cm、高为 20 cm 的圆柱形铁丝笼，笼网孔径为（5±1）cm^2，底部铺 40 目尼龙筛绢，内装规格尽量一致的卵石，将笼置于采样垂线的水底中，14 天后取出。从底泥中和卵石上挑出底栖动物。

4. 水生维管束植物采样方法

水生维管束植物样品的采集也包括定性样品采集和定量样品采集，采样方法如下。

（1）定性样品。用水草采集夹、采样网和耙子采集。

（2）定量样品。用面积为 0.25 m^2、网孔 3.3 cm×3.3 cm 的水草定量夹采集。采集样品后，去掉泥土、黏附的水生动物等，按类别晾干、存放。

5. 鱼类样品采样方法

鱼类样品采用渔具捕捞。采集后应尽快进行种类鉴定，残毒分析样品应尽快取样分析，或冷冻保存。

6. 微生物样品采样方法

采样用玻璃样品瓶在 160~170 ℃烘箱中灭菌或 121 ℃高压蒸气灭菌锅中灭菌 5 min；塑料样品瓶用 0.5% 过氧乙酸灭菌备用。

（五）饮用水供水系统采样方法

1. 自来水公司水样采样方法

自来水公司涉及的水质监测主要是对供水原水、各功能性水处理段以及自来水厂出厂水等取水点水质的监测。应根据饮用水水源（原水）性质和饮用水制水工艺选择相应的采样方法。

如利用自动采样器或连续自动定时采样器采集。可在一个生产周期内，按时间程序将一定量的水样分别采集在不同的容器中；自动混合采样时，采样器可定时连续地将一定量的水样或按流量比采集的水样汇集于一个容器中。

2. 给水管网系统水样采样方法

给水管网是封闭管道，采样时采样器探头或采样管应妥善地放在进水下游，采样管不能靠近管壁。湍流部位，例如在"T"形管、弯头、阀门的后部，可充分混合，一般作为最佳采样点，但是等动力采样（即等速采样）除外。

给水管网系统中采样点常设在：①每一个供水企业在接入管网时的结点处；②污染物有可能进入管网处；③管网末梢处。这些地方是特别要注意的采样位置，最好在这些部位安设水质自动监测系统，这样一来，采样的难度也就不存在了。

管网末梢处，即在用户终端采集自来水水样时，应先将水龙头完全打开，放水3~5 min，使积留在水管中的陈旧水排出，再采集水样。

（六）废水/污水采样方法

工业废水和生活污水的采样种类和采样方法取决于生产工艺、排污规律和检测目的，采样涉及采样时间、地点和采样频次。由于工业废水大多是流量和浓度都随时间变化的非稳态流体，可根据能反映其变化并具有代表性的采样要求，采集合适的水样（瞬时水样、等时混合水样、等时综合水样、等比例混合水样和流量比例混合水样等）。

对于生产工艺连续、稳定的企业，所排放废水中的污染物浓度及排放流量变化不大，仅采集瞬时水样就具有较好的代表性；对于排放废水中污染物浓度及排放流量随时间变化无规律的情况，可采集等时混合水样、等比例混合水样或流量比例混合水样，以保证采集的水样的代表性。

废水和污水的采样方法如下。

1. 浅水采样

当废水以水渠形式排放到公共水域时，应设适当的堰，可用容器或用长柄采水勺从堰溢流中直接采样–在排污管道或渠道中采样时，应在具有液体流动的部位采集水样。

2. 深层水采样

适用于废水或污水处理池中的水样采集，可使用专用的深层采样器采集。

3. 自动采样

利用自动采样器或连续自动定时采样器采集。可在一个生产周期内，按时间程序将一定量的水样分别采集在不同的容器中；自动混合采样时采样器可定时连续地将一定量的水样或按流量比采集的水样汇集于一个容器中。

自动采样对于制备混合水样（尤其是连续比例混合水样）、研究水质的连续动态变化以及在一些难以抵达的地区采样等都是十分有用且有效的。

（七）底质样品的采样方法

底质（沉积物）采样器如图2-5和图2-6所示。其一般通用的是掘式采泥器，可按产品说明书提示的方法使用。掘式和抓式采泥器适用于采集量较大的沉积物样品；锥式或钻式采泥器适用于采集较少的沉积物样品；管式采泥器适用于采集柱状样品。如水深小于3 m，可将竹竿粗的一端削成尖头斜面，插入河床底部采样。

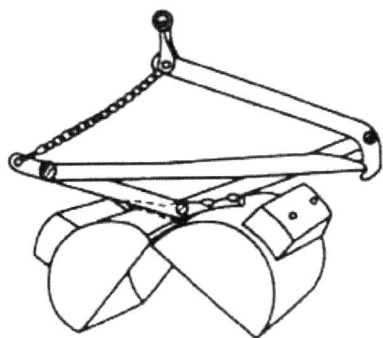

图 2-5 Petersen 氏掘式采泥器

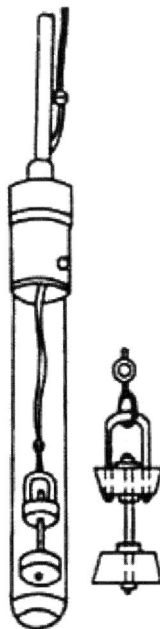

图 2-6 手动活塞钻式沉积物采样器

底质采样器一般要求用强度高、耐磨性能较好地钢材制成，使用前应除去油脂并洗净，具体要求如下：

（1）采样器使用前必须先用洗涤剂除去防锈油脂。采样时先将采样器放在水面上冲刷 3~5 min，然后采样。采样完毕必须洗净采样器，晾干待用。

（2）采样时如遇到水流速度较大，可将采样器用铅坠加重，以保证能在采样点的准确位置上采样。

（3）用白色塑料盘（桶）和小勺接样。

（4）沉积物接入盘中后，挑去卵石、树枝、贝壳等杂物，搅拌均匀后装入瓶或袋中。

对于采集的柱状沉积物样品，为了分析各层柱状样品的化学组成和化学形态，要制备分层样品。首先用木片或塑料铲刮去柱样的表层，然后确定分层间隔，分层切割制样。

二、水样的保存

水样采集后，应尽快进行分析测定。能在现场做的监测项目要求在现场测定，如水中的溶解氧、温度、电导率、pH 值等。但由于各种条件所限（如仪器、场地等），往往只有少数测定项目可在现场测定，大多数项目仍需送往实验室进行测定。有时因人力、时间不足，还需在实验室内存放一段时间后才能分析。因此，从采样到分析的这段时间里，水样的保存技术就显得至关重要。

有些监测项目的水样在采样现场采取一些简单的保护性措施后，能够保存一段时间。水样允许保存的时间与水样的性质、分析指标、溶液的酸碱度、保存容器和存放温度等多种因素有关。

不同水样允许的存放时间也有所不同。一般认为，水样的最大存放时间为：清洁水样 72 h；轻污染水样 48 h；重污染水样 12 h。

采取适当的保护措施，虽然能够降低待测成分的变化程度或减缓变化的速度，但并不能完全抑制这种变化。水样保存的基本要求只能是应尽量减少其中各种待测组分的变化，要求做到：①减缓水样的生物化学作用；②减缓化合物或络合物的氧化还原作用；③减少被测组分的挥发损失；④避免沉淀、吸附或结晶物析出所引起的组分变化。

水样主要的保护性措施有以下几种：

1. 选择合适的保存容器

不同材质的容器对水样的影响不同，一般可能存在吸附待测组分或自身杂质溶出污染水样的情况，因此应该选择性质稳定、杂质含量低的容器。一般常规监测中，常使用聚乙烯和硼硅玻璃材质的容器。

2. 冷藏或冷冻

水样在低温下保存，能抑制微生物的活动，减缓物理作用和化学反应速度。如将水样保存在 $-22 \sim -18\ ℃$ 的冷冻条件下，会显著提高水样中磷、氮、硅化合物以及生化需氧量等监测项目的稳定性。而且，这类保存方法对后续分析测定无影响。

3. 加入保存药剂

在水样中加入合适的保存试剂，能够抑制微生物活动，减缓氧化还原反应发生。加入的方法可以是在采样后立即加入，也可以在水样分样时根据需要分瓶分别加入。

不同的水样、同一水样的不同监测项目要求使用的保存药剂不同。保存药剂主要有生物抑制剂、pH 值调节剂、氧化或还原剂等类型，具体的作用如下：

（1）生物抑制剂。在水样中加入适量的生物抑制剂可以阻止生物作用。常用的试剂有氯化汞（$HgCl_2$），加入量为每升水样 $20 \sim 60$ mg；对于需要测汞的水样，可加入苯或三氯甲烷，每升水样加 $0.1 \sim 1.0$ mL；对于测定苯酚的水样，用 H_3PO_4 调水样的 pH 值为 4 时，加入 $CuSO_4$，可抑制苯酚菌的分解活动。

（2）pH 值调节剂。加入酸或碱调节水样的 pH 值。可以使一些处于不稳定态的待测组分转变成稳定态。例如，测定水样中的金属离子，常加酸调节水样 pH≤2，达到防止金属离子水解沉淀或被容器壁吸附的目的；测定氰化物或挥发酚的水样。需要加入 NaOH 调节其 pH≥12，使两者分别生成稳定的钠盐或酚盐。

（3）氧化或还原剂。在水样中加入氧化剂或还原剂可以阻止或减缓某些组分发生氧化、还原反应。例如，在水样中加入抗坏血酸，可以防止硫化物被氧化；测定溶解氧的水样则需要加入少量硫酸锰和碘化钾—叠氮化钠试剂将溶解氧固定在水中。

对保存药剂的一般要求是有效、方便、经济，而且加入的任何试剂都不应给后续的分析测试工作带来影响。对于地表水和地下水，加入的保存试剂应该使用高纯品或分析纯试剂，最好用优级纯试剂。当添加试剂的作用相互有干扰时，建议采用分瓶采样、分别加入的方法保存水样。

4. 过滤和离心分离

水样浑浊也会影响分析结果。用适当孔径的滤器可以有效地除去藻类和细菌，滤后的样品稳定性提高。一般而言，可用澄清、离心、过滤等措施分离水样中的悬浮物。

国际上，通常将孔径为 0.45 μm 的滤膜作为分离可滤态与不可滤态的介质，将孔径为 0.2 μm 的滤膜作为除去细菌的介质。采用澄清后取上清液或用滤膜、中速定量滤纸、砂芯漏斗或离心等方式处理水样时，其阻留悬浮性颗粒物的能力大体为：滤膜>离心>滤纸>砂芯漏斗。

欲测定可滤态组分，应在采样后立即用 0.45 μm 的滤膜过滤，暂时无 0.45 μm 的滤膜时，含泥沙较多的水样可用离心方法分离；含有机物多的水样可用滤纸过滤；采用自然沉降取上清液测定可滤态物质是不妥当的。如果要测定全组分含量，则应在采样后立即加入保存药剂，分析测定时充分摇匀后再取样。

《水与废水监测分析方法》以及相关国家标准中均有详细的保存技术推荐。实际应用时，具体分析指标的保存条件应该和分析方法的要求一致，相关国家标准中有规定保存条件的应该严格执行国家标准。

三、水样预处理

(一) 样品消解

在进行环境样品（水样、土壤样品、固体废物和大气采样时截留下来的颗粒物）中无机元素的测定时，需要对环境样品进行消解处理。消解处理的作用是破坏有机物、溶矿颗粒物，并将各种价态的待测元素氧化成单一高价态或转换成易于分解的无机化合物。常用的消解方法有湿式消解法和干灰化法。

常用的消解氧化剂有单元酸体系、多元酸体系和碱分解体系，最常使用的单元酸为硝酸。采用多元酸的目的是提高消解温度、加快氧化速度和改善消解效果。在进行水样消解时，应根据水样的类型及采用的测定方法进行消解酸体系的选择。各消解酸体系的适用范围如下。

1. 硝酸消解法

对于较清洁的水样或经适当润湿的土壤等样品，可用硝酸消解。其方法要点是：取混匀的水样 50~200 mL 于锥形瓶中，加入 5~10 mL 浓硝酸，在电热板上加热煮沸缓慢蒸发至小体积，试液应清澈透明，呈浅色或无色，否则，应补加少许硝酸继续消解。消解至近干时，取下锥形瓶，稍冷却后加 2% HNO₂）（或 HCl）20 mL，温热溶解可溶盐。若有沉淀，应过滤，滤液冷至室温后于 50 mL 容量瓶中定容，待分析测定。

2013 年环保部发布了环境保护标准《水质金属总量的消解硝酸消薛法》（HJ 677—2013），该方法控制温度（95±5）℃，用硝酸和过氧化氢破坏样品中的有机质，氧化消解水样，适用于地表水、地下水、生活污水和工业废水中 20 种金属元素总量的硝酸消角莘葫娃理。

2. 硝酸—硫酸消解法

硝酸—硫酸混合酸体系是最常用的消解组合，应用广泛。两种酸都具有很强的氧化能力，其中硫酸沸点高（338 ℃），两者联合使用，可大大提高消癣温度箱消解效果。图 2-7 为 10 mL 浓硝酸+10 mL 浓硫酸加入水样后，在电热板温度控制在 220 ℃时，硝酸—硫酸—水三元混合溶液的温度变化情况，从溶液温度也可估计消解反应的进程。

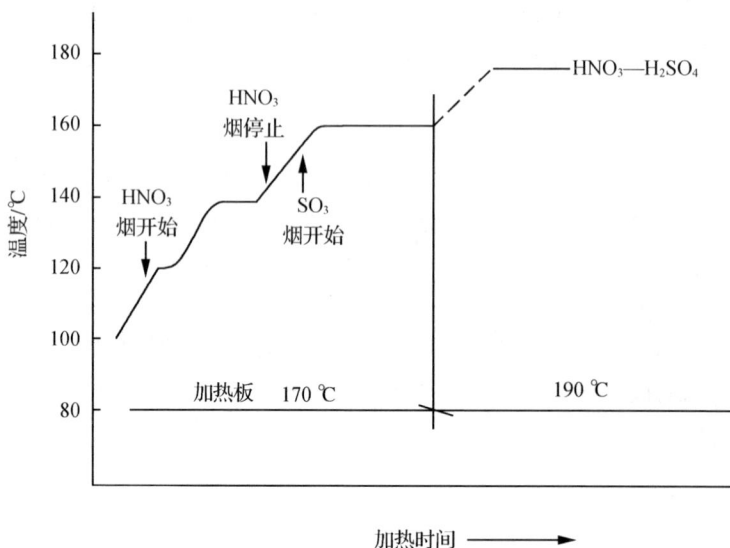

图 2-7　HNO₂+H₂SO₄ 加热时的温度变化

常用的硝酸与硫酸的比例为 5：2。一般消解时，先将硝酸加入待消解样品中，加热蒸发至小体积，稍冷后再加入硫酸、硝酸，继续加热蒸发至冒大量白烟，稍冷却后加入 2%的 HNO₃ 温热溶解可溶盐。若有沉淀，应过滤，滤液冷至室温后定容，待分析测定。

欲测定水样中的铅、钡或掉等元素时，该体系不宜采用，因为这些元素易与硫酸反应生成难溶硫酸盐，可改选用硝酸—盐酸混合酸体系。

3. 硝酸—高氯酸消解法

两种酸都是强氧化性酸，联合使用可消解含难氧化有机物的环境样品，如高浓度有机废水、植物样和污泥样品等。其方法要点是：取适量水样或经适当润湿的处理好的土壤等样品于锥形瓶中，加 5~10 mL 硝酸，在电热板上加热、消解至大部分有机物被分解。取下锥形瓶，稍冷却，再加 2~5 mL 高氯酸，继续加热至开始冒白烟，如试液呈深色，再补加硝酸，继续加热至浓厚白烟将尽，取下锥形瓶，稍冷却后加入 2%的 HNO₃溶解可溶盐。若有沉淀，应过滤，滤液冷至室温后定容，待分析测定。

因为高氯酸能与含羟基有机物激烈反应，有发生爆炸的危险. 故应先加入硝酸氧化水样中的羟基有机物，稍冷后再加高氯酸处理。

4. 硝酸—氢氟酸消解法

氢氟酸能与液态或固态样品中的硅酸盐和硅胶态物质发生反应，形成四氟化硅而挥发分离，因此，该混合酸体系应用范围比较专一，选择性比较高。但需要指出的是：氢氟酸能与玻璃材质发生反应，消解时应使用聚四氟乙烯材质的烧杯等容器。

5. 多元消解法

为提高消解效果，在某些情况下（如处理测总铬的废水时），特别是样品基体比较复杂时，需要使用三元以上混合酸消解体系。通过多种酸的配合使用，克服单元酸或二元酸消解所起不到的作用。例如，在土壤或沉积物背景值调查时，常常需要进行全元素分析，这时采用 $HCl-HNO_3-HF-HClO_4$ 体系，消解效果比较理想。

6. 碱分解法

碱分解法适用于按上述酸消解法不易分解或会造成某些元素的挥发性损失的环境样品。其方法要点是：在各类环境样品中，加入氢氧化钠和过氧化氢溶液或者氨水和过氧化氢溶液，加热至缓慢沸腾消解至近干时，稍冷却后加入水或稀碱溶液，温热溶解可溶盐。若有沉淀，应过滤，滤液冷至室温后于 50 mL 容量瓶中定容，待分析测定。碱分解法的主要优点是熔样速度快，熔样完全，特别适用于元素全分析，但不适于制备需要测定汞、硒、铅、砷、镉等易挥发元素的样品。

7. 干灰化法

干灰化法又称干式消解法或高温分解法，多用于固态样品如沉积物、底泥等底质以及土壤样品的消解。

其操作过程是：取适量水样于白瓷或石英蒸发皿中，于水浴上先蒸干，固体样品可直接放入坩埚中，然后将蒸发皿或坩埚移入马弗炉内，于 450～550 ℃灼烧到残渣呈灰白色，使有机物完全分解去除。取出蒸发皿，稍冷却后，用适量 2% HNO_3（或 HCl）溶解样品灰分，过滤后滤液经定容后，待分析测定。该法能有效分析样品中的有机物，消解完全，但不适用于挥发性组分的分析。

8. 微波消解法

微博消解是结合高压消解和微波快速加热的一项消解技术，以待测样品和消解酸的混合物为发热体，从样品内部对样品进行激烈搅拌、充分混合和加热，加快了样品的分解速度，缩短了消解时间，提高了消解效率。在微波消解过程中，样品处于密闭容器中，也避免了待测元素的损失和可能造成的污染。该方法早期主要用于土壤、沉积物、污泥等复杂基体样品，发展至今，其用途已扩展到水和废水样品。2013 年环保部发布了《水质金属总量的微波消解法》（HJ 678—2013），主要适用于地表水、地下水、生活污水和工业废水中包括银（Ag）、铝（Al）、砷（As）、铍（Be）、钡（Ba）、钙（Ca）、镉（Cd）等在内的 20 种金属元素总量的微波酸消解预处理。国标上将整个消解步骤分成了三步：第一步，先取 25 mL 水样于消解罐中，加入 1.0 mL 过氧化氢及适量硝酸，置于通风橱中待反应平稳后加盖旋紧；第二步，将消解罐放在微波消解仪中按升温程序 10 min 升温至 180 ℃并保持 15 min；程序运行完毕后，将消解罐置于通风橱内冷却至室温，放气开盖，转移定容待测。

商品化的微波消解装置已经开始普及，但由于环境样品基体的复杂性不同及其与传统消解手段的差异，在确定微波消解方案时，应对所选消解试剂、消解功率和消解时间进行条件优化。

（二）样品分离与富集

在水质分析中，由于水样中的成分复杂，干扰因素多，而待测物的含量大多处于痕量水平（10^{-6}或10^{-9}），常低于分析方法的检出下限，因此在测定前必须进行水样中待测组分的分离与富集，以排除分析过程中的干扰，提高待测物浓度，. 满足分析方法检出限的要求。为了选择与评价分离、富集技术，常涉及下面两个概念。

富集倍数的大小依赖于样品中待测痕量组分的浓度和所采用的测试技术。若采用高效、高选择性的富集技术，高于10^5，的富集倍数是可以实现的。随着现代仪器技术的发展，仪器检测下限不断降低，富集倍数提高的压力相对减轻，因此富集倍数为$10^2 \sim 10^3$。就能满足痕量分析的要求。

当欲分离组分在分离富集过程中没有明显损失时，适当地采用多级分离方法可有效地提高富集倍数。

常用于环境样品分离与富集的方法有过滤、挥发、蒸馏、溶剂萃取、离子交换、吸附和低温浓缩等，比较先进的方法有固相萃取、微波萃取和超临界流体萃取等技术。近年来，一些和仪器分析联用的在线富集技术也得到了快速发展，如吹扫捕集、热脱附、固相微萃取等，下面将分别作简要介绍。

1. 挥发和蒸发浓缩法

挥发法是将易挥发组分从液态或固态样品中转移到气相的过程，包括蒸发、蒸悔、升华等多种方式。一般而言，在一定温度和压力下，当待测组分或基体中某一组分的挥发性和蒸气压足够大，而另一种小到可以忽略时，就可以进行选择性挥发，达到定量分离的目的。

物质的挥发性与其分子结构有关，即与分子中原子间的化学键有关。挥发效果则依赖于样品量大小、挥发温度、挥发时间以及痕量组分与基体的相对含量。样品量的大小将直接影响挥发时间和完全程度。汞是唯一在常温下具有显著蒸气压的金属元素，冷原子荧光测汞仪就是利用汞的这一特性进行液体样品中汞含量的测定的。

利用外加热源进行样品的待测组分或基体的加速挥发过程称为蒸发浓缩。如加热水样，使水分慢慢蒸发，可以达到大幅度浓缩水样中重金属元素的目的。为了提高浓缩效率，缩短蒸发时间，常常可以借助惰性气体的参与实现欲挥发组分的快速分离。

2. 蒸馏浓缩法

蒸馏是基于气—液平衡原理实现组分分离的，具体来讲就是利用各组分的沸点及其蒸气压大小的不同实现分离的目的。在水溶液中，不同组分的沸点不尽相同。当加热时，较易挥发的组分富集在蒸气相，对蒸气相进行冷凝或吸收时，挥发性组分在憶出液或吸收液中得到富集。

蒸馏主要有常压蒸情和减压蒸馏两类。

常压蒸馏适合于沸点在$40 \sim 150\,℃$之间的化合物的分离，常用的蒸馏装置见图2-8。测定水样中的挥发酚、氰化物和氨氮等监测项目时，均采用的是常压蒸馏方法。

减压蒸馏适合于沸点高于$150\,℃$（常压下）或沸点虽低于此温度但在蒸馏过程中极易分解的化合物的分离。减压蒸馏装置除减压系统外与常压蒸馏装置基本相同，但所用的减压蒸馏瓶和接受瓶要求必须耐压。整个系统的接口必须严密不漏。克莱森（Claisen）蒸馏头常用于防爆沸和消泡沫，其通过一根开口毛细管调节气流向蒸馏液内不断冲气以击碎泡沫并抑制爆沸。图2-9是减压蒸馏装置的示意图。减压蒸馏方法在水中痕量农药、植物生长调节剂等有机物的分离富集中应用十分广泛，也是液—液萃取溶液的高倍浓缩的有效手段。

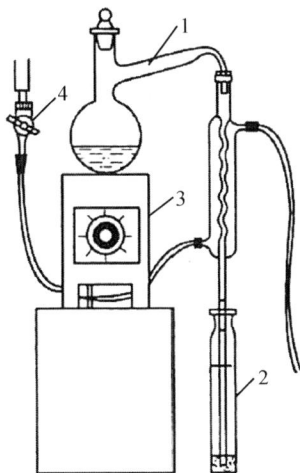

1—500 mL 全玻璃蒸馏器；2—收集瓶；3—加热电炉；4—冷凝水调节阀

图 2-8　常压蒸馏装置示意图

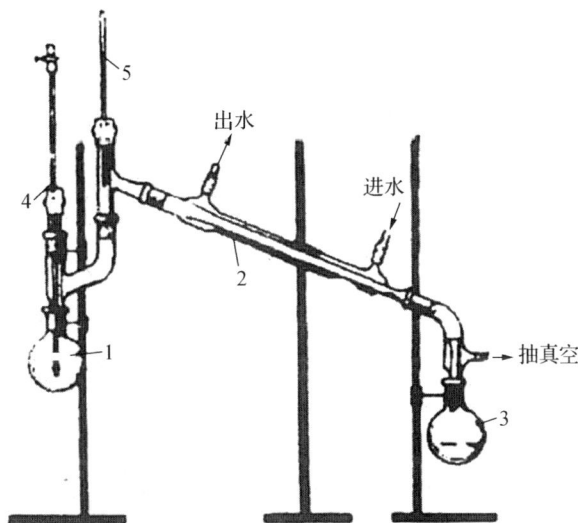

1—蒸馏瓶；2—冷凝管；3—收集瓶；4—克莱森蒸馏头；5—温度计

图 2-9　减压蒸馏装置示意图

3. 固相萃取技术

固相萃取技术（solid-phase extraction，SPE）自 20 世纪 70 年代后期问世以来，由于其高效、可靠及耗用溶剂量少等优点，在环境等许多领域得到了快速发展。在国外，其已逐渐取代传统的液—液萃取而成为样品预处理的可靠而有效的方法。

SPE 技术基于液相色谱的原理，可近似看作一个简单的色谱过程。吸附剂作为固定相，而流动相是萃取过程中的水样。当流动相与固定相接触时，其中的某些痕量物质（目标物）就保留在固定相中。这时，如果用少量的选择性溶剂洗脱，即可得到富集和纯化的目标物。

典型的 SPE 一般分为五个步骤：①根据欲富集的水样量及保留目标物的性质确定吸附剂类型及用量；②对选取的柱子进行条件化，即通过适当的溶剂进行活化，再通过去离子水进行条件化；③水样通过；④对柱子进行样品纯化，即洗脱某些非目标物，这时所选用的溶剂主要与非目标物的性质有关；⑤用 1~5 mL 的洗脱剂对吸附柱进行洗脱，收集洗脱液即可用于后续分析。

影响 SPE 处理效率的因素有很多，如吸附剂类型及用量、洗脱剂性质、样品体积及组分、流速等，其中的关键因素是吸附剂和洗脱剂。根据吸附机理的不同，固相萃取吸附剂主要分为正相、反相、离子交换和抗体键合（Immunosorbents—IS）等类型。

一般而言，应根据水中待测组分的性质选择适合的吸附剂。水溶性或极性化合物通常选用极性的吸附剂，而非极性的组分则选择非极性的吸附剂更为合适；对于可电离的酸性或碱性化合物则适合选择离子交换型吸附剂。例如，欲富集水中的杀虫剂或药物，通常均选择键合硅胶 C_{18} 吸附剂，杀虫剂或药物被稳定地吸附于键合硅胶表面，当用小体积甲醇或乙腈等有机溶剂解吸后，目标物被高倍富集。

吸附剂的用量与目标物性质（极性、挥发性）及其在水样中的浓度直接相关。通常，增加吸附剂用量可以增加对目标物的吸附容量，可通过绘制吸附曲线来确定吸附剂的合适用量。

4. 在线预处理技术

环境样品具有基体组分复杂、待测物浓度低、干扰物多等特点，通常都要经过复杂的前处理后才能进行分析测定。传统的人工预处理操作步骤多、处理周期长、试剂使用量大，较易产生系统与人为误差。近年来，仪器分析领域在线预处理技术发展迅速。这就意味着，样品中的污染物可以通过在线的预处理装置直接达到去除干扰物质和浓缩富集的目的，预处理进样在线连续完成，既节省了大量的前处理时间和精力，又可以达到仪器分析的灵敏度要求，应用日益广泛。目前比较成熟的有顶空分析、吹扫捕集、热脱附及固相微萃取等技术。

顶空分析（head space）是通过样品基质上方的气体成分来测定这些组分在原样品中的含量。这是一种间接分析方法，其基本理论依据是在一定条件下气相和样品相（液相和固相）之间存在着分配平衡，所以气相的组成能反映样品中挥发性物质的组成。对于复杂样品中易挥发组分的分析顶空进样大大简化了样品预处理过程，只取气相部分进行分析，避免了高沸点组分污染色谱系统，同时减少了样品基质对分析的干扰。顶空分析有直接进样、平衡加压、加压定容等多种进样模式，可以通过优化操作参数而适合于多种环境样品的分析。如土壤、污泥和水中易挥发物的分析，水中三氯甲烷、四氯化碳、三氯乙烯、四氯乙烯、三溴甲烷等挥发性有机物，也可以用顶空进样技术进行监测分析。环保部 HJ 620—2011 标准规定了水和废水中挥发性卤代烃顶空气相色谱法的具体测定细则。

吹扫捕集技术（purge trap）与顶空技术类似，是用氮气、氦气或其他惰性气体将挥发性及半挥发性被测物从样品中抽提出来，但吹扫捕集技术需要让气体连续通过样品，将其中的易挥发组分从样品中吹脱后在吸附剂或冷阱中捕集浓缩，然后经热解吸将样品送入气相色谱或气质联用仪进行分析。吹扫捕集是一种非平衡态的连续萃取，因此又被称为"动态顶空浓缩法"。影响吹扫效率的因素主要有吹扫温度、样品的溶解度、吹扫气的流速及流量、捕集效率和解吸温度及时间等。吹扫捕集法在挥发性和半挥发性有机化合物分析、有机金属化合物的形态分析中起着越来越重要的作用，环境监测中常用吹扫捕集技术分析饮用水或废水中的嗅味物质、易挥发有机污染物［《挥发性有机物的测定吹扫捕集/气相色谱法》（HJ 686—2014），《挥发性有机物的测定吹扫捕集/气相色谱—质谱法》（MHJ 639—2012）］。吹扫捕集法对样品的前处理无须使用有机溶剂，对环境不造成二次污染，而且具有取样量少、富集效率高、受基体干扰小及容易实现在线检测等优点。相对于静态顶空技术，吹扫捕集灵敏度更高，平衡时间更短，且可分析沸点较高的组分。

固相微萃取（solid phase microextraction，SPME）是以固相萃取为基础发展起来的新型样品前处理技术，无须有机溶剂，操作也很简便，既可在采样现场使用，也可以和色谱类仪器联用自动操作。SPME 的基本原理和实现过程与固相萃取类似，包括吸附和解吸两步。吸附过程中待测物在样品及萃取头外固定的聚合物涂层或液膜中平衡分配，遵循相似相溶原理，当单组分单相体系达到平衡时，涂层上富集的待测物的量与样品中的待测物浓度呈正相关关系。解吸过程则取决于 SPME 后续的分离手段或者分析仪器。如果连接气相色谱萃取纤维直接插入进样口后进行热解吸，而连接液相色谱则是通过溶剂进行洗脱。在环境样品分析中，SPME 有两种萃取方式：一种是将萃取纤维直接暴露在样品中的直接萃取法，适于分析气体样品和洁净水样中的有机化合物；另一种是将纤维暴露于样品顶空中的顶空萃取法，可用于废水、油脂、高分子量腐殖酸及固体样品中挥发性、半挥发性有机化合物的分析。。

第三节　金属污染物的测定

一、铬的测定

铬存在于电镀、冶炼、制革、纺织、制药、炼油、化工等工业废水污染的水体中。富铬地区地表水径流中也含铬。自然形成的铬常以元素或三价状态存在，铬是人体必需的微量元素之一，金属铬对人体是无毒的，缺乏铬反而还可引起动脉粥样硬化，所以天然的铬给人体造成的危害并不大。铬是变价金属，污染的水中铬有三价、六价两种价态，一般认为六价铬的毒性比三价铬高约 100 倍，即使是六价铬，不同的化合物其毒性也不一样，三价常也是如此。三价铬是一种蛋白质凝固剂。六价铬更易为人体吸收，对消化道和皮肤具刺激性，而且可在体内蓄积，产生致癌作用。铬抑制水体的自净，累积于鱼体内，也可使水生生物致死用含铬的水灌溉农作物，铬可富集于果实中。

铬的测定可采用二苯碳酰二肼分光光度法、原子吸收分光光度法和硫酸亚铁铵滴定法。

（一）二苯碳酰二肼分光光度法测定六价铬

1. 方法原理

在酸性溶液中，六价铬与二苯碳酰二肼反应，生成紫红色化合物，其色度在测量范围内与含量成正比，于 540 nm 波长处进行比色测定，利用标准曲线法求水样中铬的含量。反应式如下：

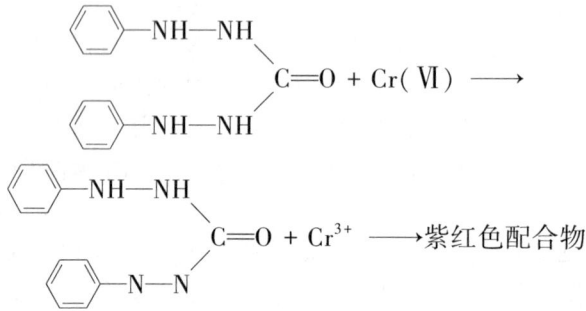

本方法适用于地面水和工业废水中六价铬的测定。方法的最低检出浓度为 0.004 mg/L，使用光程为 10 mm 比色皿，测定上限为 1 mg/L。

2. 测定要点

（1）对于清洁水样可直接测定；对于色度不大的水样，可以用丙酮代替显色剂的空白水样作参比测定；对于浑浊、色度较深的水样，以氢氧化锌作共沉淀剂，调节溶液 pH 为 8~9，此时 Cr^{3+}，Fe^{3+}，Cu^{2+} 均形成氢氧化物沉淀，可被过滤除去，与水样中的 Cr（Ⅵ）分离；存在亚硫酸盐、二价铁等还原性物质和次氯酸盐等氧化物时，也应采取相应措施消除干扰。

（2）用优级纯 $K_2C_{r2}O_7$ 配制铬标准溶液，分别取不同的体积于比色管中，加水定容。加酸（H_2SO_4、H_3PO_4 控制 pH，加显色剂显色，以纯溶剂（丙酮）为参比分别测其吸光度，将测得的吸光度经空白校正后，绘制吸光度对六价铬含量的标准曲线。

（3）取适量清洁水样或经过预处理的水样，与标准系列同样操作，将测得的吸光度经空白校正后，从标准曲线上查得并计算原水样中六价铬含量。

（二）总铬的测定

三价铬不与二苯碳酰二肼反应，因此必须将三价铬氧化至六价铬后，才能显色。

在酸性溶液中，以 $KMnO_4$ 氧化水样中的三价铬为六价铬，过量的 $KMnO_4$ 用 $NaNO_2$ 分解，过量的 $NaNO_2$ 以 CO（NH_2）$_2$ 分解，然后调节溶液的 pH，加入显色剂显色，按测定六价铬的方法进行比色测定。

注意，$KMnO_4$ 氧化三价铬时，应加热煮沸一段时间，随时添加 $KMnO_4$ 使溶液保持红色，但不能过量太多。还原过量的 $KMnO_4$ 时，应先加尿素，后加 $NaNO_2$ 溶液。

（三）硫酸亚铁铵 ［Fe（NH_4）$_2$（SO_4）$_2$］滴定法

本法适用于总铬浓度大于 1 mg/L 的废水，其原理为在酸性介质中，以银盐作催化剂，甩过硫酸铵将三价铬氧化成六价铬。加少量氯化钠并煮沸，除去过量的过硫酸铵和反应中产生的氯气。以苯基代邻氨基苯甲酸作指示剂，用硫酸亚铁铵标准溶液滴定，至溶液呈亮绿色。根据硫酸亚铁铵溶液的浓度和进行试剂空白校正后的用量，可计算出水样中总铬的含量。

二、砷的测定

砷不溶于水，可溶于酸和王水中。砷的可溶性化合物都具有毒性，三价砷化合物比五价砷化合物毒性更强。砷在饮水中的最高允许浓度为 0.05 mg/L，口服 AS_2O_3（俗称砒霜）5~10 mg 可造成急性中毒，致死量为 60~200 mg。砷还有致癌作用. 能引起皮肤病。

地面水中砷的污染主要来源于硬质合金，染料、涂料、皮革、玻璃脱色、制药、农药、防腐剂等工业废水，化学工业、矿业工业的副产品会含有气体砷化物。含砷废水进入水体中，一部分随悬浮物、铁锰胶体物沉积于水底沉积物中，另一部分存在于水中。

砷的监测方法有分光光度法、阳极溶出伏安法及原子吸收法等。新银盐分光光度法测定快速、灵敏度高、二乙氨基二硫代甲酸银是一经典方法。

（一）新银盐分光光度法

1. 方法原理

硼氢化钾（KBH_4 或 $NaBH_4$ 在酸性溶液中，产生新生态的氢，将水中无机砷还原成砷化氢气体. 以硝酸一硝酸银一聚乙烯醇一乙醇溶液为吸收液。砷化氢将吸收液中的银离子还原成单质胶态银，使溶液呈黄色，颜色强度与生成氢化物的量成正比。黄色溶液在 400 nm 处有最大吸收，峰形对称。颜色在 2 h 内无明显变化（20 ℃以下）。

取最大水样体积 250 mL，本方法的检出限为 0.000 4 mg/L，测定上限为 0.012 mg/L。方法适用于地表水和地下水痕量砷的测定。吸收装置如图 2-10 所示。

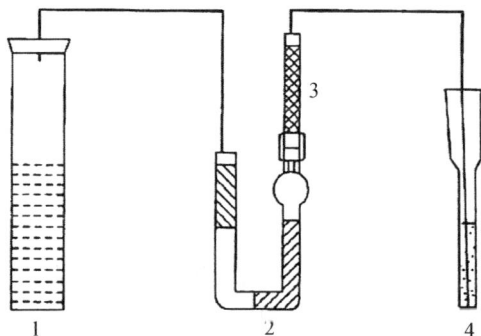

1—砷化氢发生器；2—U 形管；3—导气管；4—砷化氢吸收管

图 2-10　0 砷化氢发生与吸收装置

2. 干扰及消除

本方法对砷的测定具有较好的选择性。但在反应中能生成与砷化氢类似氢化物的其他离子有正干扰，如锑、铋、锡等；能被氢还原的金属离子有负干扰，如镍、钴、铁等；常见离子不干扰。

（二）二乙氨基二硫代甲酸银分光光度法

锌与酸作用，产生新生态氢。在碘化钾和氯化亚锡存在下，使五价砷还原为三价砷，三价砷被新生态氢还原成气态砷化氢。用二乙氨基二硫代甲酸银—三乙醇胺的三氯甲烷溶液吸收砷，生成红色胶体银，在波长 510 nm 处测其吸光度。空白校正后的吸光度用标准曲线法定量。

本方法可测定水和废水中的砷。

三、镉的测定

镉是毒性较大的金属之一。镉在天然水中的含量通常小于 0.01 mg/L，低于饮用水的水质标准，天然海水中更低，因为镉主要在悬浮颗粒和底部沉积物中，水中镉的浓度很低、欲了解镉的污染情况，需对底泥进行测定。

镉污染不易分解和自然消化，在自然界中是累积的。废水中的可溶性镉被土壤吸收，形成土壤污染，土壤中可溶性镉又容易被植物所吸收，形成食物中镉量增加，人们食用这些食品后，镉也随着进入人体，分布到全身各器官，主要贮积在肝、肾、胰和甲状腺中，镉也随尿排出，但持续时间很长。

镉污染会产生协同作用，加剧其他污染物的毒性。实际上，单一的或纯净的含镉废水是少见的，所以呈现更大的毒性。我国规定，镉及其无机化合物，工厂最高允许排放浓度为 0.1 mg/L，并且不得用稀释的方法代替必要的处理。镉污染主要来源于以下几个方面：

（1）金属矿的开采和冶炼，镉属于稀有金属，天然矿物中镉与锌、铅、铜等共存，因此在矿石的浮选、冶炼、精炼等过程中便排出含镉废水。

（2）化学工业中涤纶、涂料、塑料、试剂等工厂企业使用镉或镉制品做原料或催化剂的某些生产过程中产生含镉废水。

（3）生产轴承、弹簧、电光器械和金属制品等机械工业与电器、电镀、印染、农药、陶瓷、蓄电池、光电池、原子能工业部门废水中亦含有不同程度的镉。

测定镉的方法，主要有原子吸收分光光度法、双硫腙分光光度法、阳极溶出伏安法等。

（一）原子吸收分光光度法

原子吸收分光光度法，又称原子吸收光谱分析，简称原子吸收分析。它是根据某元素的基态原子对该元素的特征谱线的选择性吸收来进行测定的分析方法。镉的原子吸收分光光度法有直接吸入火焰原子吸收分光光度法、萃取火焰原子吸收分光光度法、离子交换火焰原子吸收分光光度法和石墨炉原子分光光度法。

1. 直接吸入火焰原子分光光度法

该方法测定速度快、干扰少，适于分析废水：地下水和地面水，一般仪器的适用浓度范围为 0.05～1.00 mg/L。

（1）方法原理。将试样直接吸入空气—乙炔火焰中，在 228.8 nm 处测定吸光度。火焰中形成的原子蒸气对光产生吸收，将测得的样品吸光度和标准溶液的吸光度进行比较，确定样品中被测元素的含量。

（2）试样测量。首先将水样进行消解处理，然后按说明书启动、预热、调节仪器，使之处于工作状态。依次用 0.2% 硝酸溶液将仪器调零，用标准系列分别进行喷雾，每个水样进行三次读数，三次读数的平均值作为该点的吸光度。以浓度为横坐标，吸光度为纵坐标绘制标准曲线。同样测定试样的吸光度，从标准曲线上查得水样中待测离子浓度，注意水样体积的换算。

2. 萃取火焰原子吸收分光光度法

本法适用于地下水和清洁地面水。分析生活污水和工业废水以及受污染的地面水时样品预先消解。一般仪器的适用浓度范围为 $1-50\ \mu g/L$。

一吡咯烷二硫代氨基甲酸铵一甲基异丁酮，（APDC-MIBK）萃取程序是取一定体积预处理好的水样和一系列标准溶液，调 pH 为 3，各加入 2 mL 2% 的 APDC 溶液摇匀，静置 1 min，加入 10 mL MIBK，萃取 1 min，静置分层弃去水相，用滤纸吸干分液漏斗颈内残留液。有机相置于 10 mL 具塞试管中，盖严。按直接测定条件点燃火焰以后，用 MtBK 喷雾，降低乙炔/空气比，使火焰颜色和水溶液喷雾时大致相同。用萃取标准系列中试剂空白的有机相将仪器调零，分别测定标准系列和样品的吸光度，利用标准曲线法求水样中的 Cd^{2+} 含量。

（二）双硫腙分光光度法

1. 方法原理

在强碱性溶液中，Cd^{2+} 与双硫腙生成红色配合物。用氯仿萃取分离后，于 518nm 波长处进行比色测定。从而求出镉的含量，其反应式如下：

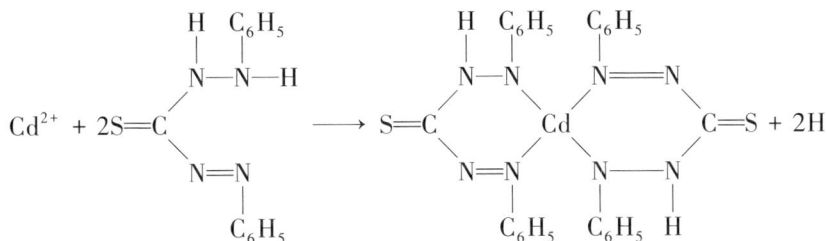

2. 方法适用范围

各种金属离子的干扰均可用控制 pH 和加入络合剂的方法除去。当有大量有机物污染时，需把水样消解后测定。本方法适用于受镉污染的天然水和废水中镉的测定，最低检出浓度为 0.001 mg/L，测定上限为 0.06 mg/L。

四、铅的测定

铅的污染主要来自铅矿的开采，含铅金属冶炼，橡胶生产，含铅油漆颜料的生产和使用，蓄电池厂的熔铅和制粉，印刷业的铅版、铅字的浇铸，电缆及铅管的制造，陶瓷的配釉，铅质玻璃的配料以及焊锡等工业排放的废水。汽车尾气排出的铅随降水进入地面水中，亦造成铅的污染。

铅通过消化道进入人体后，即积蓄于骨髓、肝、肾、脾、大脑等处，形成所谓

"贮存库"，以后慢慢从中放出，通过血液扩散到全身并进入骨骼，引起严重的累积性中毒。世界上地面水中，天然铅的平均值大约是 0.5 μg/L，地下水中铅的浓度在 1~60 mg/L，当铅浓度达到 0.1 mg/L 时，可抑制水体的自净作用。铅进入水体中与其他重金属一样，一部分被水生物浓集于体内，另一部分则随悬浮物絮凝沉淀于底质中，甚至在微生物的参与下可能转化为四甲基铅。铅不能被生物代谢所分解，在环境中属于持久性的污染物。

测定铅的方法有双硫腙分光光度法、原子吸收分光光度法、阳极溶出伏安法。

在 pH 为 85~95 的氨性柠檬酸盐—氰化物的还原性介质、中，铅与双硫腙形成可被三氯甲烷萃取的淡红色的双硫腙铅螯合物，其反应式如下：

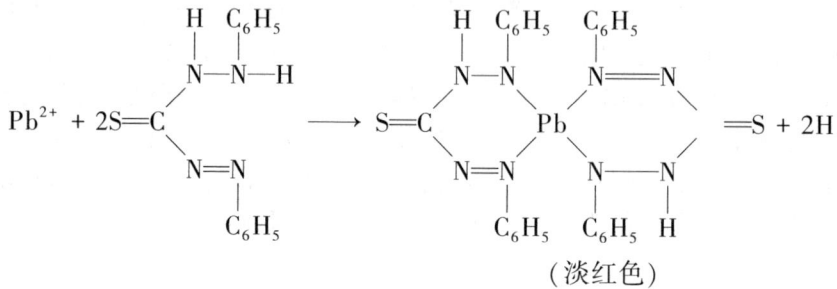

（淡红色）

有机相可于最大吸收波长 510 nm 处测量，利用工作曲线法求得水样中铅的含量，本方法的线性范围为 0.01~0.3 mg/L。本方法适用于测定地表水和废水中痕量铅。

测定时，要特别注意器皿、试剂及去离子水是否含痕量铅，这是能否获得准确结果的关键。所用 KCN 毒性极大，在操作中一定要在碱性溶液中进行，严防接触手上破皮之处。Bi^{3+}、Sn^{2+} 等干扰测定，可预先在 pH 为 2~3 时用双硫腙三氯甲烷溶液萃取分离。为防止双硫腙被一些氧化物质如 Fe^{3+} 等氧化，在氨性介质中加入了盐酸羟胺和亚硫酸钠。

五、汞的测定

汞（Hg）及其化合物属于剧毒物质，可在体内蓄积。进入水体的无机汞离子可转变为毒性更大的有机汞，由食物链进入人体，引起全身中毒。

天然水含汞极少，水中汞本底浓度一般不超过 0.1 mg/L。由于沉积作用，底泥中的汞含量会大一些，本底值的高低与环境地理地质条件有关。我国规定生活饮用水的含汞量不得高于 0.001 mg/L；工业废水中，汞的最高允许排放浓度为 0.05 mg/L，这是所有的排放标准中最严的。地面水汞污染的主要来源是重金属冶炼、食盐电解制碱、仪表制造、农药、军工、造纸、氯碱工业、电池生产、医院等工业排放的废水。

由于汞的毒性大、来源广泛，汞作为重要的测定项目为各国所重视，对其的研究较普遍，分析方法较多。化学分析方法有：硫觌酸盐法、双硫腙法、EDTA 配位滴定法及沉淀重量法等。仪器分析方法有：阳极溶出伏安法；气相色谱法、中子活化法、X 射线荧光光谱法、冷原子吸收法、冷原子荧光法、中子活化法等。其中冷原子吸收法、冷原子荧光法是测定水中微量、痕量汞的特异方法，其干扰因素少，灵敏度较高。双硫腙分光光度法是测定多种金属离子的适用方法，如能掩蔽干扰离子和严格掌握反应条件，也能得到满意的结果。

（一）冷原子吸收法

1. 方法原理

汞蒸气对波长为 253.7 nm 的紫外线有选择性吸收，在一定的浓度范围内，吸光度与汞浓度成正比。

水样中的汞化合物经酸性高锰酸钾热消解，转化为无机的二价汞离子，再经亚锡离子还原为单质汞，用载气或振荡使之挥发，该原子蒸气对来自汞灯的辐射，显示出选择性吸收作用，通过吸光度的测定，分析待测水样中汞的浓度。

2. 测定要点

（1）水样的预处理。取一定体积水样于锥形瓶中，加硫酸、硝酸和高锰酸钾溶液、过硫酸钾溶液，置沸水浴中使水样近沸状态下保温 1 h，维持红色不褪，取下冷却。临近测定时滴加盐酸羟胺溶液，直至刚好使过剩的高锰酸钾褪色及二氧化锰全部溶解为止。

（2）标准曲线绘制。依照水样介质条件，用 $HgCl_2$ 配制系列汞标准溶液。分别吸取适量汞标准溶液于还原瓶内，加入氯化亚锡溶液，迅速通入载气，记录表头的指示值。以经过空白校正的各测量值（吸光度）为纵坐标，相应标准溶液的汞浓度为横坐标，绘制出标准曲线。

（3）水样测定。取适量处理好的水样于还原瓶中，与标准溶液进行同样的操作，测定其吸光度，扣除空白值从标准曲线上查得汞浓度，如果水样经过稀释. 要换算成原水样中汞（Hg，μg/L）的含量。其计算式为：

$$汞含量 = C \times \frac{V_0 / (V) \times (V_1 + V_2)}{(V_1)}$$

式中：C——试样测量所得汞含量，μg/L；

  V——试样制备所取水样体积，mL；

  V_0——试样制备最后定容体积，mL；

  V_1——最初采集水样时体积，mL；

  V_2——采样时加入试剂总体积，mL。

3. 注意事项

（1）样品测定时，同时绘制标准曲线，以免因温度、灯源变化影响测定准确度。

（2）试剂空白应尽量低，最好不能检出。

（3）对汞含量高的试样，可采用降低仪器灵敏度或稀释办法满足测定要求，但以采用前者措施为宜。

（二）冷原子荧光法

它是在原子吸收法的基础上发展起来的，是一种发射光谱法。汞灯发射光束经过由水样中所含汞元素转化的汞蒸气云时，汞原子吸收特定共振波的能量，使其由基态激发到高能态，而当被激发的原子回到基态时，将发出荧光，通过测定荧光强度的大小，即可测出水样中汞的含量，这就是冷原子荧光法的基础。检测荧光强度的检测器要放置在和汞灯发射光束成直角的位置上。本方法最低检出浓度为 $0.05\ \mu g/L$，测定上限可达到 $1\ \mu g/L$，且干扰因素少，适用于地面水、生活污水和工业废水的测定。

（三）双硫腙分光光度法

水样于 95 ℃，在酸性介质中用高锰酸钾和过硫酸钾消解，将无机汞和有机汞转化为二价汞。

用盐酸羟胺将过剩的氧化剂还原，在酸性条件下；汞离子与双硫踪生成橙色螯合物，用有机溶剂萃取，再用碱液洗去过剩的双硫踪，于 485 nm 波长处测定吸光度。以标准曲线法求水样中汞的含量。

汞的最低检出浓度（取 250 mL 水样）为 $0.002\ mg/L$，测定上限为 $0.04\ mg/L$，本方法适用于工业废水和受汞污染的地面水的监测。

第四节 非金属无机化合物的测定

一、pH 的测定

天然水的 pH 在一 7.2-8 的范围内。当水体受到酸、碱污染后，引起水体 pH 变化，对 pH 的测量. 可以估计哪些金属已水解沉淀，哪些金属还留在水中。水体的酸污染主要来自于冶金：搪瓷、电镀、轧钢、金属加工等工业的酸洗工序和人造纤维、酸法造纸排出的废水，另一个来源是酸性矿山排水。碱污染主要来源于碱法造纸、化学纤维、制碱、制革、炼油等工业废水。

水体受到酸碱污染后，pH 发生变化，在水体 pH<6.5 或 pH>8.5 时，水中微生物生长受到抑制，使得水体自净能力受到阻碍并腐蚀船舶和水中设施。酸对鱼类的鲤有不易恢复的腐蚀作用；碱会引起鱼醜分泌物凝结，使鱼呼吸困难，不宜鱼类生存。长期受到酸、碱污染将导致人类生态系统的破坏。为了保护水体，我国规定河流水体的 pH 应在 6.5~9。

测 pH 的方法有玻璃电极法和比色法，其中玻璃电极法基本上不受溶液的颜色、浊度、胶体物质、氧化剂和还原剂以及高含盐量的干扰。但当 pH>10 时，产生较大的误差，使读数偏低，称为"钠差"，克服"钠差"的方法除了使用特制的"低钠差"电极外，还可以选用与被测溶液 pH 相近的标准缓冲溶液对仪器进行校正。

（一）玻璃电极法

1. 玻璃电极法原理

以饱和甘汞电极为参比电极，玻璃电极为指示电极组成电池，在 25 ℃下，溶液中每变化 1 个 pH 单位，电位差就变化 59.9 mV，将电压表的刻度变为 pH 刻度，便可直接读出溶液的 pH，温度差异可以通过仪器上的补偿装置进行校正。

2. 所需仪器

各种型号的 pH 计及离子活度计，玻璃电极、甘汞电极。

3. 注意事项

（1）玻璃电极在使用前应浸泡激活。通常用邻苯二甲酸氢钾、磷酸二氢钾+磷酸氢二钠和四硼酸钠溶液依次校正仪器，这三种常用的标准缓冲溶液，目前市场上有售。

（2）本实验所用蒸馏水为二次蒸馏水，电导率小于 2 $\mu\Omega/cm$，用前煮沸以排出 CO_2。

（3）pH 是现场测定的项目，最好把电极插入水体直接测量。

（二）比色法

酸碱指示剂在其特定 pH 范围的水溶液中产生不同颜色，向标准缓冲溶液中加入指示剂，将生成的颜色作为标准比色管，与加入同一种指示剂的水样显色管目视比色，可测出水样的 pH。本法适用于色度很低的天然水，饮用水等。如水样有色、浑浊或含较高的游离余氯、氧化剂、还原剂，均干扰测定。

二、溶解氧的测定

溶解氧就是指溶解于水中分子状态的氧，即水中的 O_2 以 DO 表示。溶解氧是水生生物生存不可缺少的条件。溶解氧的一个来源是水中溶解氧未饱和时，大气中的氧气向水体渗入；另一个来源是水中植物通过光合作用释放出的氧。溶解氧随着温度、气压、盐分的变化而变化；一般说来，温度越高，溶解的盐分越大，水中的溶解氧越低；气压越高，水中的溶解氧越高。溶解氧除了被通常水中硫化物、亚硝酸根、亚铁离子等还原性物质所消耗外，也被水中微生物的呼吸作用以及水中有机物质被好氧微生物氧化分解所消耗。所以说，溶解氧是水体的资本. 是水体自净能力的表示。

天然水中溶解氧近于饱和值（9 mg/L），藻类繁殖旺盛时，溶解氧呈过饱和。水体受有机物及还原性物质污染可使溶解氧降低，当 DO 小于 4.5 mg/L 时，鱼类生活困难。当 DO 消耗速率大于氧气向水体中溶入的速率时，DO 可趋近于 0，厌氧菌得以繁殖使水体恶化。所以，溶解氧的大小，反映出水体受到污染，特别是有机物污染的程度，它是水体污染程度的重要指标，也是衡量水质的综合指标。

测定水中溶解氧的方法有碘量法及其修正法和膜电极法。清洁水可用碘量法，受污染的地面水和工业废水必须用修正的碘量法或膜电极法。

三、氰化物的测定

氧化物主要包括氢氰酸（HCN）及其盐类（如 KCN、NaCN）。氰化物是一种剧毒物质，也是一种广泛应用的重要工业原料。在天然物质中，如苦杏仁、枇杷仁、桃仁、木薯及白果，均含有少量 KCN。一般在自然水体中不会出现氧化物，水体受到观化物的污染，往往是由于工厂排放废水以及使用含有氰化物的杀虫剂所引起，它主要来源于金属、电镀、精炼、矿石浮选、炼焦、染料、制药、维生素、丙烯腈纤维制造 化工及塑料工业。

人误服或在工作环境中吸入氰化物时，会造成中毒。其主要原因是氰化物进入人体后，可与高铁型细胞色素氧化酶结合，变成氧化高铁型细胞色素氧化酶，使之失去传递氧的功能，引起组织缺氧而致中毒。

测定氰化物的方法主要有硝酸银滴定法、分光光度法、离子选择电极法等。测定之前，通常先将水样在酸性介质中进行蒸馏，把能形成氰化氢的氰化物蒸出，使之与干扰组分分离。常用的蒸馏方法有以下两种。

（1）酒石酸—硝酸锌预蒸馏。在水样中加入酒石酸和硝酸锌，在 pH 约为 4 的条件下加热蒸馏，简单氰化物及部分配位氰（如 $[Zn(CN_4)]^{2-}$）以 HCN 的形式蒸馏出来，用氢氧化钠溶液吸收，取此蒸馏液测得的氰化物为易释放的氰化物。

（2）磷酸—EDTA 预蒸。向水样中加入磷酸和 EDTA，在 pH<2 的条件下，加热蒸馏，利用金属离子与 EDTA 配位能力比与 CN^- 强的特性，使配位氰化物离解出 CN^- 并在磷酸酸化的情况下，以 HCN 形式蒸馏出。此法测得的是全部简单氰化物和绝大部分配位氰化物，而钴氰配合物则不能蒸出。

四、氨氮的测定

水中的氨氮是指以游离氨（NH_3）和铵离子（$NH+4$）形式存在的氮，两者的组成比决定于水的 pH，当 pH 偏高时，游离氨的比例较高，反之，则铵盐的比例高。水中氨氮来源主要为生活污水中含氮有机物受微生物作用的分解产物，某些工业废水，如石油化工厂、畜牧场及它的废水处理厂、食品厂、化肥厂、炼焦厂等排放的废水及农田排水、粪便是生活污水中氮的主要来源。在有氧环境中，水中氨可转变为亚硝酸盐或硝酸盐。

我国水质分析工作者，把水体中溶解氧参数和铵浓度参数结合起来，提出水体污染指数的概念与经验公式，用以指导给水生产和作为评价给水水源水质优劣标准，所以氨氮是水质重要测量参数。氨氮的分析方法有滴定法、纳氏试剂分光光度法、苯酚—次氯酸盐分光光度法、氨气敏电极法等。

五、亚硝酸盐氮的测定

亚硝酸盐是含氮化合物分解过程的中间产物，极不稳定，可被氧化成硝酸盐，也易被还原成氨，所以取样后立即测定，才能检出 NO_2^-。亚硝酸盐实际是亚铁血红蛋白症的病原体，它可与仲胺类（RRNH）反应生成亚硝胺类（RRN-NO），已知它们之中许多具有强烈的致癌性。所以 NO_2^- 是一种潜在的污染物，被列为水质必测项目之一。

水体亚硝酸盐的主要来源是污水、石油、燃料燃烧以及硝酸盐肥料工业，染料、药物、试剂厂排放的废水。淡水、蔬菜中亦含有亚硝酸盐，含量不等，熏肉中含量很高。亚硝酸盐氮的测定，通常采用重氮偶合比色法，按试剂不同分为 N—（1—萘基）—乙二胺比色法和 a—萘胺比色法。两者的原理和操作基本相同。

N—（1—萘基）—乙二胺分光光度法

在 pH 为 1.8+0.3 的磷酸介质中，亚硝酸盐与对氨基苯磺酰胺反应，生成重氮盐，再与 N—（1—萘基）—乙二胺偶联生成红色染料，于 540 nm 处进行比色测定。

本法适用于饮用水、地面水、地下水、生活污水和工业废水中亚硝酸盐氮的测定。最低检出浓度为 0.003 mg/L，测定上限为 0.20 mg/L。

必须注意的是下面两点：①水样中如有强氧化剂或还原剂时则干扰测定，可取水样加 $HgCl_2$ 溶液过滤除去。Fe^{3+}，Ca^{2+} 的干扰，可分别在显色之前加 KF 或 EDTA 掩蔽。水样如有颜色和悬浮物时，可于 100 mL 水样中加入 2 mL 氢氧化铝悬浮液进行脱色处理，滤去 Al（OH）$_3$ 沉淀后再进行显色测定。②实验用水均为不含亚硝酸盐的水，制备时于普通蒸馏水中加入少许 $KMnO_4$ 晶体，使呈红色，再加 Ba（OH）$_2$ 或 Ca（OH）$_2$ 使成碱性。置全玻璃蒸馏器中蒸馏，弃去 50 mL 初储液，收集中间约 70% 不含锰的馏出液。

六、硝酸盐氮的测定

硝酸盐是在有氧环境中最稳定的含氮化合物. 也是含氮有机化合物经无机化作用最终阶段的分解产物。清洁的地面水硝酸盐氮含量较低，受污染水体和一些深层地下水中含量较高。制革、酸洗废水、某些生化处理设施的出水及农田排水中常含大量硝酸盐。人体摄入硝酸盐后，经肠道中微生物作用转变成亚硝酸盐而呈现毒性作用。

水中硝酸盐的测定方法有酚二磺酸分光光度法、镉柱还原法、戴氏合金还原法、紫外分光光度法和离子选择电极法。

紫外分光光度法多用于硝酸盐氮含量高、有机物含量低的地表水测定。该方法的基本原理是采用絮凝共沉淀和大孔型中性吸附树脂进行预处理，以排除天然水中大部分常见有机物、浑浊和 Fe^{3+}、Cr（Ⅵ）对本法的干扰。利用 NO_3^-；对 220 nm 波长处紫外线选择性吸收来定量测定硝酸盐氮。离子选择电极法中的 NO_3^- 离子选择电极属于液体离子交换剂膜电极，这类电极用浸有液体离子交换剂的惰性多孔薄膜作为传感膜。该膜对溶液中不同浓度的 NO_3^- 有不同的电位响应。

第五节　有机化合物综合指标的测定

水体中有机化合物种类繁多，难以对每一个组分逐一定量测定，目前多采用测定有机化合物的综合指标来间接表征有机化合物的含量。综合指标主要有化学需氧量、高锰酸盐指数、生化需氧量、总需氧量和总有机碳等。有机化合物的污染源主要有农药、医药、染料以及化工企业排放的废水。

一、化学需氧量

化学需氧量（chemical oxygen demand，COD）是指在一定条件下，氧化 1L 水样中还原性物质所消耗的氧化剂的量，以氧的质量浓度（mg/L）表示。化学需氧量反映了水体受还原性物质污染的程度。水中的还原性物质包括有机物、亚硝酸盐、亚铁盐、硫化物等。水被有机物污染是很普遍的，因此化学需氧量也作为有机物相对含量的指标之一。

化学需氧量随测定时所用氧化剂的种类、浓度、反应温度和时间、溶液的酸度、催化剂等变化而不同。水样中化学需氧量的测定方法有重铬酸钾法、氯气校正法、碘化钾碱性高锰酸钾法和快速消解分光光度法。

1. 重铬酸钾法

在水样中加入一定量的重铬酸钾溶液及硫酸汞溶液，并在强酸介质下以硫酸银作催化剂，按照图2-11或图2-12所示装置回流2 h后，以1, 10—邻二氮菲为指示剂，用硫酸亚铁铵标准溶液滴定水样中未被还原的重铬酸钾，由消耗的硫酸亚铁铵的量计算出回流过程中消耗的重铬酸钾的量，并换算成消耗氧的质量浓度，即为水样的化学需氧量。

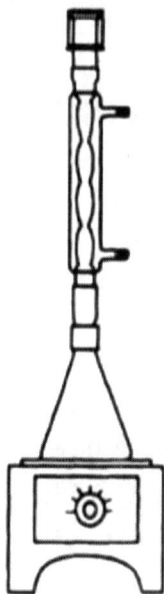

图 2-11　COD 测定回流装置（一）　　　　图 2-12　COD 测定回流装置（二）

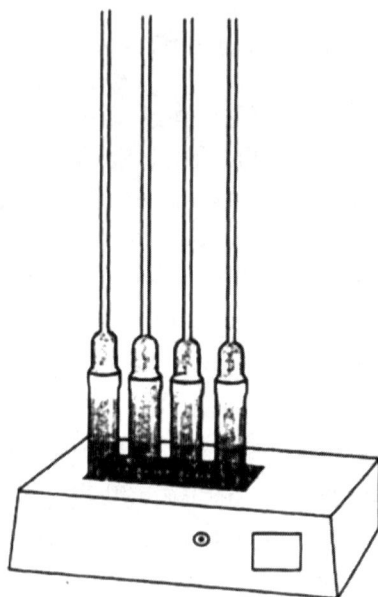

当污水 COD 大于 50 mg/L 时，可用 0.25 mol/L 的 $K_2Cr_2O_7$ 标准溶液；当污水 COD 为 5~50 mg/L 时，可用 0.025 mol/L 的 $K_2Cr_2O_7$ 标准溶液。

$K_2Cr_2O_7$ 氧化性很强，可将大部分有机物氧化，但吡啶不被氧化，芳香族有机物不易被氧化。挥发性直链脂肪族化合物、苯等有机物存在于蒸气相，氧化不明显。

氯离子能被 $K_2Cr_2O_7$ 氧化，并与硫酸银作用生成沉淀，影响测定结果，在回流前加入适量的硫酸汞去除。但当水中氯离子浓度大于 1000 mg/L 时，不能采用此方法测定。

COD（O_2，mg/L）按下计算：

$$\text{COD}（O_2，\text{mg/L}）= \frac{1}{4} \times \frac{c（V_0 - V_1）M（O_2）\times 10^3}{V}$$

式中：c——硫酸亚铁铵标准溶液的浓度，mol/L；

V_0——空白试验所消耗的硫酸亚铁铵标准溶液的体积，为水样测定所消耗的硫酸亚铁铵标准溶液的体积，mL；

V——水样的体积，mL；

$M(O_2)$——氧气的摩尔质量，g/mol。

2. 氯气校正法

按照重铬酸钾法测定的 COD 值即为表观 COD。将水样中未与 Hg^{2+} 配位而被氧化的那部分氯离子所形成的氯气导出，用氢氧化钠溶液吸收后，加入碘化钾，用硫酸调节溶液为 pH 为 2~3，以淀粉为指示剂，用硫代硫酸钠标准溶液滴定，由此计算出与氯离子反应消耗的重铬酸钾，并换算为消耗氧的质量浓度，即为氯离子校正值。表观 COD 与氯离子校正值的差即为所测水样的 COD。

该方法适用于氯离子含量小于 20 000 mg/L 的高氯废水中化学需氧量的测定，主要用于油田、沿海炼油厂、油库、氯碱厂等废水中 COD 的测定。

按图 2-13 连接好装置。通入氮气（5~10 mL/min），加热，自溶液沸腾起回流 2 h。停止加热后，加大气流（30~40 mL/min），继续通氮气约 30 min。取下吸收瓶，冷却至室温，加入 1.0 g 碘化钾，然后加入 7 mL 硫酸（2 mol/L），调节溶液 pH 为 2~3，放置 10 min，用硫代硫酸钠标准溶液滴定至淡黄色，加入淀粉指示液，

然后继续滴定至蓝色刚刚消失，记录消耗硫代硫酸钠标准溶液的体积。待锥形瓶冷却后，从冷凝管上端加入一定量的水. 取下锥形瓶。待溶液冷却至室温后，加入 3 滴 1, 10 一邻二氮菲，用硫酸亚铁铵标准溶液滴定至溶液的颜色由黄色经蓝绿色变为红褐色为终点。

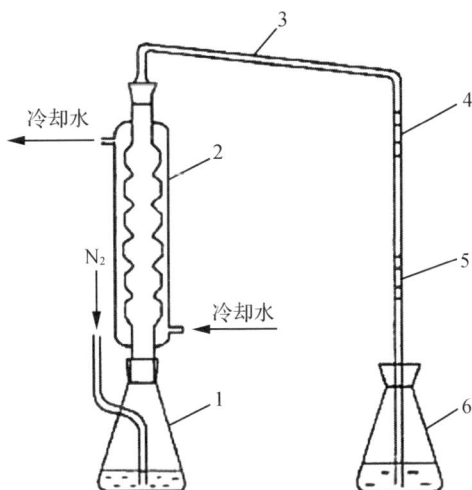

1—插管锥形瓶；2—冷凝管：3—导出管；4.5—硅橡胶接管；6-吸收瓶

图 2-13　回流吸收装置

以 20.0 mL 水代替试样进行空白试验，按照同样的方法测定消耗硫酸亚铁铵标准溶液的体积。

结果按下式计算：

$$表观 COD\ (O_2,\ mg/L)\ =\ \frac{1}{4}\times\frac{c_1\ (V_1-V_2)\ M\ (O_2)}{4V_0}\times10^3$$

$$氯离子校正值\ (O_2,\ mg/L)\ =\ \frac{C_2V_3M\ (O_2)}{4V_0}\times10^3$$

式中：c_1——硫酸亚铁铵标准溶液的浓度，mol/L；

　　　c_2——硫代硫酸钠标准溶液的浓度，moI/L；

　　　V_1——空白试验消耗硫酸亚铁铵标准溶液的体积，mL；

　　　V_2——试样测定时消耗硫酸亚铁铵标准溶液的体积，mL；

　　　V_3——吸收液测定消耗硫代硫酸钠标准溶液的体积，mL；

　　　V_0——试样的体积，mL；

　　　$M\ (O_2)$——氧气的摩尔质量，g/mol。

3. 碘化钾碱性高锰酸钾法

在碱性条件下，在水样中加入一定量的高锰酸钾溶液，在沸水浴中反应一定时间，以氧化水中的还原性物质。加入过量的碘化钾，还原剩余的高锰酸钾，以淀粉为指示剂，用硫代硫酸钠滴定释放出来的碘。根据消耗高锰酸钾的量，换算成相对应的氧的质量浓度，用 COD_{OH-KI}，表示。该方法适用于油气田和炼化企业高氯废水中化学需氧量的测定。

由于碘化钾碱性高锰酸钾法与重铬酸盐法的氧化条件不同，对同一样品的测定值也不同。而我国的污水综合排放标准中 COD 指标是指重铬酸钾法的测定结果。可按下式将 COD_{OH-KI} 换算为 COD_{cr}：

$$COD_{cr}=\frac{CODOH-KJ}{K}$$

式中，K 为碘化钾碱性高锰酸钾法的氧化率与重铬酸盐法氧化率的比值。可以分别用碘化钾碱性高窠酸钾法和重格酸盐法测定同一有代表性的废水样品的需氧量来确定。

若用碘化钾碱性高锰酸钾法和重络酸盐法测定同一有代表性的废水样品的需氧量分别为 COD_1。和 COD_2，则 K 值可以用下式计算：

$$K=COD_1/COD_2$$

若水中含有几种还原性物质，则取它们的加权平均 K 值作为水样的 K 值。

4. 快速消解分光光度法

试样中加入已知量的重铬酸钾溶液，在强硫酸介质中，以硫酸银作为催化剂，经高温消解后，溶液中的铬以 $Cr_2O_7^{2-}$ 和 Cr^{3+} 两种形态存在。

由吸收曲线（见图 2-14）可知，在 （600+20） nm 波长处 Cr^{3+} 有吸收而 $Cr_2O_7^{2-}$ 无吸收，而在 （440±20） nm 波长处 Cr^{3+} 和 $Cr_2O_7^{2-}$ 均有吸收。若水样的 COD 值为 100 mg/L 至 1 000 mg/L 时，配制 COD 值为 100 mg/L 至 1 000 mg/L 范围内的标准系列溶液，经高温快速消解后，在 （600+20） nm 波长处分别测定标准系列溶液中重铬酸钾被还原产生的 Cr^{3+} 的吸光度 A_i 和 A_x，同时测定空白实验溶液的吸光度 A_0。以吸光度 A （A_i-A_0）为纵坐标，以标准系列溶液的 COD 值为横坐标，绘制标准曲线，根据校准曲线方程计算试样的 COD 值。若试样中 COD 值为 15 mg/L 至 250 mg/L 时，在 （600±20） nm 波长

处 Cr^{3+} 的吸光度值很小，为了减小测量误差，可以在（440+20）nm 波长处测定重铬酸钾未被还原的六价络和被还原产生的三价铬的总吸光度。试样中 COD 值与 $Cr_2O_7^{2-}$ 吸光度减少值成正比例关系，与 Cr^{3+} 吸光度增加值成正比例关系，且与总吸光度减少值成正比例关系。配制 COD 值为 15 mg/L 至 250 mg/L 范围内的标准系列溶液，经高温快速消解后，在（440±20）nm 波长处分别测定标准系列溶液和水样中 $Cr_2O_7^{2-}$ 和 Cr^{3+} 的总吸光度 A_i 和 A_x，同时测定空白实验溶液的吸光度 A_0。以吸光度 A（A_i-A_0）为纵坐标，以标准系列溶液的 COD 值为横坐标，绘制标准曲线，根据校准曲线方程计算试样的 COD 值。

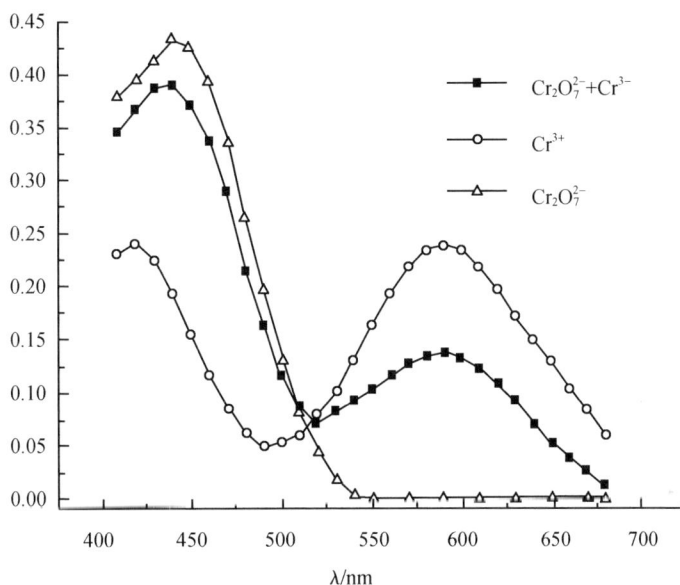

图 2-14　$Cr_2O_7^{2-}$、Cr^{3+} 及 $Cr_2O_7^{2-}$ 与 CF^{3+} 混合液的吸收曲线

该方法适用于地表水、地下水、生活污水和工业废水中 COD 的测定。对未经稀释的水样，其 COD 测定下限为 15 mg/L，测定上限为 1 000 g/L，氯离子浓度不应大于 1 000 mg/L。对于 COD 大于 1 000 mg/L 或氯离子含量大于 1 000 mg/L 的水样，可经适当稀释后进行测定。

在（600±20）nm 处测试时，Mn（Ⅲ）、Mn（Ⅵ）或 Mn（Ⅶ）形成红色物质，会引起正偏差；而在（440±20）nm 处，锰溶液（硫酸盐形式）的影响比较小。另外，若工业废水中存在高浓度的有色金属离子，对测定结果可能也会产生一定的影响。为了减少高浓度有色金属离子对测定结果的影响，应将水样适当稀释后进行测定，并选择合适的测定波长。

二、高锰酸盐指数

高锰酸盐指数（permanganate index）是指在一定条件下，以高锰酸钾为氧化剂氧化水样中的还原性物质所消耗的高锭酸钾的量，以氧的质量浓度（mg/L）来表示。

因高锰酸钾在酸性介质中的氧化能力比在碱性介质中的氧化能力强，故常分为酸性高锰酸钾法和碱性高锰酸钾法，分别适用于不同水样的测定。

取一定量水样（一般取 100 mL），在酸性或碱性条件下，加入 10.0 mL 高镐酸钾溶液，沸水浴 30 min 以氧化水样中还原性无机物和部分有机物。加入过量的草酸钠溶液还原剩余的高锭酸钾，再用高锭酸钾标准溶液滴定过量的草酸钠。反应式如下：

水样未稀释时，高锰酸盐指数（O_2，mg/L）按下式计算：

$$高锰酸盐指数（O_2，mg/L）= \frac{1}{4} \times \frac{c\left[（10+V_1）K-10\right]M（O_2）}{V} \times 10^3$$

式中：c——草酸钠（$\frac{1}{2}Na_2C_2O_4$）标准溶液的浓度，mol/L；

V_1——滴定水样消耗高锰酸钾标准溶液的体积，mL；

K——校正系数［每毫升高锰酸 钾标准溶液相当于草酸钠标准溶液的体积，mL；

$M（O_2）$——氧气的摩尔质量，g/mol；

V——水样的体积，mL。

若水样的高锭酸盐指数超过 5 mg/L 时，应少取水样稀释后再测定。稀释后水样的高猛酸盐指数（O_2，mg/L）按下式计算：

$$高锰酸盐指数（O_2，mg/L）=$$
$$\frac{1}{4} \times \frac{c\left\{\left[（10+V_1）K-10\right]-\left[（10+V_0）K-10\right]f\right\}M（O_2）}{V} \times 10^3$$

式中：c——草酸钠（$\frac{1}{2}Na_2C_2O_4$）标准溶液的浓度，mol/L；

V_i——滴定水样消耗高锰酸钾标准溶液的体积，mL；

V_0——空白试验消耗高锰酸钾标准溶液的体积，mL；

K——校正系数［每毫升高锰酸钾标准溶液相当于草酸钠标准溶液的体积，mL；

f——稀释水样中含稀释水的比值；

$M（O_2）$——氧气的摩尔质量，g/mol；

V——水样的体积，mL；

V——原水样的体积，mL。

国际标准化组织（ISO）建议高猛酸盐指数仅限于测定地表水、饮用水和生活污水。

若水样中氯离子含量不高于 300 mg/L 时，采用酸性高锰酸钾法；若氯离子含量高于 300 mg/L 时，采用碱性高锰酸钾法。

三、生化需氧量

生化需氧量（biochemical oxygen demand，BOD）是指在规定的条件下，微生物分解水中某些物质（主要为有机物）的生物化学过程中所消耗的溶解氧。由于规定的条件是在（20+1）笆条件下暗处培养 5d，因此被称为五日生化需氧量，用 BOD_5 表示，单位为 mg/L。

　　BOD₅是反映水体被有机物污染程度的综合指标，也是研究污水的可生化降解性和生化处理效果，以及生化处理污水工艺设计和动力学研究中的重要参数。

　　测定五日生化需氧量的方法可以分为溶解氧含量测定法、微生物传感器快速测定法和测压法三类。溶解氧的含量测定法是分别测定培养前后培养液中溶解氧的含量，进而计算出 BOD₅ 的值，根据水样是否稀释或接种又分为非稀释法、非稀释接种法、稀释法和稀释接种法。如样品中的有机物含量较少，BOD₅ 的质量浓度不大于 6 mg/L，且样品中有足够的微生物，用非稀释法测定；若样品中的有机物含量较少，BOD₅ 的质量浓度不大于 6 mg/L，但样品中缺少足够的微生物，如酸性废水、碱性废水、高温废水、冷冻保存的废水或经过氯化处理等的废水，须采用非稀释接种法测定。若试样中的有机物含量较多，BOD₅ 的质量浓度大于 6 mg/L，且样品中有足够的微生物，采用稀释法测定；若试样中的有机物含量较多，BOD₅ 的质量浓度大于 6 mg/L，但试样中无足够的微生物必须采用稀释接种法测定。该方法适用于地表水、工业废水和生活污水中 BOD₅ 的测定。

　　1. 溶解氧含量测定法

　　（1）非稀释法。①水样的采集与保存。采集的样品应充满并密封于棕色玻璃瓶中，样品量不小于 1000 mL，在 0~4 ℃的暗处运输和保存，并于 24 h 内尽快分析。②试样的制备与培养。若样品中溶解氧浓度低，需要用曝气装置曝气 15 min，充分振摇赶走样品中残留的空气泡；若样品中氧过饱和，使样品量达到容器 2/3 体积，用力振荡赶出过饱和氧。将试样充满溶解氧瓶中，使试样少量溢出，防止试样中的溶解氧质量浓度改变，使瓶中存在的气泡靠瓶壁排出，盖上瓶塞。在制备好的试样的溶解氧瓶上加上水封，在瓶塞外罩上密封罩，防止培养期间水封水蒸发干，在恒温培养箱中于（20±1）℃条件下培养 5d±4 h。③溶解氧的测定与结果计算。在制备好试样 15 min 后测定试样在培养前溶解氧的质量浓度，在培养 5d 后测定试样在培养后溶解氧的质量浓度。测定前待测试样的温度应达到（20±2）℃，测定方法可采用碘量法或电化学探头法. 按下式计算 BOD₅。

$$BOD_5 \ (O_2, \ mg/L) = DO_1 - DO_2$$

式中：DO_1——水样在培养前溶解氧的质量浓度，mg/L；

　　　　DO_2——水样在培养后溶解氧的质量浓度，mg/L。

　　（2）非稀释接种法。向不含有或少含有微生物的工业废水中引入能分解有机物的微生物的过程，称为接种。用来进行接种的液体称为接种液。

　　①接种液的制备。获得适用的接种液的方法有：购买接种微生物用的接种物质，按说明书的要求操作配制接种液；采用未受工业废水污染的生活污水，要求化学需氧量不大于 300 mg/L，总有机碳不大于 100 mg/L；采取含有城镇污水的河水或湖水；采用污水处理厂的出水。当需要测定某些含有不易被一般微生物所分解的有机物工业污水的 BOD₅ 时，需要进行微生物的驯化。通常在工业废水排污口下游适当处取水样作为废水的驯化接种液，也可采用一定量的生活污水，每天加入一定量的待测工业废水，连续曝气培养，当水中出现大量的絮状物时（驯化过程一般需 3~8 d），表明微生物已繁殖，可用作接种液。②接种水样、空白样的制备与培养。水样中加入适量的接种液后作为接

种水样，按非稀释法同样的培养方法培养。若试样中含有硝化细菌，有可能发生硝化反应，需在每升试样中加入 2 mL 丙烯基硫脲硝化抑制剂（1.0 g/L）。在每升稀释水（配制方法见稀释法）中加入与接种水样中相同量的接种液作为空白样，需要时每升空白样中加入 2 mL 丙烯基硫脲硝化抑制剂（1.0 g/L）。与接种水样同时、同条件进行培养。③溶解氧的测定与结果计算。采用碘量法或电化学探头法分别测定培养前后接种水样、空白样中溶解氧的质量浓度，按下式计算 BOD_5。

$$BOD_5 \ (O_2, \ mg/L) \ = \ (DO_1 - DO_2) \ - \ (D_1 - D_2)$$

式中：DO_1——接种水样在培养前溶解氧的质量浓度，mg/L；

　　　　DO_2——接种水样在培养后溶解氧的质量浓度，mg/L；

　　　　D_1——空白样在培养前溶解氧的质量浓度，mg/L；

　　　　D_2——空白样在培养后溶解氧的质量浓度，mg/L。

（3）稀释法。①水样的预处理。若样品或稀释后样品 pH 值不在 6~8 的范围内，应用盐酸溶液（0.5 mol/L）或氢氧化钠溶液（0.5 mol/L）调节其 pH 值至 6~8；若样品中含有少量余氯，一般在采样后放置 1~2 h，游离氯即可消失。对在短时间内不能消失的余氯，可加入适量亚硫酸钠溶液去除样品中存在的余氯和结合氯；对于含有大量颗粒物、需要较大稀释倍数的样品或经冷冻保存的样品，测定前均需将样品搅拌均匀；若样品中有大量藻类存在，会导致 BOD_5 的测定结果偏高。当分析结果精度要求较高时，测定前应用滤孔为 1.6 μm 的滤膜过滤，检测报告中注明滤膜滤孔的大小。②稀释水的制备。在 5~20 L 的玻璃瓶中加入一定量的水，控制水温在（20±1）℃，用曝气装置至少曝气 1 h，使稀释水中的溶解氧达到 8 mg/L 以上。使用前每升水中加磷酸盐缓冲溶液、硫酸镁溶液（11 g/L）、氯化钙溶液（27.6 g/L）和氯化铁溶液（0.15 g/L）各 1.0 mL，混匀，于 20 ℃保存。在曝气的过程中应防止污染，特别是防止带入有机物、金属、氧化物或还原物。稀释水中氧的质量浓度不能过饱和. 使用前需开口放置 1 h，且应 24 h 内使用。③稀释水样、空白样的制备与培养。用稀释水（配制方法同非稀释接种法）稀释后的样品作为稀释水样。按照确定的稀释倍数，将一定体积的试样或处理后的试样用虹吸管加入已盛有部分稀释水的稀释容器中，加稀释水至刻度，轻轻混合避免残留气泡。若稀释倍数超过 100 倍，可进行两步或多步稀释。若样品中含有硝化细菌，有可能发生硝化反应，需在每升培养液中加入 2 mL 丙烯基硫脲硝化抑制剂（1.0 g/L）。在制备好的稀释水样的溶解氧瓶上加上水封，在瓶塞外罩上密封罩，在恒温培养箱中于（20±1）℃条件下培养 5 d+4 h。

以稀释水作为空白样，需要时每升稀释水中加入 2 mL 丙烯基硫脲硝化抑制剂（1.0 g/L）。与稀释水样同时、同条件进行培养。

④溶解氧的测定与结果计算。采用碘量法或电化学探头法分别测定培养前后稀释水样、空白样中溶解氧的质量浓度，按下式计算 BOD_5。

$$BOD_5 \ (O_2, \ mg/L) \ = \ \frac{(DO_1 - DO_2) \ - \ (D_1 - D_2) \ f_1}{f_2}$$

式中：DO_1——接种水样在培养前溶解氧的质量浓度，mg/L；

　　　　DO_2——接种水样在培养后溶解氧的质量浓度，mg/L；

D_1——空白样在培养前溶解氧的质量浓度，mg/L；D_2——空白样在培养后溶解氧的质量浓度，mg/L；

f_1——稀释水在培养液中所占比例；

f_2——水样在培养液中所占比例。

2. 微生物传感器快速测定法

微生物传感器（microorganism sensor）由氧电极和微生物菌膜组成，当含有饱和溶解氧的样品进入流通池中与微生物传感器接触时，样品中溶解的可生化降解的有机物受到微生物菌膜中菌种的作用而消耗一定量的氧，使扩散到氧电极表面上氧质量减少。当样品中可生化降解的有机物向菌膜扩散速度（质量）达到恒定时，此时扩散到氧电极表面上的氧质量也达到恒定，从而产生一个恒定的电流。由于恒定电流差值与氧的减少量存在定量关系，可直接读取仪器显示浓度值，或由工作曲线查出水样中的 BOD_5。

该法适用于地表水、生活污水及不含对微生物有明显毒害作用的工业废水中 BOD_5 的测定。

3. 测压法

在密闭的培养瓶中，系统中的溶解氧由于微生物降解有机物而不断消耗。产生与耗氧量相当的 CO_2 被吸收后，使密闭系统的压力降低，通过压力计测出压力降，即可求出水样的 BOD_5。在实际测定中，先以标准葡萄糖谷氨酸溶液的 BOD_5 和相应的压差进行曲线校正，便可直接读出水样的 BOD_5。

四、总需氧量

总需氧量（totaloxygendemand，TOD）是指水中能被氧化的物质，主要是有机质在燃烧中变成稳定的氧化物时所需要的氧量，结果以氧气的质量浓度（mg/L）表示。

总需氧量常用 TOD 测定仪来测定，将一定量水样注入装有铝催化剂的石英燃烧管中，通入含已知氧浓度的载气（氮气）作为原料气，则水样中的还原性物质在 900 ℃下被瞬间燃烧氧化，测定燃烧前后原料气中氧浓度减少量，即可求出水样的 TOD 值。

TOD 是衡量水体中有机物污染程度的一项指标。TOD 值能反映几乎全部有机物质经燃烧后变成 CO_2、H_2O、NO、SO_2 等所需要的氧量，它比 BOD_5、COD 和高锰酸盐指数更接近理论需氧量值。

有资料表明 BOD/TOD 为 0.1-0.6，COD/TOD 为 0.5~0.9，但它们之间没有固定相关关系，具体比值取决于污水性质。

研究表明，水样中有机物的种类可用 TOD 和 TOC 的比例关系来判断。对于含碳化合物来说，碳原子被完全氧化时，一个碳原子需要两个氧原子，而两个氧原子与一个碳原子的原子量比值为 2.67，于是理论上 TOD/TOC = 2.67。若某水样的 TOD/TOC ≈ 2.67，可认为主要是含碳有机物；若 TOD/TOC>4.0，可认为有较大量含硫、磷的有机物；若 TOD/TOC<2.6，可认为有较大量的硝酸盐和亚硝酸盐，它们在高温和催化作用下分解放出氧，使 TOD 测定呈现负误差。

五、总有机碳

总有机碳（total organic carbon，TOC）指溶解和悬浮在水中所有有机物的含碳量，是以碳的含量表示水体中有机物质总量的综合指标。近年来，国内外已研制各种总有机碳分析仪，按工作原理可分为燃烧氧化—非色散红外吸收法、电导法、气相色谱法、湿法氧化—非色散红外吸收法等。目前广泛采用燃烧氧化—非色散红外吸收法。

1. 差减法

将试样连同净化气体分别导入高温燃烧管（900 ℃）和低温反应管（150 ℃）中，经高温燃烧管的试样被高温催化氧化，其中的有机碳和无机碳均转化为二氧化碳，低温石英管中装有磷酸浸渍的玻璃棉，能使无机碳酸盐在150 ℃分解为二氧化碳，而有机物却不能被氧化分解。将两种反应管中生成的二氧化碳分别导入非分散红外检测器，分别测得总碳（TC）和无机碳（IC），二者之差即为总有机碳（TOC）。

2. 直接法

试样经过酸化将其中的无机碳转化为二氧化碳，曝气去除二氧化碳后，再将试样注入高温燃烧管中，以铝和三氧化钴或三氧化二铬为催化剂，使有机物燃烧转化为二氧化碳，导入非分散红外检测器直接测定总有机碳。

该方法适用于地表水、地下水、生活污水和工业废水中总有机碳（TOO的测定，检出限为 0.1 mg/L，测定下限为 0.5 mg/L。

由于该法可使水样中的有机物完全氧化，因此 TOC 比 COD、BOD_5 和高锰酸盐指数能更准确地反映水样中有机物的总量。当地表水中无机碳含量远高于总有机碳时，会影响总有机碳的测定精度。地表水中常见共存离子无明显干扰。当共存离子浓度较高时，可影响红外吸收，用无二氧化碳水稀释后再测。

第三章 空气质量和废气监测

第一节 空气污染基本知识

一、空气污染

包围在地球周围厚度为 1 000~1 400 km 的气体称为大气，其中近地面约 10 km 厚度的气层是对人类及生物生存起重要作用的空气层。平时所说的环境空气是指人群、动物、植物和建筑物等所暴露的室外空气，清洁的空气是人类和生物赖以生存的环境要素之一。

空气污染又称为大气污染，按照国际标准化组织（ISO）的定义，空气污染通常是指：由于人类活动或自然过程引起某些物质进入大气中，呈现出足够的浓度，达到足够的时间，并因此危害了人类的舒适、健康和福利或环境的现象。换言之，只要是某一种物质其存在的量、性质及时间足够对人类或其他生物、财物产生影响者，我们就可称其为空气污染物；而其存在造成的现象，就是空气污染。

二、主要污染来源

（1）工业：工业生产是大气污染的一个重要来源。工业生产排放到大气中的污染物种类繁多，有烟尘、硫的氧化物、氮的氧化物、有机化合物、卤化物、碳化合物等。其中有的是烟尘，有的是气体。

（2）生活炉灶与采暖锅炉：城市中大量民用生活炉灶和采暖锅炉需要消耗大量煤炭，煤炭在燃烧过程中要释放大量的灰尘、二氧化硫、一氧化碳、等有害物质污染大气。特别是在冬季采暖时，往往使污染地区烟雾弥漫，呛得人咳嗽，这也是一种不容忽视的污染源。

（3）交通运输：汽车、火车、飞机、轮船是当代的主要运输工具，它们烧煤或石油产生的废气也是重要的污染物。特别是城市中的汽车，量大而集中，尾气所排放的污染物能直接侵袭人的呼吸器官，对城市的空气污染很严重，成为大城市空气的主要污染源之一。汽车排放的废气主要有一氧化碳、二氧化硫、氮氧化物和碳氢化合物等，前三种物质危害性很大。

（4）森林火灾产生的烟雾。森林火灾时，由于燃烧要消耗大量的氧气，使空气中的氧浓度显著下降，人长时间呆在这种低氧的环境中，就会造成呼吸障碍、失去理智、痉挛、脸色发青，甚至窒息死亡。

当森林火灾燃烧旺盛时，会产生大量的二氧化碳，当人员接触 10% ~ 20% 浓度的二氧化碳后，会引起头晕、昏迷、呼吸困难，甚至神经中枢系统出现麻痹，使人失去知觉，导致死亡。烟尘中还含有的各种有毒气体、腐蚀性气体等有害物质，这些有毒气体远远超过人体生理正常所允许的最低浓度，会造成人们中毒死亡。

三、空气污染的危害

空气污染会对人体健康和动、植物产生危害，对各种材料产生腐蚀损害。

对人体健康的危害可分为急性作用和慢性作用。急性作用，它是指人体受到污染的空气侵袭后，在短时间内即表现出不适或中毒症状的现象。历史上曾发生慢性作用是指人体在含低浓度污染物的空气长期作用下产生的慢性危害。这种危害往往不易引人注意，而且难以鉴别，其危害途径是污染物与呼吸道黏膜接触，主要症状是眼、鼻黏膜刺激，慢性支气管炎、哮喘、肺癌及因生理机能障碍而加重高血压、心脏病的病情。根据动物试验的结果，已确定有致癌作用的污染物质多达数十种，如某些多环芳烃、脂肪烃类、金属类（砷、镉、锻等）。近年来，世界各国肺癌发病率和死亡率明显上升，特别是工业发达国家增长尤其快速，而且城市高于农村。大量事实和研究证明，空气污染是重要的致癌因素之一。

空气污染对动物的危害与对人的危害情况相似，对植物的危害可分为急性、慢性和不可见三种。急性危害是在高浓度污染物作用下短时间内造成的危害，常使作物产量显著降低，甚至枯死。慢性危害是在低浓度污染物作用下长时间内造成的危害，会影响植物的正常发育，有时出现危害症状，但大多数症状不明显。不可见危害只造成植物生理上的障碍，使植物生长在一定程度上受到抑制，但从外观上一般看不出症状。常采用植物生产力测定、叶片内污染物分析等方法判断慢性和不可见危害情况。

空气污染能使某些物质发生质的变化，造成损失，如 SO_2 能很快腐蚀金属制品及使皮革、纸张、纺织制品等变脆，光化学烟雾能使橡胶轮胎龟裂等。

第二节　空气污染监测方案的制订

制订环境空气质量监测方案的程序同制订水质监测方案一样，首先要根据监测目的进行调查研究，收集相关的资料，然后经过综合分析，确定监测项目，设置监测点位，选定采样频率、采样方法和监测技术，建立质量保证程序和措施，提出进度安排计划和对监测结果报告的要求等。

一、环境空气质量监测点位布设

环境空气质量监测点位的布设应遵循代表性、可比性、整体性、前瞻性和稳定性的原则。根据监测评价的目的可将环境空气质量监测点位分为污染监控点、路边交通点、环境空气质量评价城市点、环境空气质量评价区域点和环境空气质量背景点。

（一）污染监控点

为监测本地区主要固定污染源及工业园区等污染源聚集区对当地环境空气质量的影响而设置的监测点。每个点代表范围一般为半径 100～500 m 的区域，有时也可扩大到半径 0.5～4 km（较高的点源）的区域。原则上应设在可能对人体健康造成影响的污染物高浓度区以及主要固定污染源对环境空气质量产生明显影响的地区。

（二）路边交通点

为监测道路交通污染源对环境空气质量影响而设置的监测点。其代表范围为人们日常生活和活动场所中受道路交通污染源排放影响的道路两旁及其附近区域。一般应在行车道的下风侧，根据车流量的大小、车道两侧的地形、建筑物的分布等情况确定路边交通点的位置，采样口距道路边缘距离不得超过 20 m。

（三）环境空气质量评价城市点

环境空气质量评价城市点是以监测城市建成区的空气质量整体状况和变化趋势为目的而设置的监测点，参与城市环境空气质量评价。每个点代表范围一般为半径 0.5～4 km 的区域，有时也可扩大到半径大于 4 km 的区域。按城市建成区城市人口和面积确定监测点位数如表 3-1 所示。

表 3-1　国家环境空气质量评价点设置数量要求

建成区城市人口/万人	建成区面积/km²	最少监测点数
<25	<20	1
25～50	20～50	2
50～100	50～100	4
100～200	100～200	6
200～300	200～400	8
>300	>400	按每 50～60 km² 建成区面积设 1 个监测点，并且不少于 10 个点

城市加密网格点是指将城市的建成区划为规则的正方形网格状，单个网格应不大于 2 km×2 km，加密网格点设在网格中心或网格线的交点上。

（四）环境空气质量评价区域点

以监测区域范围空气质量状况和污染物区域传输及影响范围为目的而设置的监测点，参与区域环境空气质量评价。区域点原则上应远离城市建成区和主要污染源 20 km以上，应根据我国的大气环流特征设置在区域大气环流路径上。

（五）环境空气质量背景点

以监测国家或大区域范围的环境空气质量本底水平为目的而设置的监测点。每个点的代表性范围一般为半径 100 km 以上的区域。背景点原则上应远离城市建成区和主要污染源 50 km 以上，设置在不受人为活动影响的清洁地区。

二、调查及资料收集

（一）污染源分布及排放情况

通过调查，弄清监测区域内的污染源类型、数量、位置、排放的主要污染物及其排放量，同时还要了解所用原料、燃料及消耗量。注意区分高烟囱排放的较大污染源与低烟囱排放的小污染源。

（二）气象资料

污染物在空气中的扩散、迁移和一系列的物理、化学变化在很大程度上取决于当时当地的气象条件。因此，要收集监测区域的风向、风速、气温、气压、降水量、日照时间、相对湿度、温度垂直梯度和逆温层底部高度等资料。

（三）地形资料

地形对当地的风向、风速和大气稳定情况有影响，是设置监测网点应当考虑的重要因素。为掌握污染物的实际分布状况，监测区域的地形越复杂，要求布设的监测点越多。

（四）土地利用和功能分区情况

监测区域内土地利用情况及功能区划分也是设置监测网点应考虑的重要因素之一。不同功能区的污染状况是不同的，如工业区、商业区、混合区、居民区等。另外，还可以按照建筑物的密度、有无绿化地带等等作进一步分类。

（五）人口分布及人群健康状况

环境保护的目的是维护自然环境的生态平衡，保护人群的健康。因此，掌握监测区域的人口分布、居民和动植物受空气污染危害情况及流行性疾病等资料，有助于监测方案的制订。

三、环境空气质量监测项目

环境空气质量评价城市点监测项目分为基本项目和其他项目如表 3-2 所示，环境空气质量评价区域点、背景点的监测项目如表 3-3 所示。

表 3-2 环境空气质量评价城市点监测项目

基本项目	其他项目	基本项目	其他项目
二氧化硫	总悬浮颗粒物	臭氧	苯并［a］花
二氧化氮	氮氧化物	可吸入颗粒物	
一氧化碳	铅	细颗粒物	

表 3-3　环境空气质量评价区域点、背景点的监测项目

基本项目		二氧化硫、二氧化氮、一氧化碳、臭氧、可吸入颗粒物 PM10，细颗粒物 PM2.5
其他项目	湿沉降	降雨量、pH、电导率、氯离子、硝酸根离子、硫酸根离子、钙离子、镁离子、钾离子、钠离子、铵离子
	有机物	挥发性有机物、持久性有机物
	温室气体	二氧化碳、甲烷、氧化亚氮、六氟化硫、氢氟碳化物、全氟碳化物
	颗粒物主要理化特性	颗粒物数浓度谱分布，PM10 或 PM2.5 中的硫酸盐、硝酸盐、氯盐、钾盐、钠盐、铵盐、钙盐、镁盐

四、采样点布设方法

常见的采样点布设方法有功能区布点法、网格布点法、同心圆布点法和扇形布点法。

（一）功能区布点法

多用于区域性常规监测。布点时先将监测地区按环境空气质量标准划分成若干功能区，如工业区、商业区、居民区、交通密集区、清洁区等，再按具体污染情况和人力、物力条件在各区域内设置一定数目的采样点。各功能区的采样点数不要求平均，一般在污染较集中的工业区和人口较密集的居民区多设采样点。

（二）网格布点法

对于多个污染源，且在污染源分布较均匀的情况下，通常采用此布点法。该法是将监测区域地面划分成若干均匀网状方格，采样点设在两条直线的交点处或方格中心。网格大小视污染强度、人口分布及人力、物力条件等确定。若主导风向明显，下风向设点要多一些，一般约占采样点总数的 60%。

（三）同心圆布点法

主要用于多个污染源构成的污染群，且重大污染源较集中的地区。先找出污染源的中心，以此为圆心在地面上画若干个同心圆，再从圆心作若干条放射线，将放射线与圆周的交点作为采样点，如图 3-1 所示。圆周上的采样点数目不一定相等或均匀分布，常年主导风向的下风向应多设采样点。例如，同心圆半径分别取 5 km、10 km、15 km、25 km，从里向外各圆周上分别设 4、8、8、4 个采样点。

（四）扇形布点法

适用于孤立的高架点源，且主导风向明显的地区。以点源为顶点，成 45°扇形展开，夹角可大些，但不能超过 90°，采样点设在扇形平面内距点源不同距离的若干弧线上，如图 3-2 所示。每条弧线上设 3~4 个采样点，相邻两点与顶点的夹角一般取 10°~20°，在上风向应设对照点。

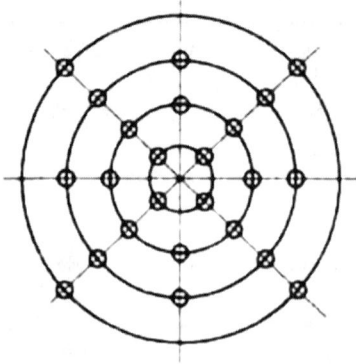

图 3-1　同心圆布点法

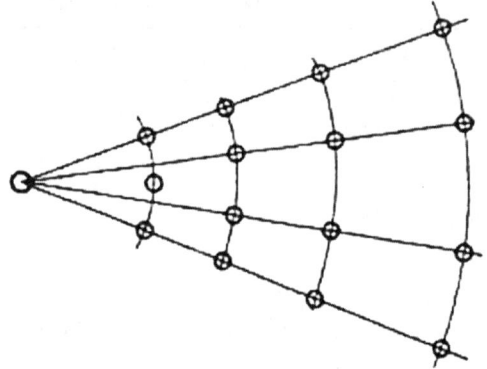

图 3-2　扇形布点法

五、采样时间

采样时间是指每次采样从开始到结束所经历的时间. 也称采样时段，分为 24 h 连续采样和间断采样。

24 h 连续采样是指 24 h 连续采集一个环境空气样品，监测污染物 24 h 平均浓度的采样方式。适用于测定环境空气中二氧化硫、二氧化氮、可吸入颗粒物、总悬浮颗粒物、苯并 [a] 芘、氟化物、铅的采样。

间断采样是指在某一时段或 1 h 内采集一个环境空气样品，监测该时段或该小时环境空气中污染物的平均浓度所采用的采样方法。

对环境空气中的总悬浮颗粒物、可吸入颗粒物、铅、苯并 [a] 芘及氟化物，其采样频率及采样时间应根据《环境空气质量标准》（GB 3095—2012）中各污染物监测数据统计的有效性规定确定；对其他污染物的监测，其采样频率及采样时间应根据监测目的、污染物浓度水平及监测分析方法的检测限确定。要获得 1 h 平均浓度值，样品的采样时间应不少于 45 min；要获得 24 h 平均浓度值，气态污染物的累计采样时间应不少于 18 h，颗粒物的累计采样时间应不少于 12 h。

通常，硫酸盐化速率及氟化物采样时间为 7~30 d。但要获得月平均浓度值. 样品的采样时间应不少于 15d。

第三节　空气样品的采集方法和采样仪器

一、采样方法

按采样原理可将空气采样方法分为直接采样法、富集（浓缩）采样法和无动力采样法三种；按采样时间和方式可分为间断采样和 24 h 连续采样。

（一）直接采样法

当大气污染物浓度较高，或测定方法较灵敏，用少量气样就可以满足监测分析要求时，用直接采样法。如用氢火焰离子化检测器测定空气中的苯系物。常用的采样工具有塑料袋、注射器、采样管和真空采样瓶等。

1. 塑料袋采样

应选择与气样中待测组分既不发生化学反应，也不吸附、不渗漏的塑料袋。常用的有聚四氟乙烯袋、聚乙烯袋及聚酯袋等。为减小对被测组分的吸附，可在袋的内壁衬银、铝等金属膜。采样时，袋内应保持干燥，先用现场气体冲洗 2~3 次，再充满气样，封闭进气口，带回实验室分析。用带金属衬里的采样袋可以延长样品的保存时间，如聚氯乙烯袋对一氧化碳可保存 10~15 h，而铝膜衬里的聚酯袋可保存 100 h。

2. 注射器采样

如图 3-3 所示是常用的 100 mL 注射器，适用于采集有机蒸气样品。采样时，先用现场气体抽洗 2~3 次，然后抽取 100 mL 样品，密封进气口，带回实验室在 12 h 内进行分析。

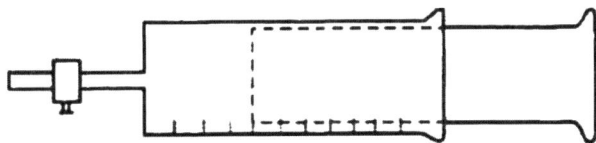

图 3-3　注射器

3. 采气管采样

采气管是两端具有旋塞的管式玻璃容器，其容积为 100~500 mL，如图 3-4 所示。采样时，打开两端旋塞，将二连球或抽气泵接在管的一端，迅速抽进比采气管容积大 6~10 倍的气样，完全置换出采气管中原有气体，关上两端旋塞。

图 3-4　采气管

4. 真空瓶采样

真空采样瓶是一种用耐压玻璃制成的固定容器，容积为 500~1 000 mL，如图 3-5 所示。采样时，先用抽真空装置将采气瓶内抽至剩余压力达 1.33 kPa 左右。若瓶内预先装入吸收液，可抽至溶液冒泡为止，关闭旋塞。采样时，打开旋塞，被采空气即进入瓶内，关闭旋塞，则采样体积为真空采气瓶的容积。如果采气瓶内真空度达不到 1.33 kPa，则实际采样体积应根据剩余压力进行计算。

5. 不锈钢采样罐采样

不锈钢采样罐的内壁经过抛光或硅烷化处理。可根据采样要求，选用不同容积的采样罐。使用前采样罐被抽成真空，采样时将采样罐放置现场，采用不同的限流阀可对空气进行瞬时采样或编程采样。该方法可用于空气中总挥发性有机物的采样。

图 3-5　真空采样瓶

（二）富集采样法

当大气中被测物质浓度很低，或所用分析方法灵敏度不高时，需用富集采样法对大气中的污染物进行浓缩。富集采样的时间一般都比较长，测得结果是在采样时段内的平均浓度。富集采样法有溶液吸收法、固体阻留法和低温冷凝法。

1. 溶液吸收法

溶液吸收法是采集空气中气态、蒸汽态及某些气溶胶态污染物的常用方法。采样时，用抽气装置将空气以一定流量抽入装有吸收液的吸收瓶（管）。采样结束后，倒出吸收液进行测定，根据测得结果及采样体积计算空气中污染物的浓度。

溶液吸收法常用的气样吸收瓶（管）有多孔玻璃筛板吸收瓶、气泡式吸收瓶和冲击式吸收瓶。

如图 3-6 所示是多孔玻璃筛板吸收瓶，分为小型（容积为 5~30 mL）和大型（容积为 50~100 mL）两种规格。

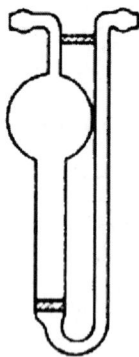

图 3-6　多孔玻璃筛板吸收瓶

气样通过吸收瓶的筛板后，被分散成很小的气泡，且阻留时间长，大大增加了气液接触面积，从而提高了吸收效果。其不仅适合采集气态和蒸汽态物质，而且能采集气溶胶态物质。

如图 3-7 所示是气泡式吸收瓶，容积为 5～10 mL，适用于采集气态和蒸汽态污染物。采样时，吸收管要垂直放置，不能有泡沫溢出。

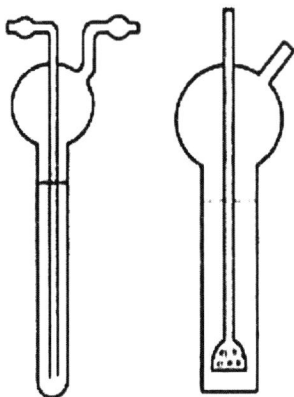

图 3-7　气泡式吸收瓶

如图 3-8 所示是冲击式吸收瓶，分为小型（容积为 5～10 mL）和大型（容积为 50～100 mL）两种规格，适用于采集气溶胶态物质。由于吸收瓶的进气管喷嘴孔径小，距瓶底又很近，当被采气样快速从喷嘴喷出冲向管底时，气溶胶颗粒因惯性作用冲击到管底而被分散，因此易被吸收液吸收。冲击式吸收管不适合采集气态和蒸汽态物质，因为气体分子的惯性小，在快速抽气情况下，容易随空气一起跑掉。

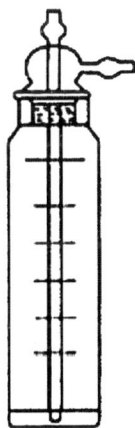

图 3-8　冲击式吸收瓶

2. 固体阻留法

固体阻留法分为填充柱阻留法和滤膜阻留法。

（1）填充柱阻留法填充柱是一根长 6～10 cm、内径为 3～5 cm 的玻璃管，或者是内壁抛光的不锈钢管，内装颗粒状或纤维状填充剂。采样时，让气样以一定流速通过填充柱，待测组分因吸附、溶解或化学反应等作用被阻留在填充剂上，从而达到富集采样的目的。采样后．通过解吸或溶剂洗脱，使被测组分从填充剂上释放出来。根据填充剂阻留作用的原理，填充柱可分为吸附型、分配型和反应型三种类型。

①吸附型填充柱。如图 3-9 所示是吸附型填充柱示意图，其填充剂是颗粒状固体吸附剂，如活性炭、硅胶、分子筛、高分子多孔微球等。这些多孔物质的比表面积大，对气体和蒸汽有较强的吸附能力。②分配型填充柱。这类填充柱的填充剂是表面涂高沸点有机溶剂的惰性多孔颗粒物（如硅藻土），类似于气液色谱柱中的固定相。当被采集气样通过填充柱时，在有机溶剂（固定液）中分配系数大的组分保留在填充剂上而被富集。例如，空气中的有机氯农药（六六六、DDT 等）和多氯联苯（PCB）多以蒸汽或气溶胶态存在，用溶液吸收法采样效率低，但用涂渍 5% 甘油的硅酸铝载体填充剂采样，采集效率可达 90% 以上。③反应型填充柱。这种柱的填充剂是由惰性多孔颗粒物（如石英砂、玻璃微球等）或纤维状物（如滤纸、玻璃棉等）表面涂渍能与被测组分发生化学反应的试剂制成，也可用能与被测组分发生化学反应的纯金属（如金、银、铜等）丝或细粒作填充剂，适用于采集气态、蒸汽态和气溶胶态物质。气样通过填充柱时，被测组分在填充剂表面因发生化学反应而被阻留。采样后，将反应产物用适宜溶剂洗脱或加热吹气解吸下来进行分析。例如，空气中的微量氨可用装有涂渍硫酸的石英砂填充柱富集，采样后用水洗脱下来进行测定。

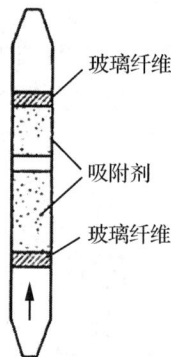

图 3-9　吸附型填充柱

（2）滤膜阻留法

该方法是将滤膜放在采样夹上（如图 3-10 所示），用抽气装置抽气。则空气中的颗粒物被阻留在滤膜上，称量滤膜上富集的颗粒物质量，根据采样体积，即可计算出空气中颗粒物的浓度。

滤膜采集空气中的气溶胶颗粒物是利用直接阻截、惯性碰撞、扩散沉降、静电引力和重力沉降等作用。滤膜的采集效率除与自身性质有关外，还与采样速度、颗粒物的大小等因素有关。低速采样时以扩散沉降为主，对细小颗粒物的采集效率高；高速采样时以惯性碰撞作用为主，对较大颗粒物的采集效率高。

常用的滤膜有玻璃纤维滤膜、聚氯乙烯纤维滤膜、微孔滤膜等。

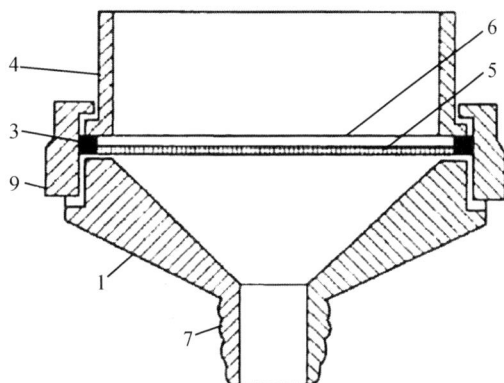

1—底座；2—紧固圈；3—密封圈；4—接座圈；5—支撑网；6—滤膜；7—抽气接口

图 3-10　颗粒物采样夹

　　玻璃纤维滤膜吸湿性小、耐高温、阻力小，但其机械强度差。其常用于采集空气中的悬浮颗粒物，样品用酸或有机溶剂提取，可用于不受滤膜组分及所含杂质影响的元素分析及有机污染物分析。

　　聚氯乙烯纤维滤膜吸湿性小、阻力小、有静电现象、采样效率高、不亲水、能溶于乙酸丁酯，适用于重量法分析，消解后可做元素分析。

　　微孔滤膜是由醋酸纤维素或醋酸—硝酸混合纤维素制成的多孔性有机薄膜，孔径细小、均匀、质量小，微孔滤膜阻力大，吸湿性强，有静电现象，机械强度好，可溶于丙酮等有机溶剂。不适用于进行重量分析，消解后适用于元素分析。由于金属杂质含量极低，因此特别适用于采集分析金属的气溶胶。

　　（3）低温冷凝法空气中某些沸点比较低的气态污染物，如烯烃类、醛类等，在常温下用固体填充剂等方法富集效果不好，采用低温冷凝法可提高采集效率。

　　低温冷凝法是将 U 形管或蛇形采样管插入冷阱中，当空气流经采样管时，被测组分因冷凝而凝结在采样管底部，如图 3-11 所示。

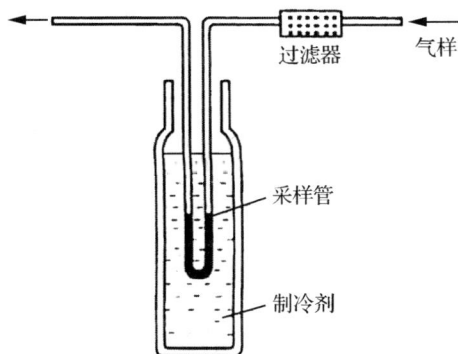

图 3-11　低温冷凝法采样示意图

制冷的方法有半导体制冷器法和制冷剂法。常用的制冷剂有冰（0 ℃）、冰一盐水（-10 ℃）、干冰一乙醇（-72 ℃）、干冰（-78.5 ℃）、液氧（-183 ℃）、液氮（-196 ℃）。

低温冷凝采样法具有效果好、采样量大、利于组分稳定等优点；但空气中的水蒸气、二氧化碳等组分也会同时被冷凝下来，在气化时，这些组分也会气化，增大了气体总体积，从而降低浓缩效果，甚至干扰测定。为此，应在采样管的进气端装置选择性过滤器（内装高氯酸镁、碱石棉、氯化钙等），以除去空气中的水蒸气和二氧化碳等。但所用干燥剂和净化剂不能与被测组分发生作用，以免引起被测组分损失。

（三）无动力采样法

将采样装置或气样捕集介质暴露于环境空气中，不需要抽气动力，利用环境空气中待测污染物分子的自然扩散、迁移、沉降或化学反应等原理直接采集污染物的采样方式。其监测结果可代表一段时间内环境空气污染物的时间加权平均浓度或浓度变化趋势。

自然降尘量、硫酸盐化速率及空气中氟化物的测定常采用无动力采样法。

二、采样仪器

（一）气态污染物采样器

如图 3-12 所示为气态污染物采样装置示意图，主要由气样捕集装置、滤水井和气体采样器组成。

采样器主要由流量计、流量调节阀、稳流器、计时器及采样泵等组成。采样流量范围为 0.5-2.0L/min。常见的采样器分为单路、双路和多路，一般可用交流、直流两种电源。双路采样器可同时采集两种污染物，多路采样器可以同时采集多种污染物，也可以采集平行样。有的采样器上带有恒温装置，将采样吸收瓶放在恒温装置内，就可以保证在采集样品过程中吸收液温度保持恒定。

这不仅可以提高吸收效率，而且可以保证待测组分的稳定。

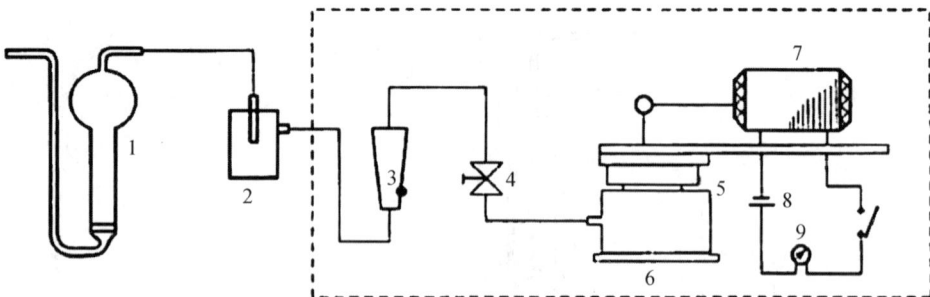

1—吸收瓶；2—滤水井；3—流量计；4—流量调节阀；5—抽气泵；6—稳流器；
7—电动机；8—电源；9—计时器

图 3-12 气态污染物采样装置示意图

（二）颗粒污染物采样器

常见的颗粒污染物采样器分为大流量和中流量两种。

1. 大流量采样器

大流量采样器由采样夹、抽气风机、流量记录仪、计时器及控制系统、壳体等组成，如图3-13所示。滤料夹可安装20 cm×25 cm的长方形玻璃纤维滤膜，以1.1~1.7 m³/min的流量采样8~24 h。

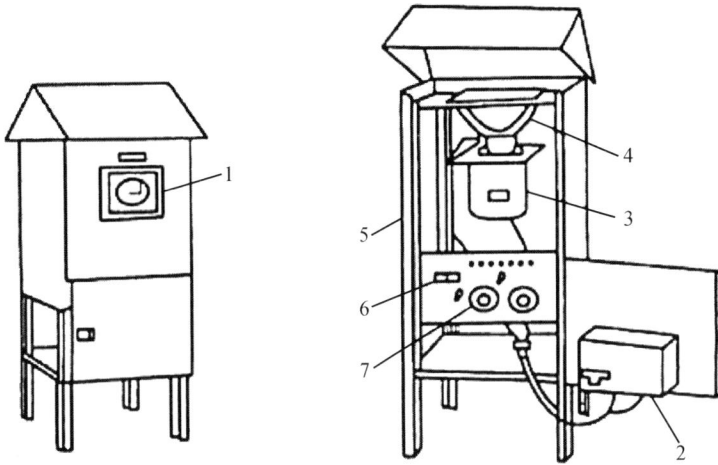

1—流量记录器；2—流量控制器；3—风机；4—滤膜夹；5—外壳；6—工作计时器；7—计时器的程序控制器

图3-13 TSP大流量采样器结构示意图

2. 中流量采样器

常见的中流量采样器分别如图3-14所示，采样器流量一般为0.05~0.15 m³/min。

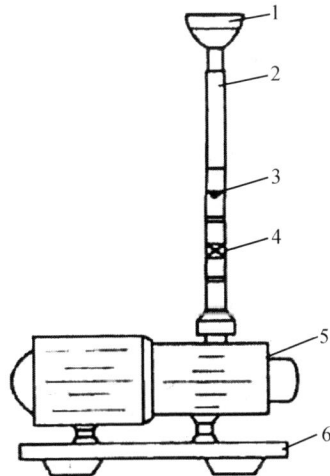

1—采样头；2—采样管；3—流量计；4—调节阀；5—采样泵；6—消声器

图3-14 TSP中流量采样器结构示意图

（三）24 h 连续采样系统

1. 采样系统组成

主要由采样头、采样总管、采样支管、引风机、气体样品吸收装置及采样器等组成，如图 3-15 所示。

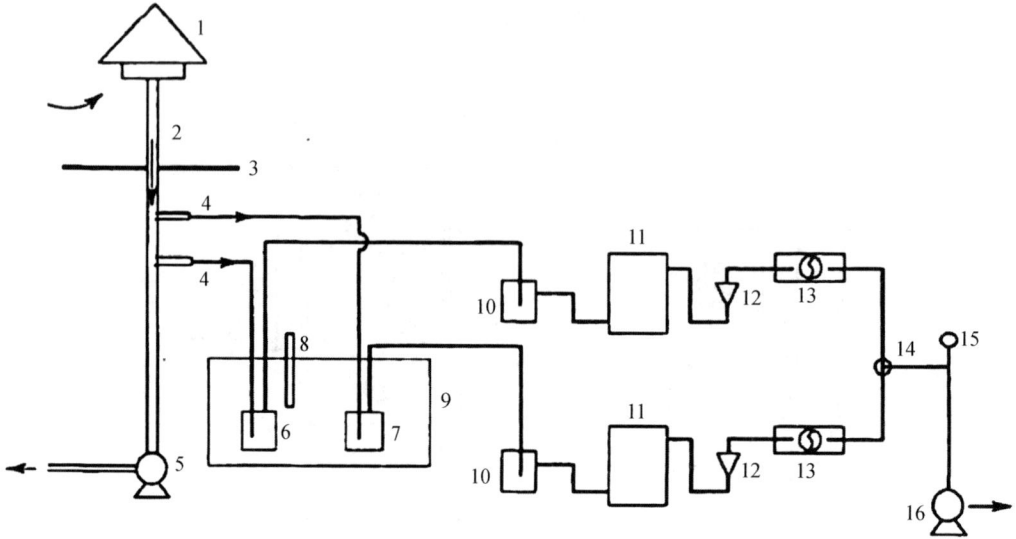

1—采样头；2—采样总管；3—采样亭屋顶；4—采样支管；5—引风机；6—二氧化碳吸收瓶；
7—二氧化硫吸收瓶；8—温度计；9—恒温装置；10—滤水井；11—干燥器；12—转子流量器；
13—限流孔；14—三通阀；15—真空表；16—抽气泵

图 3-15　连续采样系统装置示意图

（1）采样头。采样头为一个能防雨、防雪、防尘及其他异物（如昆虫）的防护罩，其材质为不锈钢或聚四氟乙烯。采样头、进气口距采样亭顶盖上部的距离应为 1~2 m。

（2）采样总管。通过采样总管将环境空气垂直引入采样亭内，采样总管内径为 30~150 mm，内壁应光滑。采样总管气样入口处到采样支管气样入口处之间的长度不得超过 3 m，其材质为不锈钢、玻璃或聚四氟乙烯等。为防止气样中的湿气在采样总管中发生凝结，可对采样总管采取加热保温措施，加热温度应在环境空气露点以上，一般在 40 ℃左右。在采样总管上，二氧化硫进气口应先于二氧化氮进气口。

（3）采样支管。通过采样支管将采样总管中的气样引入气样吸收装置。采样支管内径一般为 4~8 mm，内壁应光滑，采样支管的长度应尽可能短，一般不超过 0.5 m，采样支管的进气口应置于采样总管中心和采样总管气流层流区内。采样支管材质应选用聚四氟乙烯或不与被测污染物发生化学反应的材料。

（4）引风机。用于将环境空气引入采样总管内，同时将采样后的气体排出采样亭外的动力装置，安装于采样总管的末端。采样总管内样气流量应为采样亭内各采样装置所需采样流量总和的 5~10 倍。采样总管进气口到出气口气流的压力降要小，以保证气样的压力接近于环境空气大气压。

（5）采样器。采样器应具有恒温、恒流控制装置和流量、压力及温度指示仪表，采样器应具备定时、自动启动及计时的功能。进行采样时，二氧化硫及二氧化氮吸收瓶在加热槽内的最佳温度分别为 23~29 ℃ 及 16~24 ℃，且在采样过程中保持恒定。要求计时器在 24 h 内的时间误差应小于 5 min。

2. 采样操作

采样前应对采样总管和采样支管进行清洗，并对采样系统的气密性、采样流量、温度控制系统及时间控制系统进行检查，确保各项功能正常后方可进行采样。采样时. 将装有吸收液的吸收瓶，连接到采样系统中，启动采样器，进行采样。记录采样流量、开始采样时间、温度和压力等参数。采样结束后，取下样品，并将吸收瓶进、出口密封，填写气态污染物现场采样记录表，如表 3-4 所示。

表 3-4 气态污染物现场采样记录表

市（县）： 测点： 污染物：

采样日期	采样时间		气温/℃	大气压/KPa	流量/（L/min）			采集空气			天气状况
	天气	开始			开始后	结束前	平均	时间/min	体积/L	标准体积/L	

采样人： 审核人：

3. 采样质量保证

（1）采样总管及采样支管应定期清洗，干燥后方可使用。一般采样总管至少每 6 个月清洗 1 次，采样支管至少每月清洗 1 次。

（2）吸收瓶阻力测定应每月 1 次. 当测定值与上次测定结果之差大于 0.3 kPa 时，应做吸收效率测试，吸收效率应大于 95%。不符合要求的，不能继续使用。

（3）采样系统不得有漏气现象，每次采样前应进行采样系统的气密性检查。确认不漏气后，方可采样。

（4）使用临界限流孔控制采样流量时，采样泵的有载负压应大于 70 kPa，且 24 h 连续采样时，流量波动应不大于 5%。

（5）定期更换过滤膜，一般每周 1 次，当干燥器硅胶有 1/2 变色时，需进行更换。

第四节 颗粒物的测定

一、总悬浮颗粒物

总悬浮颗粒物（TSP）的测定是指一定体积的空气通过已恒重的滤膜，空气中的悬浮颗粒物被阻留在滤膜上，根据采样前后滤膜质量之差及采样体积，计算出 TSP 的质量浓度。滤膜经处理后，可进行化学组分分析。

根据采样流量不同，可分为大流量采样法和中流量采样法。大流量采样（1.1~1.7 m³/min），使用大流量采样器连续采样 24 h，按下式 3-1 计算 TSP 浓度：

$$C_{\text{TSP}} = \frac{W}{Q_n t} \tag{3-1}$$

式中：C_{TSP}——P 浓度，mg/m³；

$\quad\quad W$——阻留在滤膜上的 TSP 质量，mg；

$\quad\quad Q_n$——标准状态下的采样流量，m³/min；

$\quad\quad t$——采样时间，min。

按照技术规范要求，采样器在使用期内，每月应用孔板校准器或标准流量计对采样器流量进行校准。

二、可吸入颗粒物（飘尘）

粒径小于 10 μm 的颗粒物，称为可吸入颗粒物或飘尘，常用 PmL。这一符号表示。测定飘尘的方法有重量法、压电晶体振荡法、B 射线吸收法及光散射法等。

1. 重量法

重量法根据采样流量不同，分为大流量采样重量法和小流量采样重量法。

大流量法使用带有 10 μm 以上颗粒物切割器的大流量采样器采样。根据采样前后滤膜质量之差及采样体积，即可计算出飘尘的浓度。使用时，应注意定期清扫切割器内的颗粒物；采样时必须将采样头及入口各部件旋紧，以免空气从旁侧进入采样器造成测定误差。

小流量法使用小流量采样器。使一定体积的空气通过配有分离和捕集装置的采样器，首先将粒径大于 10 μm 的颗粒物阻留在撞击挡板的入口挡板外，飘尘则通过入口挡板被捕集在预先恒重的玻璃纤维滤膜上，根据采样前后的滤膜质量及采样体积计算飘尘的浓度，用 mg/m³ 表示。滤膜还可供进行化学组分分析。

2. 压电晶体振荡法

这种方法以石英谐振器为测定飘尘的传感器，其工作原理示如图 3-16 所示。气样经粒子切割器剔除粒径大于 10 μm 的颗粒物，小于 10 μm 的飘尘进入测量气室。测量气室内有高压放电针、石英谐振器及电极构成的静电采样器，气样中的飘尘因高压电晕放电作用而带上负电荷，继之在带正电的石英谐振器电极表面放电并沉积，除尘后的气样流经参比室内的石英谐振器排出。因参比石英谐振器没有集尘作用，当没有气样进入仪器时，两谐振器固有振荡频率相同，无信号送入电子处理系统，数显屏幕上显示零。当有气样进入仪器时，则测量石英谐振器因集尘而质量增加，使其振荡频率（f_1）降低，两振荡器频率之差（$\triangle f$）经信号处理系统转换成飘尘浓度并在数显屏幕上显示，从而换算得知飘尘浓度。

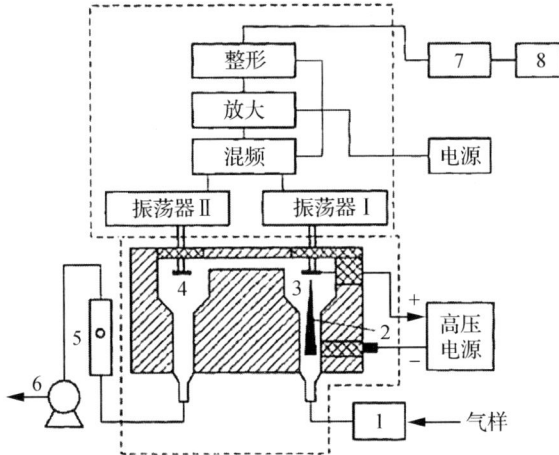

1—大粒子切割机；2—放电针；3-测量石英谐振器；4一参比石英谐振器；5—流量计；6—抽气泵；

7—浓度计算器；8—显示器

图 3-16　石英晶体飘尘测定仪工作原理

3. β 射线吸收法

该测量方法的原理基于 B 射线通过特定物质后，其强度衰减程度与所透过的物质质量有关，而与物质的物理、化学性质无关。β 射线飘尘测定仪的工作原理如图 3-17 所示。它是通过测定清洁滤带（未采尘）和采尘滤带（已采尘）对 β 射线吸收程度的差异来测定采尘量的。

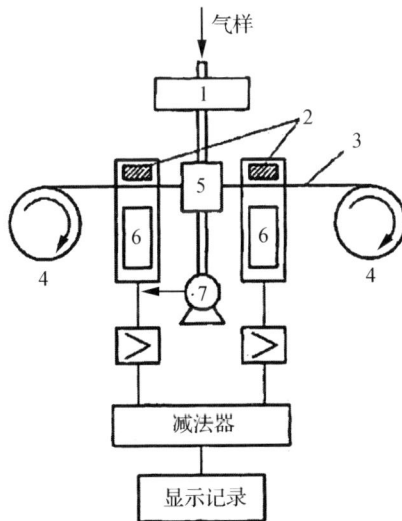

1—大粒子切割器：2——射线源；3——玻璃纤维滤带：4—滚筒我一集尘器；

6—检测器（计数管）；7—抽气泵

图 3-17　β 射线飘尘测定仪工作原理

假设同强度的 β 射线分别穿过清洁滤带和采尘滤带后的强度为 N_0（计数）和 N（计数），则二者关系，如下式 3-2 所示：

$$N = N_0^{-K \cdot \triangle M} \tag{3-2}$$

式中：K——质量吸收系数，cm^2/rag；

$\quad\quad \triangle M$——滤带单位面积上尘的质量，mg/cm^2。

气设滤带采尘部分的面积为 S，采气体积为 V，则大气中含尘浓度 c，可按下式 3-3 计算：

$$c = \frac{\triangle M S}{V} = \frac{S}{VK} \ln \frac{N_0}{N} \tag{3-3}$$

因此：当仪器工作条件选定后，气样含尘浓度只决定于 β 射线穿过清洁滤带和采尘滤带后的两次计数值。

β 射线源可用 ^{14}C，^{60}Co 等；检测器采用计数管，对放射性脉冲进行计数，反映 β 射线的强度。

4. 颗粒物分布

飘尘粒径分布有两种表示方法，一种是不同粒径的数目分布，另一种是不同粒径的质量浓度分布。前者用光散射式粒子计数器测定，后者用根据撞击捕集原理制成的采样器分级捕集不同粒径范围的颗粒物，再用重量法测定。这种方法设备较简单，应用比较广泛，所用采样器称多级喷射撞击式或安德森采样器。

第五节　降水监测

大气降水监测的目的是了解在降雨（雪）过程中通过大气中沉降到地球表面的沉降物的主要组成、性质及有关组分的含量，为分析大气污染状况和提出控制污染途径、方法提供基础资料和依据。

一、布设采样点的原则

降水采样点的设置数目应视区域具体情况而定。我国技术规范中规定，人口 50 万以上的城市布三个采样点，50 万以下的城市布两个点，一般县城可设一个采样点。采样点位置要兼顾城市、农村或清洁对照区。

采样点的设置位置应考虑区域的环境特点，如地形、气象、工农业分布等。采样点应尽可能避开排放酸、碱物质和粉尘的局地污染源、主要街道交通污染源，四周应无遮挡雨、雪的高大树木或建筑物。

二、样品的采集

1. 采样器

采集雨水使用聚乙烯塑料桶或玻璃缸，其上口直径为 20 cm，高为 20 cm，也可采用自动采样器，采集雪水用上口径为 40 cm 以上的聚乙烯塑料容器。图 4-18 是一种分段连续自动采集雨水的采样器。将足够数量的容积相同的采水瓶并行排列，当第一个瓶子装满后，则自动关闭，雨水继续流入第二、第三个瓶子等。例如，在一次性降雨中，每 1 mm 降雨量收集 100 mL 雨水，共收集三瓶，以后的雨水再收集在一起。

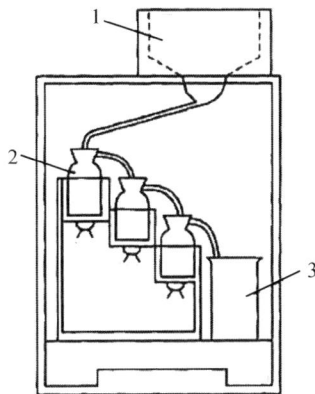

1—接收器；2—采样瓶；3—烧杯
图 3-18　雨水自动采样器

2. 采样方法

（1）每次降雨（雪）开始，立即将清洁的采样器放置在预定的采样点支架上，采集全过程（开始到结束）雨（雪）样。如遇连续几天降雨（雪），则每天上午 8 时开始，连续采集 24 h 为一次样。

（2）采样器应高于基础面 1.2 m 以上。

（3）样品采集后，应贴上标签. 编好号，记录采样地点、日期、采样起止时间、雨量等。降雨起止时间、降雨量、降雨强度等可使用自动雨量计测量。

3. 水样的保存

由于降水中含有尘埃颗粒物、微生物等微粒，所以除用于测定 pH 值和电导率的降水样无须过滤外，测定金属和非金属离子的水样均需用孔径 0.45 μm 的滤膜过滤。

降水中的化学组分含量一般都很低，易发生物理变化、化学变化和生物作用，故采样后应尽快测定，如需要保存，一般不主张添加保存剂，而应在密封后放于冰箱中。

三、降水中组分的测定

应根据监测目的确定监测项目。我国环境监测技术规范中对大气降水例行监测有明确的规定。pH 值、电导率、K^+、Na^+、Ca^{2+}、Mg^{2+}、SO_4^{2-}、NH_4^+、NO_3^-，Cl^-，每月测定不少于一次，每月选一个或几个随机降水样品分析上述十个项目。

降水的测定方法与"水和废水监测"中对应项目的测定方法相同，在此仅做简单介绍。

1. pH 值的测定

pH 值测定是酸雨调查最重要的项目。清洁的雨水一般 pH 值为 5.6，雨水的 pH 值小于该值时即为酸雨。常用测定方法为 pH 玻璃电极法。

2. 电导率的测定

雨水的电导率大体上与降水中所含离子的浓度成正比，测定雨水的电导率能够快速地推测雨水中溶解物质的总量。一般用电导率仪或电导仪测定。

3. 硫酸根的测定

降水中的 SO_4^{2-} 厂主要来自气溶胶和颗粒物中可溶性硫酸盐及气态 SO_2 经催化氧化形成的硫酸雾，其一般浓度范围为几个 mg/L 到 100 mg/L。该指标用于反映大气被含硫化合物污染的状况。其测定方法有铬酸锐一二苯碳酰二胼分光光度法、硫酸钡比浊法、离子色谱法等。

4. 硝酸根的测定

大气中 NO_2 和颗粒物中的可溶性硝酸盐进入降水中形成 NO_3^-，其浓度一般在几个毫克每升以内，出现数十毫克每升的情况较少。该指标可反映大气被氮氧化物污染的状况，氮氧化物也是导致降水 pH 值降低的因素之一。测定方法有镉柱还原一偶氮染料分光光度法、紫外分光光度法及离子色谱法等。

5. 氯离子的测定

氯离子是衡量大气中因氯化氢导致降水 pH 值降低的标志，也是判断海盐粒子影响的标志，其浓度一般在几个毫克每升，但有时高达几十毫克每升。测定方法有硫氰酸汞一高铁分光光度法、离子色谱法等。离子色谱法可以同时测定降水中的 F^-、Cl^-、NO_3^-；SO_4^{2-} 等。

6. 铵离子的测定

大气中的氨进入降水中形成铵离子，它们能中和酸雾，对抑制酸雨是有利的。然而，其随降水进入河流、湖泊后，会导致水富营养化。大气中氨的浓度冬天较低、夏天较高，一般在几毫克每升。其常用测定方法为钠氏试剂分光光度法或次氯酸钠一水杨酸分光光度法。

7. 钾、钠、钙、镁等离子的测定

降水中 K^+、Na^+ 的浓度一般在几毫克每升，常用空气—乙炔（贫焰）原子吸收分光光度法测定。

Ca^{2+} 是降水中的主要阳离子之一，其浓度一般在几毫克每升至数十毫克每升，它对降水中的酸性物质起着重要的中和作用。其测定方法有原子吸收分光光度法、络合滴定法、偶氮氯瞬皿分光光度法等。

Mg^{2+} 在降水中的含量一般在几毫克每升以下，常用原子吸收分光光度法测定。

第六节　污染源监测

空气污染源包括固定污染源和流动污染源。对污染源进行监测的目的是检查污染源排放废气中的有害物质是否符合排放标准的要求；评价净化装置的性能和运行情况及污染防治措施的效果；为大气质量管理与评价提供依据。

　　污染源监测的内容包括：排放废气中有害物质的浓度（mg/m³）；有害物质的排放量（kg/h）；废气排放量（m³/h）。在有害物质排放浓度和废气排放量的计算中，都采用现行监测方法中推荐的标准状态（温度为 0 ℃，大气压力为 101.3 kPa 或 760 mmHg柱）下的干气体表示。

　　污染源监测要求生产设备处于正常运转状态下进行；根据生产过程所引起的排放情况的变化特点和周期进行系统监测；测定工业锅炉烟尘浓度时，应稳定运转，并不低于额定负荷的 85%。

一、固定污染源监测

（一）采样点数目

　　烟道内同一断面上各点的气流速度和烟尘浓度分布通常是不均匀的，因此，必须按照一定原则进行多点采样。采样点的位置和数目主要根据烟道断面的形状、尺寸大小和流速分布情况确定。

　　1. 圆形烟道

　　在选定的采样断面上设两个相互垂直的采样孔。按照如图 3-19 所示的方法将烟道断面分成一定数量的等面积同心圆环，沿着两个采样孔中心线设四个采样点。若采样断面上气流速度较均匀，可设一个采样孔，采样点数减半。当烟道直径小于 0.3 m，且流速均匀时，可在烟道中心设一个采样点。

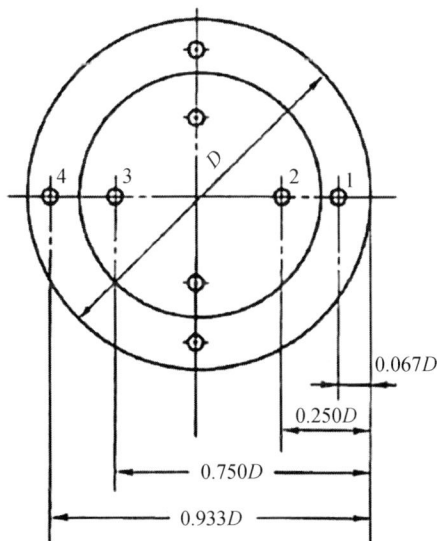

图 3-19　圆形烟道采样点分布

　　2. 矩形（或方形）烟道

　　将烟道断面分成一定数目的等面积矩形小块，各小块中心即为采样点位置，如图3-20 所示。

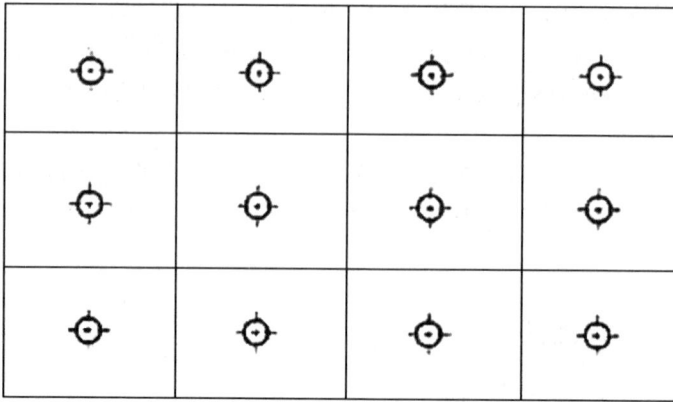

图 3-20　矩形烟道采样点分布

3. 拱形烟道

因这种烟道的上部为半圆形，下部为矩形，故可分别按圆形和矩形烟道的布点方法确定采样点的位置及数目，如图 3-21 所示。

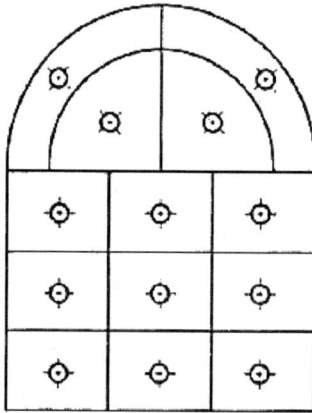

图 3-21　拱形烟道采样点分布

当水平烟道内有积灰时，应将积灰部分的面积从断面内扣除，按有效面积设置采样点。

在能满足测压管和采样管达到各采样点位置的情况下，要尽可能地少开采样孔。一般开两个互成 90° 的孔，最多开四个。采样孔的直径应不小于 75 mm。当采集有毒或高温烟气，且采样点处烟气呈正压时，采样孔应设置防喷装置。

（二）基本状态参数的测定

1. 温度的测量

对于直径小、温度不高的烟道，可使用长杆水银温度计。对于直径大、温度高的烟道，则要用热电偶测温毫伏计测量。根据所测温度的高低，应选用不同材料的热电偶。测量 800 ℃ 以下的烟气可选用镍常—康铜热电偶；测量 1 300 ℃ 以下烟气选用镍铬—镍铝热电偶；测量 1 600 ℃ 以下的烟气则需用钳一舶钵热电偶。

2. 压力的测量

烟气的压力分为全压（P_1）、静压（Ps）和动压（Pv）。静压是单位体积气体所具有的势能，表现为气体在各个方向上作用于器壁的压力。动压是单位体积气体具有的动能，是使气体流动的压力。全压是气体在管道中流动具有的总能量。在管道中任意一点上，三者的关系为：$P_1 = Ps + Pv$。测量烟气压力常用测压管和压力计。

（1）测压管常用的测压管有两种，即标准皮托管和 S 型皮托管。

标准皮托管的结构如图 3-22 所示。

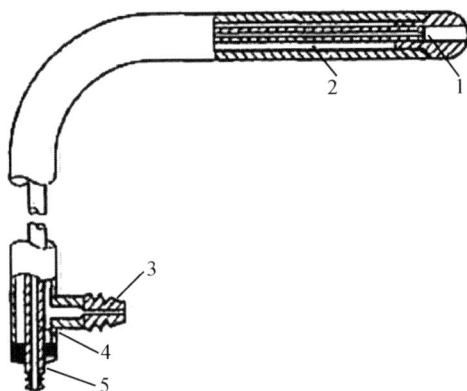

1—全压测孔；2—静压测孔；3—静压管接口；4—全压管；5 —全压管接口

图 3-22　标准皮托管

它是一根弯成 90°的双层同心圆管，其开口端与内管相通，用来测量全压；在靠近管头的外管壁上开有一圈小孔，用来测量静压。标准皮托管具有较高的测量精度，其校正系数近似等于 1，但测孔很小，如果烟气中烟尘浓度大，易被堵塞，因此只适用于含尘量少的烟气，或用作其他测压管的校正。

S 型皮托管由两根相同的金属管并联组成如图 3-23 所示，其测量端有两个大小相等、方向相反的开口。测量烟气压力时，一个开口面向气流，接受气流的全压；另一个开口背向气流，接受气流的静压。由于气体绕流的影响，测得的静压比实际值小，因此，在使用前必须用标准皮托管进行校正。其开口较大，可用于测烟尘含量较高的烟气。

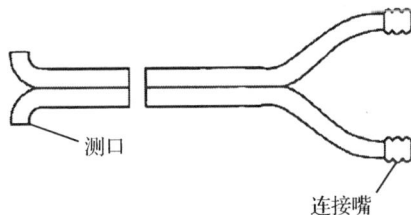

测口

连接嘴

图 3-23　S 型皮托管

（2）压力计。常用的压力计有 U 形压力计和倾斜式微压计。

U 形压力计较为常见，是一个内装工作液体的 U 形玻璃管。常用的工作液体有乙醇、水、汞，根据被测烟气的压力范围而定。U 形压力计的误差可达 1~2 mmH$_2$O （1 mmH$_2$O＝9.806 65 Pa），故不适宜测量微小压力。

倾斜式微压计构造如图 3-24 所示。由一截面积（F）较大的容器和一截面积（f）很小的玻璃斜管组成，内装工作溶液，玻璃管上的刻度表示压力读数。测压时，将微压计容器开口与测压系统中压力较高的一端相连，斜管与压力较低的一端相连，作用在两个液面上的压力差使液柱沿斜管上升。

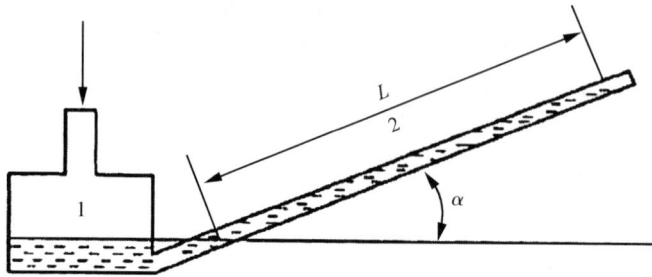

1—容器；2—玻璃管

图 3-24　倾斜式微压计

（三）含湿量的测定

与大气相比，烟气中的水蒸气含量较高，变化范围较大，为便于比较，监测方法规定以除去水蒸气后标准状态下的干烟气为基准表示烟气中有害物质的测定结果。含湿量的测定方法有重量法、冷凝法、干湿球法等。

1. 重量法

一定体积的烟气，通过装有吸收剂的吸收管，吸收管增加的重量即为所采烟气中的水蒸气质量。其测定装置如图 3-25 所示。

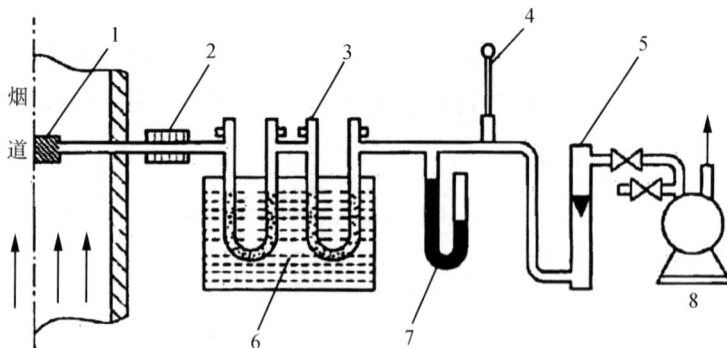

1—过滤器；2—保温或加热器；3—吸湿管；4—温度计；5—流量计；6—冷却器；7—压力计；8—抽气泵

图 3-25　含湿量的测定装置

装置所带的过滤器可防止烟尘进入采样管；保温或加热装置可防止水蒸气冷凝，U 形吸湿管由硬质玻璃制成，常用的吸湿剂有氯化钙、氧化钙、硅胶、氧化铝、五氧化二磷、过氯酸镁等。

2. 冷凝法

一定体积的烟气，通过冷凝器，根据获得的冷凝水量和从冷凝器排出的烟气中的饱和水蒸气量计算烟气的含湿量。含湿量可按下式 3-4 计算：

$$X_w = \frac{1.24G_w + V_s \dfrac{P_z}{P_A + P_r} \times \dfrac{273}{273 + t_r} \times \dfrac{P_A + P_r}{101.3}}{1.24G_w + \dfrac{273}{273 + t_r} \times \dfrac{P_A + P_r}{101.3}} \times 100\% \qquad (3-4)$$

式中：X_{sw}——排气中的水分含量体积百分数，%；

　　　G_w——冷凝器中的冷凝水量，g；

　　　P_r——流量计前气体压力，Pa；

　　　P_A——容器内大气压力，pa；

　　　P_z——冷凝器出口饱和水蒸气压力（可根据冷凝器出口气体温度 t_r 从空气饱和时水蒸气压力表中查得），Pa；

　　　t_r——流量计前气体温度，℃；

　　　V_s——测量状态下抽取烟气的体积，$V_s = Q_r \times t$，L；

　　　Q_r——转子流量计读数，L/min；

　　　t——采样时间，min。

3. 干湿球温度计法

烟气以一定流速通过干湿球温度计，根据干湿球温度计读数及有关压力计算烟气含湿量。

（四）烟尘浓度测定的采样方法

抽取一定体积的烟气通过已知质量的捕尘装置，根据捕尘装置采样前后的质量差和采样体积，计算烟尘的浓度。

烟气的采样包括移动采样与定点采样两类。移动采样是指为测定烟道断面上烟气中烟尘的平均浓度，用同一个尘粒捕集器在已确定的各采样点上移动采样，各点的采样时间相同，这是目前普遍采用的方法；定点采样是指为了解烟道内烟尘的分布状况和确定烟尘的平均浓度。分别在断面的每个采样点采样，即每个采样点采集一个样品。

1. 等速采样法

测定烟气烟尘浓度必须采用等速采样法，即烟气进入采样嘴的速度应与采样点烟气流速相等。采样速度大于或小于采样点烟气流速都将造成测定误差。当采样速度（V_n）大于采样点的烟气流速（V_s）时，由于气体分子的惯性比尘粒惯性小，易改变方向，所以采样嘴边缘以外的部分气流被抽入采样嘴，而其中的尘粒则按原方向前进，不进入采样嘴，从而导致测量结果偏低；当采样速度（V_n）小于采样点烟气流速（V_s）时，情况正好相反，使测定结果偏高；只有 $V_n = V_s$ 时，气体和尘粒才会按照它们在采样点的实际比例进入采样嘴，采集的烟气样品中烟尘浓度才会与烟气实际浓度相同。

2. 预测流量法

在采样前先测出采样点的烟气温度、压力、含湿量，计算出烟气流速，再结合采样嘴直径计算出等速采样条件下各采样点的采样流量。

3. 平行采样法

将 S 型皮托管和采样管固定在一起插入采样点处，当与皮托管相连的微压计指示出动压后，利用预先绘制的皮托管动压和等速采样流量关系计算图立即算出等速采样流量，及时调整流速进行采样。平行采样法中，测定流速和采样几乎同时进行，减小了由于烟气流速改变而带来的采样误差。

二、流动污染源监测

汽车尾气是石油体系燃料在内燃机内燃烧后的产物，含有 NO *、碳氢化合物、CO 等有害组分。汽车尾气中污染物的含量与其行驶状态有关，空转、加速、匀速、减速等行驶状态下尾气中的污染物含量均应测定。

1. 汽车怠速 CO、燃类化合物的测定

一般采用非色散红外气体分析仪对其进行测定，可直接显示 CO 和烃类化合物的测定结果。测定时，先将汽车发动机由怠速加速至中等转速，维持 5s 以上，再降至怠速状态，插入取样管（深度不少于 300 mm）测定，读取最大指示值。若为多个排气管，应取各排气管测定值的算术平均值。

2. 汽油车尾气中 NO_x 的测定

在汽车尾气排气管处用取样管将废气引出（用采样泵），经冰浴（冷凝除水）、玻璃棉过滤器（除油尘），抽取到 100 mL 注射器中，然后将抽取的气样经氧化管注入冰乙酸一对氨基苯磺酸一盐酸萘乙二胺吸收显色液，显色后用分光光度法测定，测定方法同大气中 NOx 的测定。

3. 尾气烟度的测定

汽车柴油机或柴油车排出的黑烟含有多种颗粒物，其组分复杂，有碳、氧、氢、灰分和多环芳烃化合物等。

烟度的含义是使一定体积的排气透过一定面积的滤纸后，滤纸被染黑的程度，用波许单位（R_b）表示。当一定体积的尾气通过一定面积的白色滤纸时，排气中的炭粒就附着在滤纸上，将滤纸染黑，然后用光电测量装置测量染黑滤纸的吸光度，以吸光度大小表示烟度大小. 规定洁白滤纸的烟度为零. 全黑滤纸的烟度为 10。滤纸式烟度计烟度刻度计算式为：

$$R_b = 10 \times \left[1 - \frac{I}{I_0} \right] \tag{3-5}$$

式中：R_b——波许烟度单位；

　　　I——被测烟样滤纸反射光强度；

　　　I_0——洁白滤纸反射光强度。

烟度可用波许烟度计直接测定。

第四章　噪声监测

第一节　噪声概述

一、噪声

人类生活的环境中充满了声音，也包括噪声。例如，人们交谈、广播、电视、通讯联络、社会交往、车马运行、家禽家畜、机器工作都会发出声音。保证人际间的正常交往必须要有声音。生活在完全寂静无声的世界里会使人感到压抑、郁闷甚至疯狂。但声音如果过强，就会影响人们正常的工作、学习、休息和睡眠。

噪声是一种主观评价标准，即一切影响他人的声音均为噪声，即使是音乐。

从环境保护的角度看，凡是影响人们正常学习，工作和休息的，在某些场合"不需要的声音"，都统称为噪声。如机器燃烧声，各种交通工具的鸣笛声，人的嘈杂声及各种突发的声响等，均称为噪声。随着工业生产、交通运输、城市建筑的发展，以及人口密度的增加，家庭设施（电视机等）的增多，环境噪声日益严重，它已成为污染人类社会环境的一大公害。

从物理角度看，噪声是无规则的机械波。物理学上，噪声指一切不规则的信号（不一定要是声音），比如电磁噪声，热噪声，无线电传输时的噪声，激光器噪声，光纤通信噪声，照相机拍摄图片时画面的噪声等。

二、噪声的来源

噪声的种类很多，产生噪声的来源也不同，噪声来源包括自然界的噪声和人为活动产生的噪声。人为活动产生的噪声主要有以下几种。

1. 交通噪声

包括汽车、火车、飞机等交通工具产生的噪声。其中交通工具的发动机噪声是噪声的主要来源。发动机噪声主要包括燃烧噪声、机械噪声、进排气噪声、冷却风扇及其他部件发出的噪声。根据发动机表面噪声产生的机理，又可分为燃烧噪声和机械噪声。

（1）燃烧噪声

燃烧噪声是在可燃混合气体燃烧时，因气缸内火焰气体压力急剧上升冲击发动机各部件，使之发出机械波而产生的噪声。柴油中的十六烷值不合适或喷油时间过于提前，会引起发动机工作狂怒, 使噪声急剧增大。汽油机由于过热、汽油品质不良和点火提前角过大等原因造成长波燃烧声, 敲缸现象等。

（2）机械噪声

机械噪声是发动机内部的燃烧过程和结构发出机械波所产生的噪声, 是通过发动机外表面以及与发动机外表面刚性连接结构向大气辐射的, 因此称为发动机表面噪声。

2. 工业噪声

工业噪声包括厂矿企业的鼓风机、汽轮机、织布机、冲床等各种机器设备产生的噪声。这也是室内噪声污染的主要来源。由于各种动力机、工作机 做功时产生的燃烧、撞击、摩擦、喷射, 可产生七八十分贝以上的声响。像纺织车间、锻压车间、粉碎车间和钢厂、水泥厂、气泵房、水泵房都比较严 重, 虽然都做了一定程度的降噪处理, 但仍然不能从根本上消除机器本体上所产生 的噪声。

3. 建筑施工的噪声

主要指建筑施工现场产生的噪声。在施工中要大量使用各种动力机械, 要进行挖掘、打洞、搅拌, 要频繁地运输材料和构件, 从而产生大量噪声。

施工阶段噪声不得超过下列限值:

（1）推土机, 挖掘机, 装载机等, 昼间不超过 75 分贝, 夜间不超过 55 分贝

（2）各种打桩机等, 昼间不超过 85 分贝, 否则禁止施工.

（3）混凝土搅拌机, 电锯等, 昼间不超过 70 分贝, 夜间不超过 55 分贝

（4）装修, 吊车, 升降机等昼间不超过 65 分贝, 夜间不超过 55 分贝.

4. 生活噪声

主要有人们社会生活活动中产生的噪声, 如人们在商业交易、体育比赛、游行集会、娱乐场所等各种社会活动中产生的喧闹声, 以及收录机、电视机、洗衣机等各种家电的嘈杂声, 这类噪声一般在 80 分贝以下。如洗衣机、缝纫机噪声为 50~80 分贝, 电风扇的噪声为 30~65 分贝, 空调机、电视机为 70 分贝。

三、噪声控制

充分的噪声控制, 必须考虑噪声源、传噪声途径、受噪声者所组成的整个系统。

噪声控制在技术上虽然已经成熟, 但由于现代工业、交通运输业规模很大, 要采取噪声控制的企业和场所为数甚多, 因此在防止噪声问题上, 必须从技术、经济和效果等方面进行综合权衡。当然, 具体问题应当具体分析。在控制室外、设计室、车间或职工长期工作的地方, 噪声的强度要低; 库房或少有人去车间或空旷地方, 噪声稍高一些也是可以的。总之, 对待不同时间、不同地点、不同性质与不同持续时间的噪声, 应有一定的区别。

（一）控制噪声源

降低声源噪声, 工业、交通运输业可以选用低噪声的生产设备和改进生产工艺, 或者改变噪声源的运动方式（如用阻尼等措施降低固体发声体的机械波）。

在建筑物中, 为了减小噪声而采取的措施主要是隔声和吸声。隔声就是将声源隔

离，防止声源产生的噪声向室内传播。在马路两旁种树，对两侧住宅就可以起到隔声作用。在建筑物中将多层密实材料用多孔材料分隔而做成的夹层结构，也会起到很好的隔声效果。为消除噪声，常用的吸声材料主要是多孔吸声材料，如玻璃棉、矿棉、膨胀珍珠岩、穿孔吸声板等。材料的吸声性能决定于它的摩擦力、柔性、多孔性等因素。另外，建筑物周围的草坪、树木等也都是很好的吸声材料，所以我们种植花草树木，不仅美化了我们生活和学习的环境，同时也防治了噪声对环境的污染。

（二）阻断噪声传播

在传噪声途径上降低噪声，控制噪声的传播，改变声源已经发出的噪声传播途径，如采用吸噪声、隔噪声屏障等措施，以及合理规划城市和建筑布局等。

（三）对受噪声者或受噪声器官采取防护措施

受噪声者或受噪声器官的噪声防护，在声源和传播途径上无法采取措施，或采取的声学措施仍不能达到预期效果时，就需要对受噪声者或受噪声器官采取防护措施，如长期职业性噪声暴露的工人可以戴耳塞、耳罩或头盔等护耳器。

四、噪声危害

噪声对人体的影响是多方面的。其首先表现在对人的听力的影响，同时也表现在对人体各器官的影响，强烈的噪声对物体也能产生损伤。

（一）噪声对人的听力的影响

人们在强烈的噪声环境中待上一段时间后，会感到耳朵里嗡嗡响，什么也听不清，出现听力下降。例如，人们进入织布车间然后再出来就有这种现象，这就是暂时性听阈偏移，也称作听觉疲劳。但如果长期（几十年）在这种强噪声环境下工作，听觉将不能恢复，且人耳内部将产生器质性病变，人耳器官受损失，暂时性听阈偏移变成了永久性听阈偏移，这就是噪声性听力损失或噪声性耳聋。由此可见，噪声性耳聋是强噪声长期作用于人耳造成的。目前国际上使用较多的听力损伤临界值是由 ISO 于 1964 年提供的，规定以 500 Hz、1 000 Hz、2 000 Hz 听力损失的平均值超过 25 dB 作为听力损失的起点。凡听力损失小于 25 dB 时均视作听力正常，超过 25 dB 时为轻度聋，听力损失 40～55 dB 时为中度聋. 听力损失 55～70 dB 时为显著聋，损失 70～90 dB 时为重度聋，损失 90 dB 以上时为极端聋。

（二）噪声对人体其他部分的影响

1. 对神经系统的影响

长期接触噪声的人往往会出现头痛、头晕、多梦、失眠、心慌、全身乏力、记忆力减退等症状，这就是神经衰弱。

有人曾调查接触 80～85 dB 噪声的车工和钳工，82～87 dB 噪声的镀工，95～99 dB 噪声的自动机床操作工。结果发现；随着噪声强度的不同，神经衰弱的症状亦有不同. 车工和钳工以头痛（占 15.6%）和睡眠不好（占 24.4%）为主，镀工和自动机床操作工除了头痛之外，还表现疲倦及易怒等症状。

2. 噪声对心血管系统的影响

强噪声可使人们心跳加快，心律不齐，血管痉挛，血压发生变化。

有人调查过 85~95 dB 高频噪声下工作的工人，发现高血压患者占 7.6%，低血压患者占 12.3%。还有人在噪声为 95~117 dB 的绳索厂对工人观察了 8 年，发现许多人有心血管系统功能改变和血压不稳的情况。当工人超过 40 岁以后，高血压患者的人数比同年龄组不接触噪声的工人高 2 倍多。高血压患者中还有少数人表现为合并冠状动脉损伤、血脂偏高、胆固醇过多等症状。

在电机厂接触高噪声的电机工人比对照组的高血压患者多 3 倍，低血压患者多 2 倍半，同时发现工龄短的年轻工人中低血压患者较多。

脉冲噪声比稳态噪声引起的血压变化要大得多，脉冲噪声环境中工作的工人；其舒张压明显降低，而收缩压则明显增高。

3. 噪声对视觉器官的影响

有人曾用 800 Hz 和 2 000 Hz 的噪声进行试验，发现视觉功能发生一定的改变，视网膜轴体细胞光受性降低。

蓝色光、绿色光使人的视野增大，金红色光使视野缩小。

噪声强度也影响视力清晰度.噪声强度越大，视力清晰度越差。如在 80 dB 噪声下工作后，经 1h 视力清晰度才恢复稳定；而在 70 dB 噪声下，工作后只需 20 min 就可恢复。长期接触强噪声，会损害视觉器官，并出现眼花、眼痛、视力减退等症状。

4. 噪声对消化系统的影响

噪声也会影响消化系统，使肠胃功能紊乱，产生食欲不振、恶心、肌无力、消瘦、体质减弱等症状。有调查表明，在被调查者中，1/3 的人胃酸度降低，个别人胃酸度增高；1/3 的人胃液分泌机能降低，少数人反而增高；半数以上的人胃排空机能减慢。

（三）噪声对人的工作、学习、休息、睡眠和谈话、通讯的干扰

毫无疑问，人们都有这样的经验，噪声会干扰人的工作、学习、睡眠、谈话等，在强噪声下，情况尤其如此。

嘈杂的强噪声使人讨厌、烦恼、精神不集中，影响工作效率，妨碍休息和睡眠。通常当噪声低于 50 dB 时，人们认为环境是安静的；当噪声级高到 80 dB 左右，就认为是比较吵闹了；若噪声级达到 100 dB 就会使人感到非常吵闹；当噪声达到 120 dB，就令人难以忍受了。除了噪声声级的高低外，噪声的频率特性和时间特性也会产生影响。一般而言，高频声比低频声对人的影响更大，非稳态声、脉冲声也比连续的稳态声对人的影响要大；对于同一噪声，对精细的工作如精密装配、刺绣、打字等比对一般性的工作影响大，对非熟练工人的影响比对熟练工人大。

睡眠时对安静的要求更高。噪声对睡眠的影响程度大致与噪声的声级成正比。40~50 dB 的噪声对一般人没有干扰，而突发的噪声的干扰当然更为严重，通常夜间睡眠时要求噪声的声级不超过 40 dB。

噪声对人的谈话的影响是广泛且显而易见的，这种影响是通过对人耳听力的影响实现的。噪声的声级较高时人的听力下降就听不清对方的谈话。这种影响在一般情况下并

不明显，但是在工作时，这种影响可能导致工作事故的发生。根据现场测试统计，一般谈话声级达 60 dB，提高嗓音时是 66 dB，大声说话可达 72 dB。如果环境噪声等于或小于这些数值，交谈就没有困难，但如果噪声高于这些数值时交谈就会受到干扰。电话通讯也是如此。当环境噪声低于 57 dB 时，打电话的质量就很好；噪声在 57~72 dB 时，通话质量较差；噪声在 72~78 dB 时，打电话感到很困难，在更高的噪声环境中，打电话就不可能了。

（四）强噪声的效应

强噪声对建筑物有破坏作用。当噪声强度达 140 dB 时，对建筑物的轻型结构开始有破坏作用；相当于 160~170 dB 的噪声能够使窗玻璃破裂。一般住宅的窗玻璃的固有频率为 30~40 Hz，在此频段，内部产生的压力最大，破坏效应也最强。

强噪声会影响精密仪表的正常工作。宇航器和喷气式飞机在开始发动后会处于 50~160 dB 的噪声环境中，这种噪声会使飞行器或喷气飞机上的仪器设备受到干扰、失效以至损坏。这里干扰是指仪器由于处在强噪声中而使内部电噪声增大以至不能正常工作。失效是指电子元器件或设备在高强度噪声作用下特性变坏不能工作，但强噪声消失后仪器又恢复正常。声破坏是指声场激发的振动传递到仪表上产生破裂，仪器不再正常工作。一般说来，噪声强度在 135~150 dB 时影响还不明显。

强噪声还会使飞行中的宇航器和喷气机上的金属薄板结构由于声致振动而产生疲劳，或引起栅钉松动。由于这种声疲劳断裂是突然发生的，所以一旦出现往往会引起灾难性事故。

第二节　声环境质量监测

一、声环境质量标准

《声环境质量标准》（GB 3096—2008）规定了 5 类声环境功能区的环境噪声限值及测量方法，适用于声环境质量评价与管理。

标准中规定了各类声环境功能区适应的环境噪声等效声级限制，见表 4-1。

表 4-1　环境噪声限值

单位：dB（A）

声环境功能区类别		0 类	1 类	2 类	3 类	4 类	
						4a 类	4b 类
时段	昼间	50	55	60	65	70	70
	夜间	40	45	50	55	55	60

各类标准的适用区域如下：

0 类声环境功能区适应于康复疗养区等特别需要安静的区域。

1 类声环境功能区适用于以居民住宅、医疗卫生、文化教育、科研设计、行政办公为主要功能，需要保持安静的区域。

2 类声环境功能区适用于商业金融、集市贸易为主要功能，或者居住、商业、工业混杂，需要维护住宅安静的区域。

3 类声环境功能区适用于工业生产、仓储物流为主要功能，需要防止工业噪声对周围环境产生严重影响的区域。

4 类声环境功能区适用于交通干线两侧一定距离之内，需要防止交通噪声对周围环境产生严重影响的区域，包括 4a 类和 4b 类两种类型。4a 类为高速公路、一级公路、二级公路、城市快速路、城市主干路、城市次干路、城市轨道交通（地面段）、内河航道两侧区域 4b 类为铁路干线两侧区域。

各类声环境功能区夜间突发性噪声，其最大声级超过环境噪声限值的幅度不得高于 15 dB（A）。

二、噪声监测仪器

常用的噪声监测仪器有声级计、声级频谱仪、噪声统计分析仪。

（一）声级计

声级计是最基本的噪声测量仪器，它是一种电子仪器，但又不同于电压表等客观电子仪表。在把声信号转换成电信号时，可以模拟人耳对声波反应速度的时间特性；有不同灵敏度的特性以及不同响度时改变特性的强度特性。声级计是一种主观性的电子仪器。

声级计主要由传声器、放大器、衰减器、计权网络、电表电路及电源等部分组成，如图 4-1 所示。

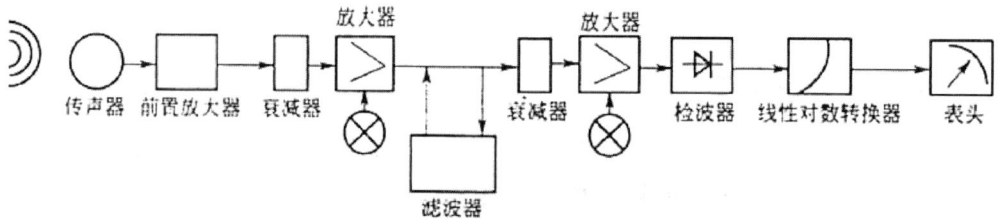

图 4-1　声级计结构与工作原理

1. 用途

根据声级计整机灵敏度区分，声级计分类有两类方法：一类是普通声级计，它对传声器要求不太高。动态范围和频响平直范围较狭，一般不配置带通滤波器相联用；另一类是精密声级计，其传声器要求频响宽，灵敏度高，长期稳定性好，且能与各种带通滤波器配合使用，放大器输出可直接和电平记录器、录音机相联接，可将噪声讯号显示或贮存起来。如将精密声级计的传声器取下，换以输入转换器并接加速度计就成为振动计可作振动测量。

按照国家标准 GB/T 3785.1—2010、IEC 61672—1：2013，声级计按照精度，分为

1级声级计和2级声级计，1级和2级声级计的技术指标有相同的设计目标，主要是最大允许误差、工作温度范围和频率范围不同，2级要求的最大允差大于1级。2级声级计的工作温度范围0～40 ℃，1级为-10～50 ℃。2级的频率范围一般为20 Hz～8 kHz，1级的频率范围为10 Hz～20 kHz。

声级计是噪声测量中最基本的仪器。声级计一般由电容式传声器、前置放大器、衰减器、放大器、频率计权网络以及有效值指示表头等组成。声级计的工作原理是：由传声器将声音转换成电信号，再由前置放大器变换阻抗，使传声器与衰减器匹配。放大器将输出信号加到计权网络，对信号进行频率计权（或外接滤波器），然后再经衰减器及放大器将信号放大到一定的幅值，送到有效值检波器（或外按电平记录仪），在指示表头上给出噪声声级的数值。

声级计中的频率计权网络有 A、B、C 三种标准计权网络。A 网络是模拟人耳对等响曲线中40方纯音的响应，它的曲线形状与340方的等响曲线相反，从而使电信号的高频段有较大的衰减。B 网络是模拟人耳对70方纯音的响应，它使电信号的高频段有一定的衰减。C 网络是模拟人耳对100方纯音的响应，在整个声频范围内有近乎平直的响应。声级计经过频率计权网络测得的声压级称为声级，根据所使用的计权网不同，分别称为 A 声级、B 声级和 C 声级。

但由于 A 计权所依据的等响曲线经过多次修正后发生了很大的变化，A 计权的地位也正逐渐下降。

2. 分类

测量噪声用的声级计，表头响应按灵敏度可分为四种：

（1）"慢"。表头时间常数为 1 000 ms，一般用于测量稳态噪声，测得的数值为有效值。

（2）"快"。表头时间常数为 125 ms，一般用于测量波动较大的不稳态噪声和交通运输噪声等。快档接近人耳对声音的反应。

（3）"脉冲或脉冲保持"。表针上升时间为 35 ms，用于测量持续时间较长的脉冲噪声，如冲床、按锤等，测得的数值为最大有效值。

（4）"峰值保持"。表针上升时间小于 20 ms. 用于测量持续时间很短的脉冲声，如枪、炮和爆炸声，测得的数值是峰值. 即最大值。

声级计可以外接滤波器和记录仪，对噪声做频谱分析。国产的 ND2 型精密声级计内装了一个倍频页程滤波器，便于携带到现场和作频谱分析。

声级计按精度可分为精密声级计和普通声级计。精密声级计的测量误差约为±1 dB，普通声级计约为±3 dB。声级计按用途可分为两类：一类用于测量稳态噪声，一类则用于测量不稳态噪声和脉冲噪声。

积分式声级计是用来测量一段时间内不稳态噪声的等效声级的。噪声剂量计也是一种积分式声级计，主要用来测量噪声暴露量。

脉冲式声级计是用于测量脉冲噪声的，这种声级计符合人耳对脉冲声的响应及人耳对脉冲声反应的平均时间。

声级计又叫噪声计，是一种用于测量声音的声压级或声级的仪器，是声学测量中最基本而又最常用的仪器，随着国民经济的发展和人们物质文化生活水平的提高，噪声普查和环境保护工作全面开展，机器制造行业已把噪声作为产品的重要质量指标之一，礼堂和体育馆等建筑物不仅仅要求造型美观，也追求音响效果，这些都使得声级计的应用越来越广泛。它不仅应用在声学和电声学测量中，而且已经广泛应用于机器制造、建筑设计、交通运输、环境保护、医疗卫生以及国防工程等各个领域，成为几乎所有部门都必须具备的声学测量仪器。

3. 工作原理

由传声器将声音转换成电信号，再由前置放大器变换阻抗，使传声器与衰减器匹配。放大器将输出信号加到计权网络，对信号进行频率计权（或外接滤波器），然后再经衰减器及放大器将信号放大到一定的幅值，送到有效值检波器（或外按电平记录仪），在指示表头上给出噪声声级的数值。

（1）传声器

传声器是把声压信号转变为电压信号的装置，也称之为话筒，它是声级计的传感器。常见的传声器有晶体式、驻极体式、动圈式和电容式数种。

①动圈式传声器由振动膜片、可动线圈、永久磁铁和变压器等组成。振动膜片受到声波压力以后开始振动，并带动着和它装在一起的可动线圈在磁场内振动以产生感应电流。该电流根据振动膜片受到声波压力的大小而变化。声压越大，产生的电流就越大，声压越小，产生的电流也越小。

②电容式传声器主要由金属膜片和靠得很近的金属电极组成，实质上是一个平板电容。金属膜片与金属电极构成了平板电容的两个极板，当膜片受到声压作用时，膜片便发生变形，使两个极板之间的距离发生了变化，于是改变了电容量，位测量电路中的电压也发生了变化，实现了将声压信号转变为电压信号的作用。电容式传声器是声学测量中比较理想的传声器，具有动态范围大、频率响应平直、灵敏度高和在一般测量环境下稳定性好等优点，因而应用广泛。由于电容式传声器输出阻抗很高，因而需要通过前置放大器进行阻抗变换，前置放大器装在声级计内部靠近安装电容式传声器的部位。

（2）放大器

一般采用两级放大器，即输入放大器和输出放大器，其作用是将微弱的电信号放大。输入衰减器和输出衰减器是用来改变输入信号的衰减量和输出信号衰减量的，以便使表头指针指在适当的位置。输入放大器使用的衰减器调节范围为测量低端，输出放大器使用的衰减器调节范围为测量高端。许多声级计的高低端以 70 dB 为界限。

（3）计权网络

把电信号修正为与听感近似值的网络，这种网络叫作计权网络。通过计权网络测得的声压级，已不再是客观物理量的声压级（叫线性声压级），而是经过听感修正的声压级，叫作计权声级或噪声级。

计权（又叫加权）参数是在对频响曲线进行了一些加权处理后测得的参数，以区别于平直频响状态下的不计权参数。例如信噪比，按照定义，我们在额定的信号电平下测出噪声电平（可以是功率，也可以是电压、电流），额定电平与噪声电平之比就是信噪比，如果是分贝值，则计算二者之差。这是不计权信噪比。不过，由于人耳对噪声的感知能力是不一样的，对 500 Hz 左右的中频感觉好，高频则差一些，因此不计权信噪比未必与人耳对噪声大小的主观感觉能很好的吻合。如何将测量值与主观听感统一起来呢？于是就有了均衡网络，或者叫加权网络，对高频加以适度的衰减，这样中频便更突出。把这种加权网络接在被测器材和测量仪器之间，于是器材中频噪声的影响就会被该网络"放大"，换言之，对听感影响最大的中频噪声被赋予了更高的权重，此时测得的信噪比就叫计权信噪比，它可以更真实地反映人的主观听感。根据所使用的计权网不同，分别称为 A 声级、B 声级和 C 声级。A 计权声级是模拟人耳对 55 dB 以下低强度噪声的频率特性，B 计权声级是模拟 55 dB 到 85 dB 的中等强度噪声的频率特性，C 计权声级是模拟高强度噪声的频率特性。三者的主要差别是对噪声高频成分的衰减程度，A 衰减最多，B 次之，C 最少。但由于 A 计权所依据的等响曲线经过多次修正后发生了很大的变化，A 计权的地位也正逐渐下降。

（4）检波器

检波器作用是把迅速变化的电压信号转变成变化较慢的直流电压信号。这个直流电压的大小要正比于输入信号的大小。根据测量的需要，检波器有峰值检波器、平均值检波器和均方根值检波器之分。峰值检波器能给出一定时间间隔中的最大值，平均值检波器能在一定时间间隔中测量其绝对平均值。脉冲声需要测量它的峰值外，在多数的噪声测量中均是采用均方根值检波器。均方根值检波器能对交流信号进行平方、平均和开方，得出电压的均方根值，最后将均方根电压信号输送到指示表头。

4. 正确使用

声级计使用正确与否，直接影响到测量结果的准确性。因此，有必要介绍一下声级计的使用。

（1）声级计使用环境的选择：选择有代表性的测试地点，声级计要离开地面，离开墙壁，以减少地面和墙壁的反射声的附加影响。

（2）天气条件要求在无雨无雪的时间，声级计应保持传声器膜片清洁，风力在三级以上必须加风罩（以避免风噪声干扰），五级以上大风应停止测量。

（3）打开声级计携带箱，取出声级计，套上传感器。

（1）将声级计置于测量状态，检测电池，然后校准声级计。

（2）对照表（一般常见的环境声级大小参考），调节测量的量程。

（3）下面就可以使用快（测量声压级变化较大的环境的瞬时值）、慢（测量声压级变化不大的环境中的平均值）、脉冲（测量脉冲声源）、滤波器（测量指定频段的声级）各种功能进行测量。

（4）根据需要记录数据，同时也可以连接打印机或者其它电脑终端进行自动采集。整理器材并放回指定地方。

5. 声级计保养

（1）保持仪器的外部清洁；

（2）传声器不用时应干燥保存；

（3）传声器膜片应保持清洁，不得用手触摸；

（4）仪器长期不用时，应每月通电 2 h，霉雨季节应每周通电 2 h；

（5）仪器使用完毕时应及时将电池取出；

（6）定期送计量部门检定。

声级计的工作原理（如图 4-1 所示）是声压由传声膜片接受后，将声压信号转换成电信号。由于表头指示范围一般只有 20 dB，而声音范围变化可高达 140 dB，甚至更高，所以，此信号经前置放大器作阻抗变换后，经输入衰减器衰减后的信号再由输入放大器进行定量放大，放大后的信号由计权网络进行计权。计权网络是模拟人耳对不同频率有不同灵敏度的听觉响应，在计权网络处可外接滤波器进行频谱分析。经计权后的信号由输出衰减器减到额定值，随即送到输出放大器放大，使信号达到相应的功率输出，输出信号经检波后送出有效电压，推动电表显示所测的声压级数值。

声级计按其用途可分为：一般声级计、车辆声级计、脉冲声级计、积分声级计和噪声计量计等。按其精度可分为四种类型：0 型声级计（精度为 ±0.4 dB），为标准声级计；I 型声级计（精度为 ±0.7 dB），为精密声级计；II 型声级计（精度为 ±1.0 dB）和 III 型声级计（精度为 ±1.5 dB），作为一般用途的普通声级计。按其体积大小可分便携式声级计和袖珍式声级计。国际标准化组织（ISO）及国际电工委员会（IEC）规定普通声级计的频率范围是 20~8 000 Hz。精密声级计的频率范围为 20~12 500 Hz。

声级计是噪声测量最基本最常用的仪器，适用于环境噪声、室内噪声、机器噪声、建筑噪声等各种噪声测量，常见的有 AWA5633A、PAS5633、TES—1352、PSJ—2 型。

积分声级计是一种直接显示某一测量时间内被测噪声等效连续声级的仪器，主要用于环境噪声和工厂噪声的测量。常见的产品有 AWA5610B、AWA5671、TES—1353、HS5618 型。

（二）声级频谱仪

频谱仪是测量噪声频谱的仪器，它的基本组成大致与声级计相似。但是在频谱分析仪中，设置了完整的计权网络（滤波器）。借助于滤波器的作用，可以将声频范围内的频率分成不同的频带进行测量。例如做倍频程划分时，若将滤波器置于中心频率 500 Hz，通过频谱分析仪的则是 335~710 Hz 的噪声，其他频率就不能通过，因此在频谱分析仪上所显示的就是频率为 335~710 Hz 噪声的声压级，其他类推。由于频谱分析仪能分别测量噪声中所包含的各种频带的声压级，因此它是进行噪声频谱分析不可缺少的仪器。一般情况下，进行频谱分析时，都采用倍频程划分频带。如果对噪声要进行更详细的频谱分析，就要用窄频带分析仪，例如用 1/3 频程划分频带。在没有专用的频谱分析仪时，也可以把适当的滤波器接在声级计上进行频谱测定。

（三）噪声统计分析仪

噪声统计分析仪是用来测量噪声级的统计分布，并直接指示累计百分声级的一种测量仪器。一般来说，噪声统计分析仪均可测量声压级、A 计权声级、累计百分声级 LN、等效声级 L 旳标准偏差、概率分布和累积分布。与声级计相比，噪声统计分析仪的显著优点是取样和数据处理的自动化，提高了测量的精度。常见的产品有 AWA6218A、AWA6218B 型等。

三、测量仪器校准与使用

声校准器是一种能在一个或多个规定频率上，产生一个或多个已知声压级的装置。声校准器有两个主要用途：测量传声器的声压灵敏度；检查或调节声学测量装置或系统的总灵敏度。

在《电声学声校准器》（GB/T15173—2010）中，将声校准器的准确度等级分为 Ls 级、1 级、2 级。Ls 级声校准器一般只在实验室中使用，1 级和 2 级声校准器为现场使用用。按照工作原理. 声校准器主要有活塞发声器和声级校准器两种。

活塞发声器是一种由电动机转动带动活塞在空腔内往复移动，从而改变空腔的压力，产生声音的仪器，见图 4-2。由于活塞的表面积、活塞行程和空腔容积（活塞在中间位置时）都保持不变，因此产生的声压非常稳定。在频率为 250 Hz、声压级为 124 dB 时，其准确度能达到 0.2 dB，通常能满足 1 级声校准器的要求，有的还可作为 Ls 级声校准器。活塞发声器的最大缺点是其声压级受大气压影响很大，如在高原地区的西藏拉萨市（海拔 3 600 m），活塞发生器产生的声压级比在平原地区低 3 dB 左右，需要进行大气压修正，才能达到规定等级要求。另外，活塞发声器失真也较大，而且工作频率只能到 250 Hz。

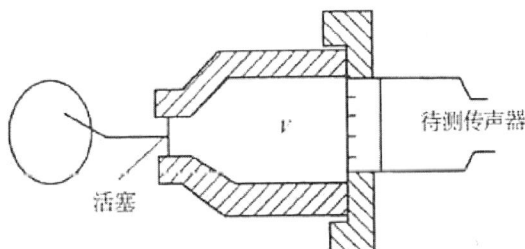

图 4-2 活塞发声器原理

声级校准器的发声方法是采用压电陶瓷片的弯曲振动，后面耦合一个亥姆霍兹共鸣器发声，见图 4-3。大多数声级校准器的声源为 94 dB（1 000 Hz）和 114 dB（250 Hz）。其优点有：由于参考传声器的灵敏度不随大气压变化而变化，因此该声校准器产生的声压级不需要进行大气压修正；校准时传声器与耦合腔配合不必非常紧密，而且可以校准不同等效容积的传声器。

测量仪器和校准仪器应定期检定合格，并在有效使用期限内使用；每次测量前、后必须在测量现场进行声学校准. 其前、后校准示值偏差不得大于 0.5 dB，否则测量结果无效。

四、监测点位布设方法

根据监测对象和目的，可选择以下三种测点条件（至传声器所置位置）进行环境噪声的测量。

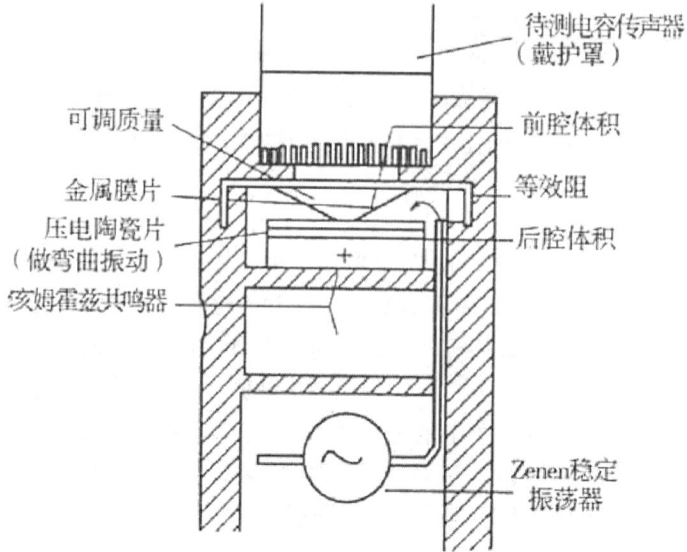

图 4-3　声校准器结构

（一）一般户外

距离任何反射物（地面除外）至少 3.5 m 外测量，距离地面高度 1.2 m 以上。必要时可置于高层建筑上，以扩大监测受声范围。使用监测车辆测量，传声器应固定在车顶部 1.2 m 高度处。

（二）噪声敏感建筑物户外

在噪声敏感建筑物外，距墙壁或窗户 Im 处，距地面高度 1.2 m 以上。

（三）噪声敏感建筑物室内

距离墙面和其他反射面至少 1 m，距窗约 1.5 m 处. 距地面 1.2~1.5 m 高。

五、监测与评价方法

监测应在无雨雪、无雷电天气，风速 5 m/s 以下时进行。

根据监测对象和目的，环境噪声监测分为声环境功能区监测和噪声敏感建筑物监测两种类型。

（一）声环境功能区监测与评价

声环境功能区监测可分为定点监测法和普查监测法。

1. 定点监测法

（1）监测要求。选择能反映各类功能区声环境质量特征的监测点 1 至若干个，进行长期定点监测，每次测量的位置、高度应保持不变。

对于 0、1、2、3 类声环境功能区，该监测点应为户外长期稳定、距地面高度为声场空间垂直分布的可能最大值处，其位置应能避开反射面和附近的固定噪声源；4 类声环境功能区监测点设于 4 类区内第一排噪声敏感建筑物户外交通噪声空间垂直分布的可能最大值处。

声环境功能区监测每次至少进行一昼夜 24 h 的连续监测，得出每小时及昼间、夜间的等效声级 L_{ep}、L_d、L_n 和最大声级 L_{max}。用于噪声分析目的，可适当增加监测项目，如累积百分声级 L_{10}、L_{50}、L_{90} 等。监测应避开节假日和非正常工作日。

（2）监测结果评价. 各监测点位监测结果独立评价，以昼间等效声级 L_d 和夜间等效声级 L_n 作为评价各监测点位声环境质量是否达标的基本依据。

一个功能区设有多个测点的，应按点次分别统计昼间、夜间的达标率。

2. 普查监测法

（1）对 0~3 类声环境功能区普查监测

①监测要求。将要普查监测的某一声环境功能区划分成多个等大的正方格，网格要完全覆盖住被普查的区域，且有效网格总数应多于 100 个。测点应设在每一个网格的中心，测点条件为一般户外条件。监测分别在昼间工作时间和夜间 22：00~24：00（时间不足可顺延）进行。在前述监测时间内，每次每个测点测量 10 min 的等效声级 L_{rp}，同时记录噪声主要来源。监测应避开节假日和非正常工作日。②监测结果评价。将全部网格中心测点测量 10 min 的等效声级 L_{rp} 做算术平均运算，所得到的平均值代表某一声环境功能区的总体环境噪声水平，并计算标准偏差。根据每个网格中心的噪声值及对应的网格面积，统计不同噪声影响水平下面积百分比，以及昼间、夜间的达标面积比例。有条件的可估算受影响人口。

（2）对 4 类声环境功能区普查监测

①监测要求。以自然路段、站场、河段等为基础，考虑交通运行特征和两侧噪声敏感建筑物分布情况，划分典型路段（包括河段）。在每个典型路段对应的 4 类区边界上（指 4 类区内无噪声敏感建筑物存在时）或第一排噪声敏感建筑物户外（指 4 类区内有敏感建筑物存在时）选择 1 个测点进行噪声监测。这些测点应与站、场、码头、岔路口、河流汇入口等相隔一定的距离，避开这些地点的噪声干扰。

监测分昼、夜两个时段进行。分别测量如下规定时间内的等效声级 L 和交通流量，对铁路、城市轨道交通线路（地面段），应同时测量最大声级 L_{max}，对道路交通噪声应同时测量累积百分声级 L_{10}、L_{50}、L_{90}。

根据交通类型的差异，规定的测量时间如下。铁路、城市轨道交通（地面段）、内河航道两侧：昼、夜间各测量不低于平均运行密度的 1h 值，若城市轨道交通（地面段）的运行车次密集，测量时间可缩短至 20 min。高速公路、一级公路、二级公路、城市快速路、城市主干路、城市次干路两侧：昼、夜间各测量不低于平均运行密度的 20 min 值。监测应避开节假日和非正常工作日。

②监测结果评价。将某条交通干线各典型路段测得的噪声值，按路段长度进行加权算术平均，以此得出某条交通干线两侧 4 类声环境功能区的环境噪声平均值。也可以对某一区域内的所有铁路、确定为交通干线的道路、城市轨道交通（地面段）、内河航道按前述方法进行长度加权统计，得出针对某一区域某一交通类型的环境噪声平均值。

根据每个典型路段的噪声值及对应的路段长度，统计不同噪声影响水平下的路段百分比，以及昼间、夜间的达标路段比例。有条件的可估算受影响人口。对某条交通干线或某一区域某一交通类型采取抽样测量的，应统计抽样路段比例。

（二）噪声敏感建筑物监测与评价

1. 监测要求

监测点一般设于噪声敏感建筑物户外。不得不在噪声敏感建筑物室内监测时，应在门窗全打开状况下进行室内噪声监测，并采用较该噪声敏感建筑物所在声环境功能区对应环境噪声限值低 10 dB（A）的值作为评价依据。

对敏感建筑物的环境噪声监测应在周围环境噪声源正常工作条件下测量，视噪声源的运行工况，分昼、夜两个时段连续进行。根据环境噪声源的特征，可优化测量时间。

（1）受固定噪声源的噪声影响。稳态噪声测量 1 min 的等效声级 L_{ep} 非稳态噪声测量整个正常工作时间（或代表性时段）的等效声级 L_{ep}。

（2）受交通噪声源的噪声影响。对于铁路、城市轨道交通（地面段）、内河航道，昼、夜各测量不低于平均运行密度的 1h 等效声级 L，q，若城市轨道交通（地面段）的运行车次密集，测量时间可缩短至 20 min；对于道路交通，昼、夜各测量不低于平均运行密度的 20 min 等效声级

（3）受突发噪声的影响。以上监测对象夜间存在突发噪声的，应同时监测测量时段内的最大声级心睡。

2. 监测结果评价

以昼间、夜间环境噪声源正常工作时段的 L_{ep} 和夜间突发噪声 L_{max} 哑作为评价噪声敏感建筑物户外（或室内）环境噪声水平是否符合所处声环境功能区的环境质量要求的依据。

第五章　土壤质量监测

　　土壤是自然环境的重要组成部分，是人类生存的基础和活动的场所。然而由于一些地方所进行的不合理生产、生活活动，不仅造成了土壤的污染，还严重影响到人们的生活和健康。土壤污染问题越来越受到人们的关注。土壤污染监测即是指对土壤各种金属、有机污染物、农药与病原菌的来源、污染水平及积累、转移或降解途径进行的监测活动。

　　土壤是指陆地地表具有肥力并能生长植物的疏松表层。它介于大气圈、岩石圈、水圈和生物圈之间，是环境中特有的组成部分。土壤是人类环境的重要组成部分，它同人类的生产、生活有密切的联系。人类的产生、生活活动造成了土壤的污染，污染的结果又影响到人类的健康。由于污染物可以在大气、水体、土壤各部分进行迁移转化运动，所以不论哪一部分受到污染都必然影响到整个环境。因此，土壤污染监测是环境监测不可缺少的重要内容。

第一节　土壤监测方案的制定

　　土壤污染监测方案的制定和水环境质量监测方案、大气环境质量监测方案的流程相近，首先根据监测目的进行基础资料的调查与收集、在综合分析的基础上确定监测项目，合理布设采样点，确定采样频率和采样时间，选择合适的监测方法，全程实行质量控制监督，提出监测数据处理要求。

一、确定监测目的

（一）调查土壤环境污染状况

　　主要目的是根据《土壤环境质量标准》（Ⅰ、Ⅱ、Ⅲ类土壤分别执行一、二、三级标准），判断土壤是否被污染或污染的程度，并预测其发展变化的趋势。

（二）调查区域土壤环境背景值

　　通过长期分析测定土壤中某种元素的含量，确定这些元素的背景值水平和变化，为保护土壤生态环境、合理施用微量元素及地方病的探讨和防治提供依据。

（三）调查土壤污染事故

　　污染事故会使土壤结构和性质发生变化，也会对农作物产生伤害，分析主要污染物种类、污染程度、污染范围等信息，为相关部门采取对策提供科学依据。

（四）土壤环境科学研究

通过土壤相关指标的测定，为污染土壤环境修复、污水土地处理等科研工作提供基础数据。

二、调研收集资料

土壤污染源调查一般包括工业污染源、生活污染源、农业污染源和交通污染源。

工业污染源调查的内容主要包括企业概况，工艺调查，能源、水源、原辅材料情况．生产布局调查，污染物治理调查，污染物排放情况调查，污染危害调查，发展规划调查等几个方面。

生活污染源主要指住宅、学校、医院、商业及其他公共设施，它排放的主要污染物包括污水、粪便、垃圾、污泥、废气等。生活污染源调查的内容主要包括城市居民人口调查．城市居民用水和排水调查，民用燃料调查，城市垃圾及处置方法调查等。

农业常常是环境污染的主要受害者，同时，由于农业活动中施用农药、化肥，如果使用不合理也会产生环境污染。农业污染源调查一般包括农药使用情况调查，化肥使用情况调查，农业废弃物调查，农业机械使用情况调查等。

交通污染源主要是指公路、铁路等运输工具。其造成土壤污染的原因有：运输有毒有害物质的泄漏、汽油柴油等燃料燃烧时排出的废气。其一般调查运输工具的种类、数量、用油量、排气量、燃油构成、排放浓度等。

在进行一个地区的污染源调查或某一单项污染源调查时，都应同时进行自然环境背景调查和社会环境背景调查。根据调查的目的不同、项目不同，调查内容可以有所侧重。自然背景调查包括地质、地貌、气象、水文、土壤、生物；社会背景调查包括居民区、水源区、风景区、名胜古迹、工业区、农业区、林业区。

三、确定监测项目

环境是个整体，无论污染物进入哪一个部分都会造成对整个环境的影响。因此，土壤监测必须与大气、水体和生物监测相结合才能全面客观地反映实际。确定土壤中优先监测物的依据是国际学术联合会环境问题科学委员会（SCOPE）提出的《世界环境监测系统》草案，该草案规定：空气、水源、土壤以及生物界中的物质都应与人群健康联系起来。土壤中优先监测物有以下两类。

第一类：汞、铅、镉、DDT 及其代谢产物与分解产物，多氯联苯。

第二类：石油产品。DDT 以外的长效性有机氯、四氯化碳、醋酸衍生物、氯化脂肪族砷、锌、硒、铬、镍、锰、锐，有机磷化合物及其他活性物质（抗生素、激素、致畸性物质、催畸性物质和诱变物质）等。

我国土壤常规监测项目如下：

金属化合物：镉（Cd）、铬（Cr）、铜（Cu）、汞（Hg）、铅（Pb）、锌（Zn）。

非金属化合物：砷（As）、氰化物、氟化物、硫化物等。

有机无机化合物：苯并[a]芘、三氯乙醛、油类、挥发酚、DDT、六六六等。

四、布点

土壤是固、液、气三相的混合物，主体是固体，污染物质进入土壤后不易混合，所以样品往往有很大的局限性。在一般的土壤监测中，采样误差对结果的影响往往大于分析误差。所以，在进行土壤样品采集时，要格外注意样品的合理代表性，最好能在采样前通过一定的调查研究，选择出一定量的采样单元，合理布设采样点。

（一）布点原则

（1）不同土壤类型都要布点。

（2）污染较重的地区布点要密些，常根据土壤污染发生原因来考虑布点多少。

（3）对大气污染物引起的土壤污染，采样点布设应以污染源为中心，并根据当地风向、风速及污染强度等因素来确定；由城市污水或被污染的河水灌溉农田引起的土壤污染，采样点应根据水流的路径和距离来考虑；如果是由化肥、农药引起的土壤污染，它的特点是分布比较均匀、广泛。

（4）要在非污染区的同类土壤中布设一个或几个对照采样点。

总之，采样点的布设既应尽量照顾到土壤的全面情况，又要视污染情况和监测目的而定，尽可能做到与土壤生长作物监测同步进行布点、采样、监测，以利于对比和分析。

（二）布点方法

采样地点的选择应具有代表性。因为土壤本身在空间分布上具有一定的不均匀性，故应多点采样、均匀混合，以使所采样品具有代表性。采样地如面积不大，在 2~3 亩以内，可在不同方位选择 5~10 个有代表性的采样点。如果面积较大，采样点可酌情增加。采样点的布设应尽量照顾土壤的全面情况，不可太集中。下面介绍几种常用采样布点方法，如图 5-1 所示。

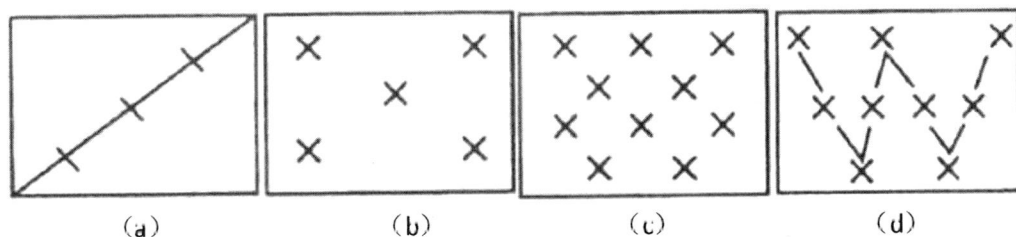

（a）　　　　　　（b）　　　　　　（c）　　　　　　（d）

图 5-1　土壤米样布点法

（1）对角线布点法如图 5-1（a）所示，该法适用于面积小、地势平坦的受污水灌溉的田块。布点方法是由田块进水口向对角线引一条斜线，将此对角线三等分，等分点作为采样点。但由于地形等其他情况，也可适当增加采样点。

（2）梅花形布点法如图 5-1（b）所示，该法适用于面积较小、地势平坦、土壤较均匀的田块，中心点设在两对角线相交处，一般设 5~10 个采样点。

（3）棋盘式布点法如图 5-1（c）所示，适宜于中等面积、地势平坦、地形开阔、但土壤较不均匀的田块，一般设 10 个以上采样点。此法也适用于受固体废物污染的土壤，因为固体废物分布不均匀，应设 20 个以上采样点。

（4）蛇形布点法如图 5-1（d）所示，这种布点方法适用于面积较大、地势不很平坦、土壤不够均匀的田块。布设采样点数目较多。

五、样品的采集与制备

Fe^{2+}、NH_4^+—N、NO_3^-—N、S^{2-}、挥发酚等易变成分需用鲜样，样品采集后直接用于分析。大多数成分测定需要用风干或烘干样品，干燥后的样品容易混合均匀，分析结果的重复性、准确性都比较好。

六、分析测试土壤样品

土壤中污染物质种类繁多，不同污染物在不同土壤中的样品处理方法及测定方法各异。同时要根据不同监测要求和监测目的，选定样品处理方法。

仲裁监测必须选定《土壤环境质量标准》中选配的分析方法规定的样品处理方法，其他类型的监测优先使用国家土壤测定标准，如果是《土壤环境质量标准》中没有的项目或国家土壤测定方法标准暂缺项目则可使用等效测定方法中的样品处理方法，见表5-2、表5-3。

表5-2　土壤常规监测项目及分析方法

监测项目	监测仪器	监测方法	方法来源
镉	原子吸收光谱仪	石墨炉原子吸收分光光度法	GB/T17141
	原子吸收光谱仪	K1-MIBK 萃取原子吸收分光光度法	GB/T17140
汞	测汞仪	冷原子吸收法	GB/T17136
砷	分光光度计	二乙基二硫代氨基甲酸银分光光度法	GB/T17134
	分光光度计	硼氢化钾—硝酸银分光光度法	GB/T17135
铜	原子吸收光谱仪	火焰原子吸收分光光度法	GB/T17138
铅	原子吸收光谱仪	石墨炉原子吸收分光光度法	GB/T17141
	原子吸收光谱仪	KI—MIBK 萃取原子吸收分光光度法	GB/T17140
铬	原子吸收光谱仪	火焰原子吸收分光光度法	GB/T17137
锌	原子吸收光谱仪	火焰原子吸收分光光度法	GB/T17138
镍	原子吸收光谱仪	火焰原子吸收分光光度法	GB/T17139
六六六、滴滴涕	气相色谱仪	电子捕获气相色谱法	GB/T14550
六种多环芳烃	液相色谱仪	高效液相色谱法	GB13198
稀土总量	分光光度计	对马尿酸偶氮氯膦分光光度法	GB6262
pH	pH 计	森林土壤 pH 测定	GB7859
阳离子交换量	滴定仪	乙酸铵法	①

表 5-3　土壤监测项目与分析方法

监测项目	推荐方法	等效方法
砷	COL	HG—AAS、HG—AFS、XRF
镉	GF-AAS	POI—ICP—MS
钴	AAS	GF-AAS、ICP-AES、ICP-MS
铬	AAS	GF-AAS、ICP-AES、XPF、1CP-MS
铜	AAS	GF-AAS、ICP-AES、XPF、1CP-MS
氟	ISE	
汞	HG-AAS	HG-AFS
锰	AAS	ICP-AES、INAA、ICP-MS
镍	AAS	GF-AAS、XRF、ICP-AES、ICP-MS
铅	GF-AAS	ICP-MS、XRF
监测项目	推荐方法	等效方法
硒	HG-AAS	HG-AFS、DAN 荧光、GC
钒	COI	ICP-AES、XRF、INAA、ICP-MS
锌	AAS	ICP-AES、XRF、INAA、ICP-MS
硫	COL	ICP-AES、ICP-MS
pH	ISE	
有机质	VOL	
PCB、PAH	LC、GC	
阳离子交换量	VOL	
VOC	GC、GC—MS	
SVOC	GC、GC—MS	
除草剂和杀虫剂类	GC、GC—MS、IC	
POP	GC、GC—MS、LC、LC—MS	

注：ICP-AES-等离子发射光谱；XRF—X 荧光光谱分析；AAS 一火焰原子吸收；GF-AAS-石墨炉原子吸收；HG-AAS—氢化物发生原子吸收法；HG-AFS—氢化物发生原子荧光法；POL-催化极谱法；ISE-选择性离子电极；VOL-容量法；INAA—中子活化分析法；GC—气相色谱法；LC 一液相色谱法；GC-MS—气相色谱一质谱联用法；COL—分光比色法 UCP-MS-液相色谱一质谱联用法；ICP-MS-等离子体质谱联用法。

一般区域背景值调查和《土壤环境质量标准》中重金属测定的是全量（除特殊说明，如六价铬），其测定土壤中金属全量的方法见相应的分析方法。

七、数据处理

土壤中污染项目的测定，属痕量分析和超痕量分析，尤其是土壤环境的特殊性，所以更须注意监测结果的准确性。

土壤分析结果以 mg/kg（烘干土）表示。平行样的测定结果用平均数表示，一组测定数据用 Dixon 法、Grubbs 法检验剔除离群值后以平均值报出；低于分析方法检出限的测定结果以"未检出"报出，参加统计时按二分之一最低检出限计算。

土壤样品测定一般保留三位有效数字，含量较低的镉和汞保留两位有效数字，并注明检出限数值。分析结果的精密度数据，一般只取一位有效数字，当测定数据很多时，可取两位有效数字。表示分析结果的有效数字的位数不可超过方法检出限的最低位数。

八、质量控制

执行《全国土壤污染状况调查质量保证技术规范》和《土壤环境监测技术规范》（HJ/T 166—2004），质量保证和质量控制的目的是为了保证所产生的土壤环境质量监测资料具有代表性、准确性、精密性、可比性和完整性，质量控制涉及监测的全部过程。

每批样品每个项目分析时均须做20%平行样品，当5个样品以下时，平行样不少于1个。平行双样测试结果的误差在允许误差范围之内者为合格，见表5-4。

表5-4   土壤监测平行双样测定值的精密度和准确度允许误差

监测项目	样品含量 范围 /（mg/kg）	精密度		准确度			适用的分析 方法
		室内相对标准偏差/%	室间相对标准偏差/%	加标回收率/%	室内相对误差/%	％室间相对误差/%	
镉	<0.1	±35	±40	75~110	±35	±40	原子吸收光谱法
	0.1~0.4	±30	±35	85~110	±30	±35	
	>0.4	+25	±30	90~105	±25	±30	
汞	<0.1	±35	±40	75~110	±35	±40	冷原子吸收法原子荧光法
	0.1~0.4	±30	±35	85~110	±30	±35	
	>0.4	±25	±30	90~105	±25	±30	
砷	<10	±20	±30	85~105	±20	±30	原子荧光法分光光度法
	10~20	±15	±25	90~105	±15	±25	
	>20	±15	±20	90~105	±15	±20	
铜	<20	±20	±30	85~105	±20	±30	原子吸收光谱法
	20~30	±15	±25	90~105	±15	±25	
	>30	±15	±20	90~105	±15	±20	
铅	<20	±30	±35	80~110	±30	±35	原子吸收光谱法
	20~40	±25	±30	85~110	±25	±30	
	>40	±20	±25	90~105	±20	±25	

续表

监测项目	样品含量	精密度		准确度			适用的分析方法
	范围/（mg/kg）	室内相对标准偏差/%	室间相对标准偏差/%	加标回收率/%	室内相对误差/%	%室间相对误差/%	
铬	<50	±25	±30	85~110	±25	±30	原子吸收光谱法
	50~90	±20	+30	85~110	±20	±30	
	>90	±15	±25	90~105	±15	±25	
锌	<50	±25	±30	85~110	±25	±30	原子吸收光谱法
	50~90	±20	±30	85~110	±20	±30	
	>90	±15	±25	90~105	±15	±25	
镍	<20	±30	±35	85~110	±30	±35	原子吸收光谱法
	20~40	±25	±30	85~110	±25	±30	
	>40	±20	±25	90~105	±20	±25	

第二节　样品的采集与制备

　　土壤样品的采集和制备是土壤分析工作的一个重要环节，采集有代表性的样品，是测定结果能如实反映土壤环境状况的先决条件。实验室工作者只能对来样的分析结果负责，如果送来的样品不符合要求，那么任何精密仪器和熟练的分析技术都将毫无意义。因此，分析结果能否说明问题，关键在于样品的采集和处理。

一、土壤样品的采集

（一）收集基础资料

　　为了使采集的样品具有代表性，首先必须对监测的地区进行调查，收集以下基础资料：

　　（1）监测区域的交通图、土壤图、地质图、大比例尺地形图等资料，供制作采样工作图和标注采样点位用；

　　（2）监测区域土类、成土母质等土壤信息资料；

　　（3）土壤历史资料；

　　（4）监测区域工农业生产及排污、污灌、化肥农药施用情况资料；

　　（5）收集监测区域气候资料（温度、降水量和蒸发量）、水文资料。

（二）布设采样点

　　大气污染型土壤监测单元和固体废物堆污染型土壤监测单元以污染源为中心放射状布点，在主导风向和地表水的径流方向适当增加采样点；灌溉水污染监测单元、农用固体废物污染型土壤监测单元和农用化学物质污染型土壤监测单元采用均匀布点；灌溉水污染监测单元采用按水流方向带状布点，采样点自纳污口起逐渐由密变疏；综合污染型土壤监测单元布点采用综合放射状、均匀、带状布点法。由于土壤本身在空间分布上具有一定的不均匀性，所以应多点采样并均匀混合成为具有代表性的土壤样品；根据采样现场的实际情况选择合适的布点方法。

（三）准备采样器具

（1）工具类：铁锹、铁铲、圆状取土钻、螺旋取土钻、竹片以及适合特殊采样要求的工具等；

（2）器材类：罗盘、相机、卷尺、铝盒、样品袋、样品箱等；

（3）文具类：样品标签、采样记录表、铅笔、资料夹等；

（4）安全防护用品：工作服、工作鞋、安全帽、药品箱等；

（5）采样用车辆。

（四）确定采样频率

监测项目分常规项目、特定项目和选测项目。常规项目是指《土壤环境质量标准》中所要求控制的污染物。特定项目是指《土壤环境质量标准》中未要求控制的污染物，但根据当地环境污染状况，确认在土壤中积累较多、对环境危害较大、影响范围广、毒性较强的污染物，或者污染事故对土壤环境造成严重不良影响的物质，具体项目由各地自行确定。选测项目一般包括新纳入的在土壤中积累较少的污染物、由于环境污染导致土壤性状发生改变的土壤性状指标以及生态环境指标等。

土壤监测项目与监测频次见表5-5，常规项目可按实际情况适当降低监测频次，但不可低于5年一次，选测项目可按当地实际情况适当提高监测频次。

表5-5　土壤监测项目与监测频次

项目类别		监测项目		监测频次
常规项目	基本项目	pH、阳离子交换量		每3年一次。农田在夏收或秋收后采样
	重点项目	镉、铬、汞、砷、铅、铜、锌、镍、六六六、滴滴涕		
特定项目（污染事故）	特征项目	及时采样，根据污染物变化趋势决定监测频次	影响产量项目	全盐量、硼、氟、氮、磷、钾等
	污水灌溉项目	氰化物、六价铬、挥发酚、烷基汞、苯并［a］芘、有机质、硫化物、石油类等		
选测项目	POP与高毒类农药	苯、挥发性卤代烃、有机磷农药、PCB、PAH等	每3年监测一次，农田在夏收或秋收后采样	
	其他项目	结合态铝（酸雨区）、硒、钒、氧化稀土总量、钼、铁、锰、镁钙、钠、铝、硅、放射性比活度等		

（五）确定采样类型及采样深度

1. 土壤样品的类型

（1）混合样。一般了解土壤污染状况时采集混合样品。将一个采样单元内各采样分点采集的土样混合均匀制成。对种植一般农作物的耕地，只需采集 0～20 cm 耕作层土壤；对于种植果林类农作物的耕地，应采集 0～60 cm 耕作层土壤。

（2）剖面样品。特定的调查研究监测需了解污染物在土壤中的垂直分布时，需采集剖面样品，按土壤剖面层次分层采样。

2. 采样深度

采样深度视监测目的而定。一般监测采集表层土，采样深度为 0～20 cm。如果需了解土壤污染深度，则应按土壤剖面层次分层采样。土壤剖面是指地面向下的垂直土体的切面。典型的自然土壤剖面分为 A 层（表层，淋溶层）、B 层（亚层，沉积层）、C 层（风化母岩层，母质层）和底岩层，如图 5-2 所示。地下水位较高时，剖面挖至地下水出露时为止；山地丘陵土层较薄时，剖面挖至风化层。

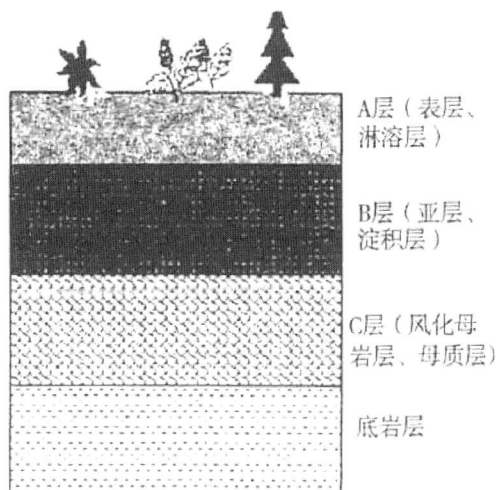

图 5-2　土壤剖面土层示意图

采样土壤剖面样品时，剖面的规格一般为长 1.5 m、宽 0.8 m、深 1～1.5 m，一般要求达到母质或潜水处即可，如图 5-3 所示。将朝阳的一面挖成垂直的坑壁，而与之相对的坑壁挖成每阶为 30～50 cm 的阶梯状，以便上下操作，表土和底土分两侧放置。根据土壤剖面颜色、结构、质地、松紧度、植物根系分布等划分土层，并进行仔细观察，将剖面形态、特征自上而下逐一记录。随后在各层最典型的中部自下而上逐层采样，先采剖面的底层样品，再采中层样品，最后采上层样品。在各层内分别用小土铲切取一片片土壤样，每个采样点的取土深度和取样量应一致。根据监测目的和要求可获得分层试样或混合样，用于重金属分析的样品，应将与金属采样器接触部分的土样弃去。对 B 层发育不完整（不发育）的山地土壤。只采 A、C 两层。

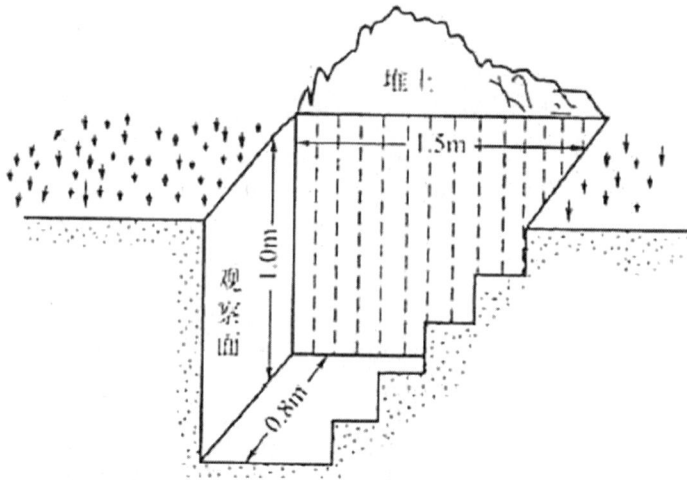

图5-3 土壤剖面挖掘示意图

（六）确定采样方法

采样方法主要有采样筒取样、土钻取样、挖坑取样。

（七）确定采样量

具体需要多少土壤数量视分析测定项目而定，一般要求 1kg 左右。对多点均量混合的样品可反复按四分法弃取，最后留下所需的土量．装入塑料袋或布袋中。

（八）采样注意事项

（1）采样点不能设在田边、沟边、路边或肥堆边。

（2）将现场采样点的具体情况，如土壤剖面形态特征等做详细记录，见表5-6。

（3）采样的同时，由专人填写样品标签。标签一式两份（见表5-7），一份放入袋中，一份系在袋口，标签上标注采样时间、地点、样品编号、监测项目、采样深度和经纬度。采样结束，需逐项检查采样记录、样袋标签和土壤样品，如有缺项和错误，及时补齐更正。将底土和表土按原层回填到采样坑中，方可离开现场，并在采样示意图上标出采样地点，避免下次在相同处采集剖面样。

表5-6 土壤现场记录表

采用地点			东经		北纬	
样品编号			采样日期			
样品类别			采样人员			
采样层次			采样深度/cm			
样品描述	土壤颜色		植物根系			
	土壤质地		沙砾含量			
	土壤湿度		其他异物			
采样点示意图			自下而上植被描述			

表 5-7　土壤样品标签样式

样品编号：	
采用地点：	
东经北纬：	
采样层次：	
特征描述：	
采样深度：	
监测项目：	
采样日期：	
采样人员：	

（九）样品编码

全国土壤环境质量例行监测土样编码方法采用 12 位码，具体编码方法和各位编码的含义如图 5-4 所示。

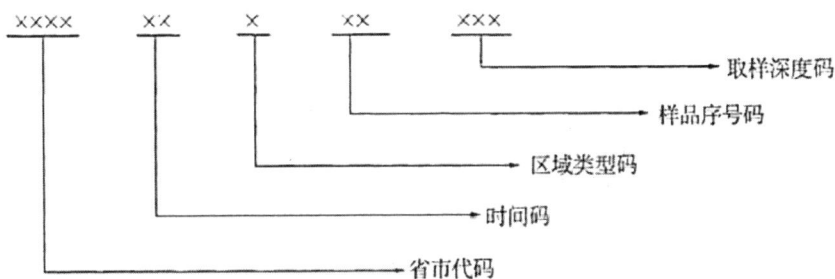

图 5-4　样品编码示意图

说明如下。

第 1~4 位数字：代表省市代码，其中省 2 位，市 2 位。

第 5~6 位数字：代表取样时间，取年份的后两位数计。

第 7 位数字：代表取样点位布设的重点区域类型，以一位数计，本次取数值 1。1 代表粮食生产基地；2 代表菜篮子种植基地；3 代表大中型企业周边和废弃地；4 代表重要饮用水源地周边；5 代表规模化养殖场周边及污水灌溉区等重要敏感区域。

第 8~9 位数字：代表样品序号，连续排列。以两位数计，不足两位的在前面加零补足两位。

第 10~12 位数字：代表取样深度，以三位数计，不足三位的在前面加零补足三位。

二、样品的制备

（一）制样工具及容器

（1）白色搪瓷盘。

（2）木槌、木滚、有机玻璃板（硬质木板）、无色聚乙烯薄膜。

（3）玛瑙研钵、白色瓷研钵。

（4）20目、60目、100目尼龙筛。

（二）风干

除测定游离挥发酚、铵态氮、硝态氮、低价铁等不稳定项目需要新鲜土样外，多数项目需用风干土样。

土壤样品一般采取自然阴干的方法。将土样放置于风干盘中. 摊成2~3 cm的薄层，适时地压碎、翻动、拣出碎石、沙砾、植物残体。

应注意的是，样品在风干过程中，应防止阳光直射和尘埃落入，并防止酸、碱等气体的污染。

（三）磨碎

进行物理分析时，取风干样品100~200 g，放在木板上用圆木棍辗碎，并用四分法取压碎样，经反复处理使土样全部通过2 mm孔径的筛子。过筛后的样品全部置于无色聚乙烯薄膜上，并充分搅拌均匀，再采用四分法取其两份：一份储于广口瓶内，用于土壤颗粒分析及物理性质测定；另一份做样品的细磨用。

（四）过筛

进行化学分析时，一般常根据所测组分及称样量决定样品细度。分析有机质、全氮项目，应取一部分已过2 mm筛的土，用玛瑙或有机玻璃研钵继续研细，使其全部通过60目筛（0.25 mm。用原子吸收光度法测Cd、Cu、Ni等重金属时. 土样必须全部通过100目筛（尼龙筛0.15 mm）。研磨过筛后的样品混匀、装瓶、贴标签、编号、储存。样品的制样过程如图5-5所示。

（五）分装

研磨混匀后的样品，分别装于样品袋或样品瓶，填写土壤标签一式两份，瓶内或袋内一份，瓶外或袋外贴一份。

（六）注意事项

（1）制样过程中采样时的土壤标签与土壤始终放在一起，严禁混错，样品名称和编码始终不变。

（2）制样工具每处理一份样后擦抹（洗）干净，严防交叉污染。

（3）分析挥发性、半挥发性有机物或可萃取有机物无须上述制样，用新鲜样按特定的方法进行样品前处理。

三、样品保存

（1）一般土壤样品需保存半年至一年，以备必要时查核之用。

（2）储存样品应尽量避免日光、潮湿、高温和酸碱气体等的影响。

（3）玻璃材质容器是常用的优质贮器. 聚乙烯塑料容器也属推荐容器之一，该类贮器性能良好、价格便宜且不易破损。可将风干土样、沉积物或标准土样等贮存于洁净的玻璃或聚乙烯容器之内。在常温、阴凉、干燥、避阳光、密封（石蜡涂封）条件下保存 30 个月是可行的。

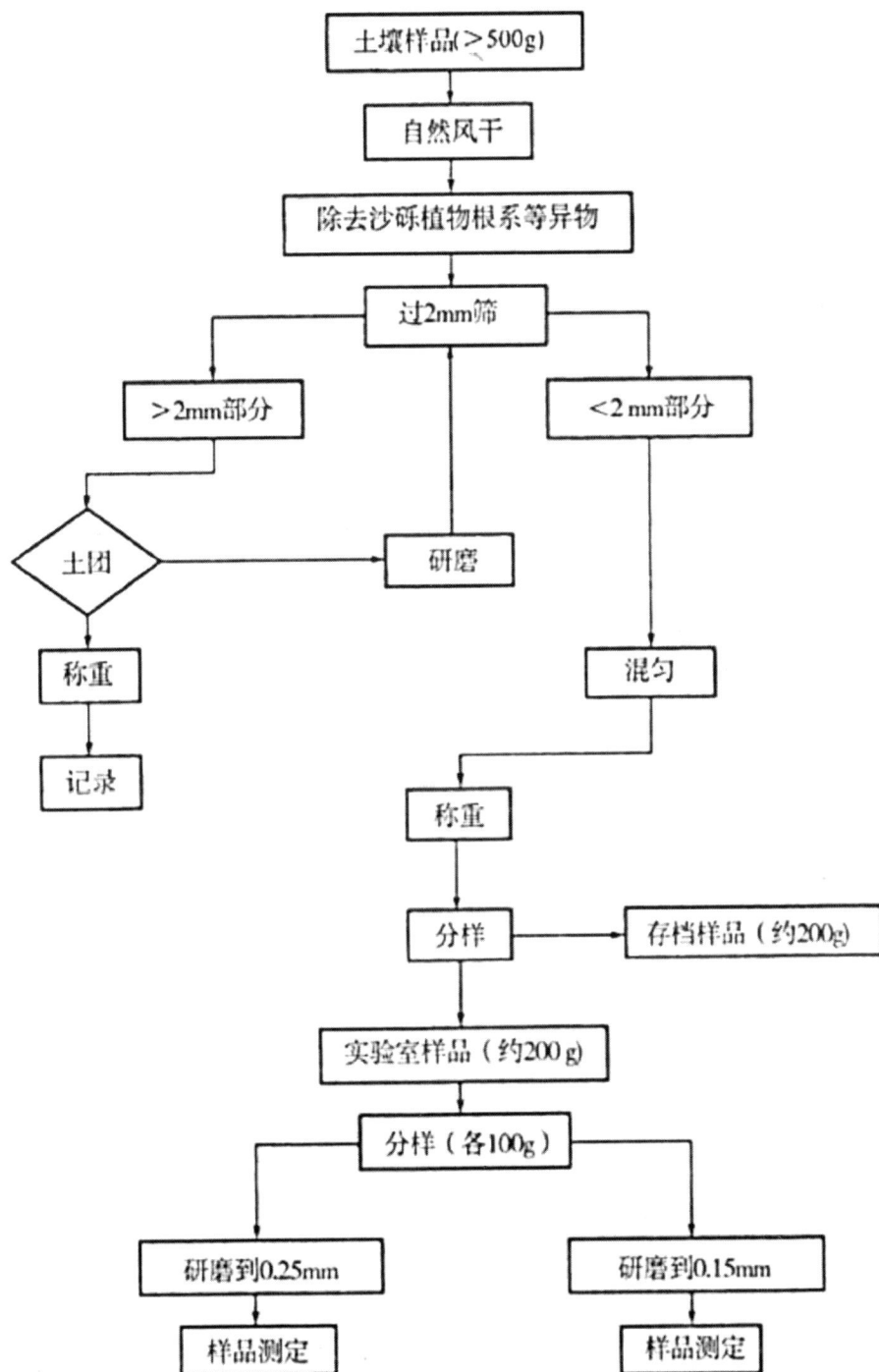

```
            土壤样品(>500g)
                  │
              自然风干
                  │
        除去沙砾植物根系等异物
                  │
               过2mm筛
          ┌────────┼────────┐
     >2mm部分              <2mm部分
          │                  │
       土团 ──────→ 研磨         │
          │                  │
        称重               混匀
          │                  │
        记录               称重
                             │
                           分样 ──────→ 存档样品（约200g）
                             │
                   实验室样品（约200 g）
                             │
                      分样（各100g）
                  ┌──────────┴──────────┐
             研磨到0.25mm          研磨到0.15mm
                  │                      │
              样品测定                样品测定
```

图 5-5　土壤制样流程图

第三节　金属污染物的测定

一、土壤样品的预处理方法

（一）酸溶解

1. 普通酸分解法

准确称取 0.500 0 g（准确到 0.1 mg，以下都与此相同）风干土样于聚四氟乙烯坩埚中，用几滴水润湿后，加入 10 mLHCl（$\rho = 1.19$ g/mL），于电热板上低温加热，蒸发至约剩 5 mL 时加入 15 mLHNO$_3$（（$\rho = 1.42$ g/mL），继续加热蒸至近黏稠状，加入 10 mL HF（$\rho = 1.15$ g/mL）并继续加热，为了达到良好的除硅效果，应经常摇动坩埚。最后加入 5 mL HClO$_4$（$\rho = 1.67$ g/mL），并加热至白烟冒尽。对于含有机质较多的土样，应在加入 HClO$_4$ 之后加盖消解，土壤分解物应呈白色或淡黄色（含铁较高的土壤），倾斜坩埚时呈不流动的黏稠状。用稀酸溶液冲洗内壁及坩埚盖，温热溶解残渣，冷却后，定容于 100 mL 或 50 mL，最终体积依待测成分的含量而定。

2. 高压密闭分解法

称取 0.500 0 g 风干土样于内套聚四氟乙烯坩埚中，加入少许水润湿试样，再加入 HNO$_3$（$\rho = 1.42$ g/mL）、HClO$_4$（$\rho = 1.67$ g/mL）各 5 mL，摇匀后将增埚放入不锈钢套筒中，拧紧。放在 180 ℃ 的烘箱中分解 2 h。取出，冷却至室温后，取出地埚，用水冲洗坩埚盖的内壁，加入 3 mL HF（$\rho = 1.15$ g/mL），置于电热板上，在 100 ~ 120 ℃ 温度下加热除硅，待坩埚内剩下 2 ~ 3 mL 溶液时，调高温度至 150 ℃，蒸至冒浓白烟后再缓缓蒸至近干，按普通酸分解法同样操作定容后进行测定。

3. 微波炉加热分解法

微波炉加热分解法是以被分解的土样及酸的混合液作为发热体，从内部进行加热使试样受到分解的方法。有常压敞口分解和仅用厚壁聚四氟乙烯容器的密闭式分解法，也有密闭加压分解法。这种方法以聚四氟乙烯密闭容器作内筒，以能透过微波的材料如高强度聚合物树脂或聚丙烯树脂作外筒，在该密封系统内分解试样能达到良好的分解效果。

微波加热分解也可分为开放系统和密闭系统两种。

（1）开放系统可分解多量试样，且可直接和流动系统相组合实现自动化，但由于要排出酸蒸汽，所以分解时使用的酸量较大，易受外环境污染，挥发性元素易造成损失，费时间且难以分解多数试样。

（2）密闭系统的优点较多，酸蒸汽不会逸出，仅用少量酸即可，在分解少量试样时十分有效，不受外部环境的污染。在分解试样时不用观察及特殊操作，由于压力高，所以分解试样很快，不会受外筒金属的污染（因为用树脂作外筒）。可同时分解大批量试样。其缺点是：需要专门的分解器具，不能分解量大的试样，如果疏忽会有发生爆炸的危险。

在进行土样的微波分解时，无论是使用开放系统还是密闭系统，一般使用 HNO_3—HNO_3-HCl—HF—$HClO_4$、HNO_3-HF—$HClO_4$、HNO_3—HCl—HF-H_2O_2，HNO_3—HF—H_2O_2 等体系。当不使用 HF 时（限于测定常量元素且称样质量小于 0.1 g），可将分解试样的溶液适当稀释后直接测定。若使用 HF 或 $HClO_4$ 对待测微量元素有干扰时，可将试样分解液蒸发至近干，酸化后稀释定容。

（二）碱融法

1. 碳酸钠熔融法（适合测定氟、钼、钨）

称取 0.500 0~1.000 0 g 风干土样放入预先用少量碳酸钠或氢氧化钠垫底的高铝坩埚中（以充满坩埚底部为宜，以防止熔融物粘住底部），分次加入 1.5~3.0 g 碳酸钠，并用圆头玻璃棒小心搅拌，使其与土样充分混匀，再放入 0.5~1 g 碳酸钠，使平铺在混合物表面，盖好坩埚盖。移入马弗炉中，于 900~920 ℃熔融 0.5 h。自然冷却至 500 ℃左右时，可稍打开炉门（不可开缝过大，否则高铝坩埚骤然冷却会开裂）以加速冷却，冷却至 60~80 ℃用水冲洗坩埚底部，然后放入 250 mL 烧杯中，加入 100 mL 水，在电热板上加热浸提熔融物，用水及（1+1）HCl 将坩埚及坩埚盖洗净取出，并小心用（1+1）HCl 中和、酸化（注意盖好表面皿，以免大量冒泡引起试样的溅失）；待大量盐类溶解后，用中速滤纸过滤，用水及 5%HCl 洗净滤纸及其中的不溶物，定容待测。

2. 碳酸锂一硼酸、石墨粉坩埚熔样法（适合铝、硅、钛、钙、镁、钾、钠等元素分析）

土壤矿质全量分析中土壤样品分解常用酸溶剂，酸溶试剂一般用氢氟酸加氧化性酸分解样品。其优点是酸度小，适用于仪器分析测定；但对某些难熔矿物分解不完全，特别对铝、钛的测定结果会偏低，且不能测定硅（已被除去）。

碳酸锂一硼酸在石墨粉坩埚内熔样，再用超声波提取熔块，分析土壤中的常量元素，速度快，准确度高。

在 30 mL 瓷坩埚内充满石墨粉，置于 900 ℃高温电炉中灼烧半小时，取出冷却，用乳钵棒压一空穴。准确称取经 105 ℃烘干的土样 0.200 0 g 于定量滤纸上，与 1.5 g Li_2CO_3 一 H_3BO_3（Li_2CO_3；$H_3BO_3 = 1：2$）混合试剂均匀搅拌，捏成小团，放入石墨粉洞穴中；然后将坩埚放入已升温到 95 ℃的马弗炉中，20 min 后取出，趁热将熔块投入盛有 100 mL 4%硝酸溶液的 250 mL 烧杯中，立即于 250 W 功率清洗槽内超声（或用磁力搅拌），直到熔块完全熔解。将溶液转移到 200 mL 容量瓶中，并用 4%硝酸定容。吸取 20.00 mL 上述样品液入 25 mL 容量瓶中，并根据仪器的测量要求决定是否需要添加基体元素及添加浓度，最后用 4%硝酸定容，用光谱仪进行多元素同时测定。

（三）酸溶浸法

1. HCl—HNO_3 溶浸法

准确称取 2.000 0 g 风干土样，加入 15 mL 的（1+1）HCl 和 5 mLHNO_3（$\rho = 1.42$ g/mL），振荡 30 min，过滤定容至 100 mL，用 ICP 法测定 P、Ca、Mg、K、Na、Fe、Al、Ti、Cu、Zn、Cd、Ni、Cr、Pb、Co、Mn、Mo、Ba、Sr 等。

或采用下述溶浸方法：准确称取 2.000 0 g 风干土样于干烧杯中，加少量水润湿，加入 15 mL（1+2）HCl 和 5 mL HNO₃（（$\rho = 1.42$ g/mL）盖上表面皿于电热板上加热，待蒸发至约剩 5 mL，冷却，用水冲洗烧杯和表面皿，用中速滤纸过滤并定容至 100 mL，用原子吸收法或 1CP 法测定。

2. HNO_3—H_2SO_4—$HClO_4$ 溶浸法

其方法特点是 H_2SO_4、$HClO_4$，沸点较高，能使大部分元素溶出，且加热过程中液面比较平静，没有迸溅的危险。但 Pb 等易与 SO_4^{2-} 形成难溶性盐类的元素，使测定结果偏低。操作步骤是：准确称取 2.500 0 g 风干土样于烧杯中，用少许水润湿，加入 HNO_3—H_2SO_4—$HClO_4$ 混合酸 12.5 mL，置于电热板上加热，当开始冒白烟后缓缓加热，并经常摇动烧杯，蒸发至近干。冷却，加入 5 mL HNO₃（$\rho = 1.42$ g/mL）和 10 mL 水，加热溶解可溶性盐类，用中速滤纸过滤，定容至 100 mL，待测。

3. HNO_3 溶浸法

准确称取 2.000 0 g 风干土样于烧杯中，加少量水润湿，加入 20 mL HNO₃（$\rho = 1.42$ g/mL）。盖上表面皿，置于电热板或沙浴上加热，若发生迸溅，可采用每加热 20 min 关闭电源 20 min 的间歇加热法。待蒸发至约剩 5 mL，冷却，用水冲洗烧杯壁和表面皿，经中速滤纸过滤，将滤液定容至 100 mL，待测。

4. Cd、Cu、As 等的 0.1 mol/LHCl 溶浸法

土壤中 Cd、Cu、As 的提取方法，其中 Cd、Cu 的操作条件是：准确称取 10.000 0 g 风干土样于 100 mL，广口瓶中，加入 0.1 mol/L HCl 50.0 mL，在水平振荡器上振荡。振荡条件是温度 30 ℃、振幅 5~10 cm、振荡频次 100~200 次/min，振荡 1 h。静置后，用倾斜法分离出上层清液，用干滤纸过滤，滤液经过适当稀释后用原子吸收法测定。

As 的操作条件是：准确称取 10.000 0 g 风干土样于 100 mL 广口瓶中，加入 0.1 mol/L HC1 50.0 mL，在水平振荡器上振荡。振荡条件是温度 30 ℃、振幅 10 cm、振荡频次 100 次/min，振荡 30 min。用干滤纸过滤，取滤液进行测定。

除用 0.1 mol/L HC1 溶浸 Cd、Cu、As 以外，还可溶浸 Ni、Zn、Fe、Mn、CO 等重金属元素。0.1 mol/LHCl 溶浸法是目前使用最多的酸溶浸方法，此外也有使用 CO_2 饱和的水、0.5 mol/L KC1-HA_C（$\rho = 3$）、0.1 mol/L $MgSO_4$—H_2SO_4 等酸性溶浸方法。

二、土壤分析方法

（一）土壤分析意义

土壤分析对土壤学的发展有很大影响。早在 19 世纪中叶，德国化学家 J. von 李比希将经典的化学方法应用于土壤和植物分析，根据测得的结果，提出了植物矿质营养学说和归还学说，大大推进了土壤学的发展。在其后的 100 多年间，土壤分析的方法日益增多。至 20 世纪 50 年代末，许多自动化、半自动化分析仪器陆续应用于土壤分析。各种化学的和物理的传感器以及电子计算机和遥测装置也已逐步应用，土壤分析正步入一个新的发展时期。

（二）土壤分析方法分类

1. 土壤化学分析

主要是测定土壤的各种化学成分的含量和某些性质。常见的测定项目有：土壤矿质全量测定（即测定硅、铝、铁、锰、钛、磷、钾、钠、钙、镁的含量），土壤活性硅、铝、铁、锰含量测定，土壤全氮、全磷和全钾含量的测定，土壤有效养分（铵态氮、硝态氮、有效磷和钾）含量测定，土壤微量元素含量和有效性微量元素（铁、硼、锰、铜、锌和钼）含量测定，土壤有机质含量测定，以及土壤酸碱度、土壤阳离子交换量、土壤交换性盐基的组成的测定等。其中土壤矿质全量、有机质含量、全氮量、有效养分含量、土壤酸碱度、阳离子交换量和交换性盐基组成等是必须进行测定的项目，故称土壤常规分析。其他测定项目则可根据分析目的取舍。20 世纪 30~40 年代兴起的土壤测试，也可列入土壤化学分析范畴。

土壤化学分析方法很多，经典的方法有重量法、容量法和比色法。现代实验室多采用自动化、半自动化仪器进行土壤常规分析。这种实验室通常由 4 个系统组成：①样品半自动粉碎系统；②样品半自动提取系统；③由自动分析仪或流动注射分析仪、原子吸收/火焰发射光谱仪、pH 自动分析仪和碳氮自动分析仪等组成的自动分析系统；④中央数据处理系统。土壤矿质全量分析常用能量色散 X 射线能谱法或带电粒子活化分析仪或中子活化分析仪进行。采用此法，土壤样品无需经任何处理即可直接测定，从而避免了因化学处理而造成土壤样品中成分的损失或杂质的掺入及对土壤样品的稀释作用等缺陷。

2. 土壤物理分析

主要测定土壤中物质存在状态、运动形式以及能量的转移等。常见的测定项目有：土壤含水量、土水势、饱和和非饱和导水度、水分常数、土壤渗漏速度、土壤机械组成、土壤比重和土壤容重、土壤孔隙度、土壤结构和微团聚体、土壤结持度、土壤膨胀与收缩、土壤空气组成和呼吸强度、土壤温度和导热率、土壤机械强度、土壤承载量和应力分布以及土壤电磁性等。

土壤物理分析除经典方法外，多借助现代化仪器进行，如应用水银注入测孔仪测定土壤结构（孔径可小至 5 纳米）；应用磨片、光学技术及扫描电镜测定土壤结构的微域变化；应用带有电子计算机的中子-γ 射线联用仪在田间直接测定土壤水分和土壤比重；应用气相色谱仪和三轴剪力仪分别测定土壤空气组成和土壤力学性质等。此外，各种型号的测温、测磁仪和土壤颗粒自动分析记录仪也为土壤物理分析提供了简捷而又精确的测试手段。

三、分析记录与结果表示

（一）分析记录

（1）分析记录用碳素墨水笔填写翔实，字迹要清楚；需要更正时，应在错误数据（文字）上画一条横线，在其上方写上正确内容。

（2）记录测量数据，要采用法定计量单位，只保留一位可疑数字，有效数字的位数应根据计量器具的精度及分析仪器的示值确定，不得随意增添或删除。

（3）采样、运输、储存、分析失误造成的离群数据应剔除。

（二）结果表示

（1）平行样的测定结果用平均数表示，低于分析方法检出限的测定结果以"未检出"报出，参加统计时按二分之一最低检出限计算。

（2）土壤样品测定一般保留三位有效数字，含量较低的镉和汞保留两位有效数字，并注明检出限数值。

（3）分析结果的精密度数据，一般只取一位有效数字，当测定数据很多时，可取两位有效数字。表示分析结果的有效数字的位数不可超过方法检出限的最低位数。

第六章　固体废物监测

随着生产的发展和人民生活水平的提高，固体废物的排放量剧增。一方面，由于有害废物处置不当，造成了对大气、水体和土壤的污染；另一方面，由于自然资源的逐渐减少，迫使人们重视固体废物的再生利用。因此，对固体废物的监测、处理和处置，已是环境保护亟待解决的问题。

第一节　固体废物概述

一、固体废物概念

固体废物是指在生产建设、日常生活和其他活动中产生，在一定时间和地点无法利用而被丢弃的污染环境的固态、半固态物质。这里所说的生产建设，不是指某个具体建设项目的建设，而是指国民经济生产建设活动；日常生活是指人们居家过日子，吃穿住行等活动及为日常生活提供服务的活动；其他活动主要指商业活动及医院、科研单位、大专院校等非生产性的，又不属于日常生活活动范畴的活动。

固体废物是相对某一过程或一方面没有使用价值，具有相对性特点；另外固体废物概念具有时间性和空间性，一种过程的废物随着时空条件的变化，往往可以成为另一过程的原料，所以固体废物又有"放在错误地点的原料"之称。

二、固体废物来源与分类

固体废物来源大体上可分为两类：一是生产过程中所产生的废物，称为生产废物；另一类是在产品进入市场后，在流动过程中或使用消费后产生的废物，称为生活废物。

固体废物来源广泛，种类繁多，组成复杂。从不同的角度出发，可进行不同的分类。按其化学组成可以分为有机废物和无机废物；按其危害性可分为一般固体废物和危险性固体废物；按其来源的不同分为矿业固体废物、工业固体废物、城市生活垃圾、农业废物和放射性废物五类。

三、固体废物对环境的危害

固体废物是各种污染物的终态，特别是从污染控制设施排放出来的固体废物，浓集了许多污染成分，同时这些污染成分在条件变化时又可重新释放出来而进入大气、水体、土壤等，因而其危害具有潜在性和长期性。固体废物对人类环境的危害主要表现在以下几个方面。

（一）侵占土地

固体废物不加利用时，需占地堆放。堆积量越大，占地也越多。据估算，目前我国每年产生工业固体废物 6.6 亿吨，累计量超过 64 亿吨，侵占土地 5 亿多平方米。

（二）污染土壤

固体废物自然堆放，其中有毒、有害成分在雨水淋溶作用下，直接进入土壤。这些有毒、有害成分在土壤中长期累积而造成土壤污染，破坏土壤生态平衡，使土壤毒化、酸化、碱化，给人类和动植物带来危害。重庆市郊因农田长期施用垃圾，土壤中的汞浓度超过本底 3 倍，Cu、Pb 分别增加了 87% 和 55%。

（三）污染水体

固体废物随天然降水和地表径流进入江河湖泊，或随风飘迁落入水体使地面水污染；随渗沥水进入土壤而使地下水污染；直接排入河流、湖泊或海洋，又会造成更大的水体污染。美国的"LoveCanal 事件"就是典型的固体废物污染水体事件。

（四）污染空气

固体废物一般通过如下途径污染空气：①一些有机固体废物在适宜的温度和湿度下被微生物分解，释放有毒气体；②以细粒状存在的废渣和垃圾，在大风吹动下会随风飘逸，扩散到空气中；③固体废物在运输和处理过程中，产生有害气体和粉尘。陕西铜川市由于堆放的煤矸石自燃产生的 SO 量每天达 37 t。

（五）影响环境卫生

我国固体废物的综合利用率很低。工业废渣、生活垃圾在城市堆放，既有碍观瞻，又容易传染疾病。

第二节　固体废物样品的采集和制备

一、固体废物样品的采集

由于固体废物量大、种类繁多且混合不均匀，因此与水及大气试验分析相比，从固体废物这样的不均匀的批量中采集有代表性的试样比较困难。为使采集的固体废物样品具有代表性，在采集之前要研究生产工艺、废物类型、排放数量、堆积历史、危害程度和综合利用情况。如采集有害废物，则应根据其有害特征采取相应的安全措施。其主要参照《工业固体废物采样制样技术规范》（HJ/T 20—1998）。

（一）确定监测目的

（1）鉴别固体废物的特性并对其进行分类，进行固体废物环境污染监测，为综合利用或处置固体废物提供依据。

（2）污染环境事故调查分析和应急监测。

（3）科学研究或环境影响评价。

（二）收集资料

（1）固体废物的生产单位或处置单位、产生时间、产生形式、贮存方式。

（2）固体废物的种类、形态、数量和特性。

（3）固体废物污染环境、监测分析的历史数据。

（4）固体废物产生、堆存、综合利用及现场勘探，了解现场及周围情况。

（三）准备采样工具

固体废物的采样工具包括：尖头钢锹、钢插、采样探子、采样钻、气动和真空探针、取样铲、具盖盛样桶或内衬塑料的采样袋。

（四）选择采样方法

1. 简单随机采样法

对于一批废物，若对其了解很少，且采取的份样比较分散也不影响分析结果时. 对这一批废物可不做任何处理，不进行分类也不进行排队，而是按照其原来的状况从批废物中随机采取份样。

（1）抽签法：先对所有采份样的部位进行编号，同时把号码写在纸片上（纸片上号码代表采份样的部位），掺和均匀后，从中随机抽取纸片，抽中号码的部位，就是采样的部位，此法只宜在采份样的点不多时使用。

（2）随机数字法：先对所有采份样的部位进行编号，有多少部位就编多少号，最大编号是几位数. 就要用随机数表的几栏（或几行），并把几栏（或几行）合在一起使用，从随机数字表的任意一栏、任意一行数字开始数，碰到小于或等于最大编号的数码就记下来（碰上已抽过的数就不要它），直到抽够份数为止。抽到的号码就是采样的部位。

2. 系统采样法

一批按一定顺序排列的废物，按照规定的采样间隔，每隔一个间隔采取一个份样，组成小样或大样。在一批废物以运送带、管道等形式连续排出的移动过程中，采样间隔可根据表6-1规定的份样数和实际批量按下式6-1计算：

$$T \leqslant Q/n \tag{6-1}$$

式中：T——采样质量间隔；

　　　Q——批量；

　　　N——规定的采样单元数（如表6-1所示）。

表6-1　批量大小与最少份样数　　　单位：固体为 t；液体为×1 000 L

批量大小	最小份样数 1 个	批量大小	最小份样数/个
<1	5	100~500	30
1~5	10	500~1 000	40

续表

批量大小	最小份样数 1 个	批量大小	最小份样数/个
5~30	15	1 000~5 000	50
30~50	20	5 000~10 000	60
50~100	25	≥10 000	80

注意事项：（1）采第一个试样时.不能在第一间隔的起点开始，可在第一间隔内随机确定。（2）在运送带上或落口处采样，应截取废物流的全截面。

（五）确定份样数和份样量

份样指用采样器一次操作从一批的一个点或一个部位按规定质量所采取的工业固体废物。份样数指从一批工业固体废物中所采取份样个数。份样量指构成一个份样的工业固体废物的质量。份样数的多少取决于两个因素。

（1）物料的均匀程度：物料越不均匀，份样数应越多；

（2）采样的准确度：采样的准确度要求越高，份样数应越多。最小份样数可以根据物料批量的大小进行估计。

一般来说，样品量多一些，才有代表性。因此，份样量不能少于某一限度；但份样量达到一定限度之后，再增加重量也不能显著提高采样的准确度。份样量取决于废物的粒度上限，废物的粒度越大，均匀性越差，份样量就越多，它大致与废物的最大粒度直径某次方成正比，与废物不均匀性程度成反比。如表 6-2 所示列出了每个份样应采的最小质量。所采的每个份样量应大致相等，其相对误差不大于 20%。表中要求的采样铲容量为保证在一个地点或部位能够取到足够数量的份样量。

对于液态批废物的份样量以不小于 100 mL 的采样瓶（或采样器）所盛量为宜。

表 6-2　份样量和采样铲容量

最大粒度 /mm	最小份样量 /kg	采样铲容量 /mL	最大粒度 /mm	最小份样量 /kg	采样铲容量 /mL
>150	30		20~40	2	800
100~150	15	1 600	10~20	1	300
50~100	5	7 000	<10	0.5	125
40~50	3	1 700			

（六）采样点

（1）对于堆存、运输中的同态工业固体废物和大池（坑、塘）中的液体工业固体废物，可按对角线形、梅花形、棋盘形、蛇形等点分布确定采样点。

（2）对于粉尘状、小颗粒的工业固体废物，可按垂直方向、一定深度的部位确定采样点。

（3）对于容器内的工业固体废物，可按上部（表面下相当于总体积的 1/6 深处）、中部（表面下相当于总体积的 1/2 深处）、下部（表面下相当于总体积的 5/6 深处）确定采样点。

（4）在运输一批固体废物时，当车数不多于该批废物规定的份样数时，每车应采份样数按下式计算：

每车应采份样数（小数应进为整数）—规定的份样数/车数

当车数多于规定的份样数时，按如表 7-3 所示选出所需最少的采样车数，然后从所选车中各随机采集一个份样。

表 6-3　所需最少采样车数　　　　　　　　　　　　单位：辆（个）

车数（容器）	所需最少采样车数（容器）
<10	5
10~25	10
25~50	20
50~100	30
>100	50

在车中，采样点应均匀分布在车厢的对角线上（如图 6-1 所示），端点距车角应大于 0.5 m，表层去掉 30 cm。

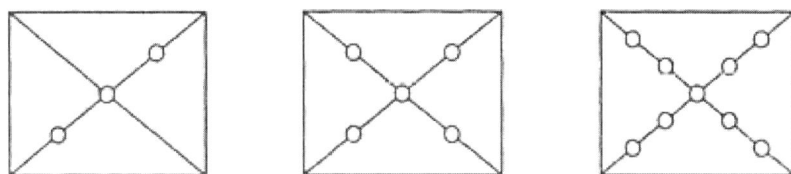

图 6-1　车厢中的采样布点的位置

【注意】当把一个容器作为一个批量时，就按表 7-2 中规定的最少份样数的 1/2 确定；当把 2-10 个容器作为一个批量时，按下式确定最少容器数：

最少容器数=表 6-2 中规定的最少份样数/容器数

（5）废渣堆采样法　在废渣堆两侧距堆底 0.5 m 处画第一条横线，然后每隔 0.5 m 画一条横线；再每隔 2 m 画一条横线的垂线，其交点作为采样点。按表 6-4 规定的份样数确定采样点数，在每点上从 0.5~1.0 m 深处各随机采样一份（如图 6-2 所示）。

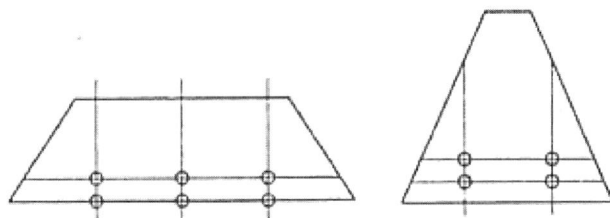

图 6-2　废渣堆中采样点的分布

二、固体废物样品的制备

采集的原始固废样品，往往数量很大，颗粒大小悬殊、组成不均匀，无法进行实验分析。因此在进行实验室分析之前，需对原始固体试样进行加工处理，称为样品的制备。制样的目的是从采取的小样或大样中获取最佳量、最具代表性、能满足试验或分析要求的样品。

（一）准备制样工具

颚式破碎机、圆盘粉碎机、玛瑙研磨机、药碾、玛瑙研钵或玻璃研钵、钢锤、标准套筛、十字分样板、分样铲及挡板、分样器、干燥箱、机械缩分器、盛样容器等。

（二）粉碎

经破碎和研磨以减小样品的粒度。粉碎可用机械或人工完成。将干燥后的样品根据其硬度和粒径的大小，采用适宜的粉碎机械，分段粉碎至所要求的粒度。

（三）筛分

根据粉碎阶段排料的最大粒径选择相应的筛号，分阶段筛出一定粒度范围的样品。筛上部分应全部返回粉碎工序重新粉碎. 不得随意丢弃。

（四）混合

用机械设备或人工转堆法，使过筛的一定粒度范围内的样品充分混合，以达到均匀分布。

（五）缩分

将样品缩分，以减少样品的质量。根据制样粒度，使用缩分公式求出保证样品具有代表性前提下应保留的最小质量。采用圆锥四分法进行缩分，即将样品置于洁净、平整板面（聚乙烯板、木板等）上，堆成圆锥形，将圆锥尖顶压平，用十字分样板自上压下. 分成四等分，保留任意对角的两等分，重复上述操作至达到所需分析试样的最小质量。

第三节 危险废物鉴别

一、危险废物的定义

危险废物是指在《国家危险废物名录》中，或根据国务院环境噪护主管部门规定的危险废物鉴别标准认定的具有危险性的废物：工业固体废物中危险废物量占总量的5%～10%，并以3%的年增长率发展。因此，对危险废物的管理已经成为重要的环境管理问题之一。

我国于2008年公布了《国家危险废物名录》，其中包括49个类别，133种行业来源和约498种常见危害组分或废物名称。凡《国家危险废物名录》中规定的废物直接属于危险废物，其他废物可按下列鉴别标准予以鉴别。

一种废物是否对人类和环境造成危害可用下列四点来鉴别：

（1）是否引起或严重导致人类和动、植物死亡率增加；

（2）是否引起各种疾病的增加；

（3）是否降低对疾病的抵抗力；

（4）在贮存、运输、处理、处置或其他管理不当时，对人体健康或环境会造成现实或潜在的危害。

由于上述定义没有量值规定，因此在实际使用时往往根据废物具有潜在危害的各种特性及其物理、化学和生物的标准试验方法对其进行定义和分类。危险废物特性包括易燃性、腐蚀性、反应性、放射性、浸出毒性、急性毒性（包括口服毒性、吸入毒性和皮肤吸收毒性），以及其他毒性（包括生物积累性、刺激性或过敏性、遗传变异性、水生生物毒性和传染性等）。美国对危险废物的定义及鉴别标准如表6-4所示：

表 6-4 美国对危险废物的定义及鉴别标准

序号		危险废物的特性及定义	鉴别值
1	易燃性	闪点低于定值. 或经过摩擦、吸湿、自发的化学变化有着火的趋势，或在加工、制造过程中发热. 在点燃时燃烧剧烈而持续，以致管理期间会引起危险	美国 ASTM 法，闪点低于 60 ℃
2	腐蚀性	接触部位作用时，使细胞组织、皮肤有可见性破坏或不可治愈的变化；使接触物质发生质变，使容器泄漏	$pH>12.5$，或 $pH<2$ 的液体；在 55.7P 以下时对钢制品腐蚀深度大于 0.64 cm/a
3	反应性	通常情况下不稳定，极易发生剧烈的化学反应，与水剧烈反应，或形成可爆炸的混合物. 或产生有毒的气体、臭气，含有氧化物或硫化物；在常温、常压下即可发生爆炸反应，在加热或有引发源时可爆炸，对热或机械冲击有不稳定性	
4	放射性	由于核反应而能放出 a、β、γ 射线的废物中放射性核素含量超过最大允许放射性比活度	ZZ6Ra 放射性比活度 $\geqslant$37 0000 Bq/g
5	浸出毒性	在规定的浸出或萃取方法的浸出液中，任何一种污染物的浓度超过标准值。污染物指镉、汞、砷、铅、铬、硒银、六氯苯、甲基氯化物、毒杀芬、2.4 D 和 2.4 5-T 等	美国 EPA/EP 法试验，超过饮用水 100 倍
6	急性毒性	一次投给实验动物的毒性物质，半数致死量（LDs_0）小于规定值	美国国家职业安全与卫生研究所试验方法口服毒性 $LD_{50}<50$ mg/[kg（实验动物），吸入毒性 $LD_{50}\leqslant 2$ mg/L，皮肤吸收毒性 $LD_{50}\leqslant 200$ me—/kg（实验动物
7	水生生物毒性	用鱼类试验，96 h 半数存活浓度（TL_m）小于规定值	96 h $TL_m<1\,000\times10^6$

续表

序号		危险废物的特性及定义	鉴别值
8	植物毒性		半数存活浓度 $TL_m<1000$ mg/L
9	生物积累性	生物体内富集某种元素或化合物达到环境水平以上，试验时呈阳性结果	阳性
10	遗传变异性	由毒物引起的有丝分裂或减数分裂细胞的脱氧核糖核酸或核糖核酸分子的变化所产生的致癌、致畸、致突变的严重影响	阳性
11	刺激性	使皮肤发炎	皮肤发炎≥级

我国对危险废物有害特性的定义如下：

（1）急性毒性：能引起小鼠（或大鼠）在 48 h 内死亡半数以上的固体废物，参考制定的有害物质卫生标准的试验方法，进行半数致死量（LD_{50}）试验．评定毒性大小。

（2）易燃性：经摩擦或吸湿和自发的变化具有着火倾向的固体废物（含闪点低于60 ℃的液体），着火时燃烧剧烈而持续．在管理期间会引起危险。

（3）腐蚀性：含水固体废物，或本身不含水但加入定量水后其浸出液的 pH 值<2或 pH 值≥12.5 的固体废物，或在 55 ℃以下时对钢制品每年的腐蚀深度大于 0.64 cm的固体废物。

（4）反应性：当固体废物具有下列特性之一时为具有反应性：①在无爆震时就很容易发生剧烈变化；②和水剧烈反应；③能和水形成爆炸性混合物；④和水混合会产生毒性气体、蒸气或烟雾；⑤在有引发源或加热时能爆震或爆炸；⑥在常温、常压下易发生爆炸或爆炸性反应；⑦其他法规所定义的爆炸品。

（5）放射性：含有天然放射性元素．放射性比活度大于 3 700 Bq/kg 的固体废物；含有人工放射性元素的固体废物或者放射性比活度（以 Bq/kg 为单位）大于露天水源限值 10~100 倍（半衰期>60d）的固体废物。

（6）浸出毒性：按规定的浸出方法进行浸取，所得浸出液中有一种或者一种以上有害成分的质量浓度超过如表 6-5 所示鉴别标准的固体废物。

表 6-5　中国危险废物浸出毒性鉴别标准（GB 5085.3—2007）（节选）

号	项目	浸出液的最高允许质量浓度/（mg·L^{-1}）
1	汞	0.1（以总汞计）
2	镉	1（以总镉计）
3	砷	5（以总砷计）
4	铬	5（以六价铬计）
5	铅	5（以总铅计）
6	铜	100（以总铜计）
7	锌	100（以总锌计）
8	镍	5（以总镍计）
9	铍	0.02（以总铍计）
10	无机氟化物	100（不包括氟化钙）

二、危险废物的鉴别方法

当无法确定固体废物是否存在危险特性或毒性物质时，需要对其进行鉴别。

(一) 反应性鉴别

1. 遇水反应性试验

固体废物与水发生反应放出热量. 使体系的温度升高，用半导体点温计来测量固一液界面的温度变化. 以确定温升值。

测定时，将点温计的探头输出端接在点温计接线柱上，开关置于"校"字样，调整点温计满刻度，使指针与满刻度线重合。将温升实验容器插入绝热泡沫块 12 cm 深处，然后将一定量的固体废物（1 g、2 g、5 g、10 g）置于温升实验容器内，加入 20 mL 蒸馏水，再将点温计探头插入固一液界面处，用橡皮塞盖紧，观察温升。将点温计开关转到"测"处，读取电表指针最大值，即为所测反应温度，此值减去室温即为温升测定值。

测定方法包括撞击感度测定、摩擦感度测定、差热分析测定、爆炸点测定、火焰感度测定五种方法。

2. 遇酸生成氢氰酸和硫化氢试验

在通风橱中按如图 6-3 所示安装好实验装置。在刻度洗气瓶中加入 50 mL 0.25 mol/L 的氢氧化钠溶液，用水稀释至液面高度。通入氮气，并控制流量为 60 mL/min。向容积为 500 mL 的圆底烧瓶中加入 10 g 待测固体废物。保持氮气流量，加入足量硫酸，同时开始搅拌，30 min 后关闭氮气，卸下洗气瓶，分别测定洗气瓶中氰化物和硫化物的含量。

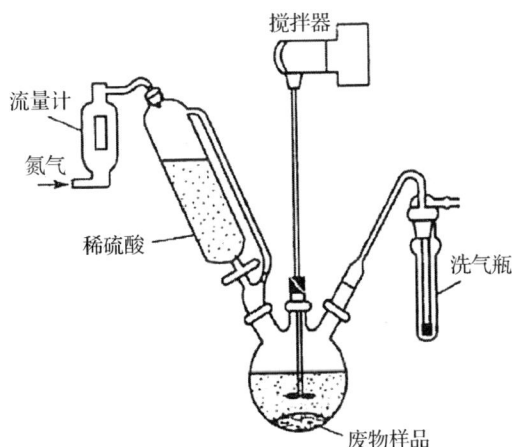

图 6-3　氰化物和硫化物释放和吸收实验装置

(二) 易燃性鉴别

鉴别易燃性即测定闪点。闪点（flash point）是指在规定条件下，易燃性物质受热后所产生的蒸气与周围空气形成的混合气体，在遇到明火时发生瞬间着火（闪火现象）

时的最低温度。闪点的测定有开口杯法（open cup method）和闭口杯法（closed cup method）两种。

对于含有固体物质的液态废物来说，若闪点温度低于 60 ℃（闭口杯），则属于易燃性固体废物。

对于固体废物来说，在标准温度和压力（25 ℃，101.3 kPa）下因摩擦或自发性燃烧而着火，或者经点燃后能剧烈持续燃烧的固体废物，属于易燃性固体废物。

（三）腐蚀性鉴别

腐蚀性指通过接触能损伤生物细胞组织或腐蚀物体而引起危害。腐蚀性的鉴别方法一种是测定 pH，另一种是测定在 55.7 ℃以下对标准钢样的腐蚀深度。当固体废物浸出液的 pH≤2 或 pH≥12.5 时，则有腐蚀性；当在 55.7 ℃以下对标准钢样的腐蚀深度大于 0.64 cm/年时，则有腐蚀性。实际应用中一般使用 pH 判断腐蚀性。

（四）浸出毒性鉴别

若固体废物浸出液中任何一种危害成分含量超过规定的浓度限值，则判定该固体废物为具有浸出毒性特征的危险废物。固体废物浸出液中无机物浓度限值和分析方法如表 6-6 所示，有机农药类浓度限值和分析方法见如表 6-7 所示，非挥发性有机物浓度限值和分析方法如表 6-8 所示，挥发性有机物浓度限值和分析方法如表 6-9 所示。

表 6-6 浸出液中无机物浓度限值和分析方法

序号	危害成分项目	浸出液中的浓度限值/（mg/L）	分析方法
1	铜	100	ICP-AESICP-MS. AAS
2	锌	100	ICP-AESICP-MS. AAS
3	镉	1	ICP-AESICP-MS. AAS
4	铅	5	ICP-AESICP-MS. AAS
5	总铬	15	ICP-AES. ICP-MS. AAS
6	铬（六价）	5	二苯碳酰二肼分光光度法
7	烷基汞	不得检出	GC
8	总汞	0.1	ICP-MS
9	总铍	0.02	ICP-AESICP-MS. AAS
10	总钡	100	ICP-AES. ICP-MS. AAS
11	总镍	5	ICP-AESICP-MS. AAS
12	总银	5	ICP-AESICP-MS. AAS
13	总砷	5	AAS. AFS
14	总硒	1	ICP-MSAAS AFS
15	无机氟化物（不含氟化钙）	100	IC
16	氰化物（以 CN 一计）	5	IC

表 6-7　浸出液中有机农药类浓度限值和分析方法

序号	危害成分项目	浸出液中的浓度限值/（mg/L）	分析方法
1	滴滴涕	0.1	GC
2	六六六	0.5	GC
3	乐果	8	GC
4	对硫磷	0.3	GC
5	甲基对硫磷	0.2	GC
6	马拉硫磷	5	GC
7	氯丹	2	GC
8	六氯苯	5	GC
9	毒杀芬	3	GC
10	灭蚊灵	0.05	GC

表 6-8　浸出液中非挥发性有机物浓度限值和分析方法

序号	危害成分	浸出液中的浓度限值/（mg/L）	分析方法
1	硝基苯	20	HPLC
2	二硝基苯	20	GC-MS
3	对硝基氯苯	5	HPLC
4	2，4-二硝基苯	5	HPLC
5	五氯酚	50	HPLC
6	苯酚酚	3	GC-MS
7	2，4-二氯苯酚	6	GC-MS
8	2，4，6-三氯苯酚	6	GC-MS
9	苯并［a］芘	0.000 3	GC-MS
10	邻苯二甲酸二丁酯	2	GC-MS
11	邻苯二甲酸二辛酯	3	HPLC
12	多氯联苯	0.002	GC

表 6-9　浸出液中挥发性有机物浓度限值和分析方法

序号	危害成分项目	浸出液中的浓度限值/（mg/L）	分析方法
1	苯	1	GC-MSGC、平衡顶空法
2	甲苯	1	GC-MSGC、平衡顶空法
3	乙苯	4	GC
4	二甲苯	4	GC-MS. GC
5	氯苯	2	GC-MS. GC

续表

序号	危害成分项目	浸出液中的浓度限值/（mg/L）	分析方法
6	1, 2-二氯苯	4	GC-MS、GC
7	1, 4-二氯苯	4	GC-MS、GC
8	丙烯腈	20	GC-MS
9	三氯甲烷	3	平衡顶空法
10	四氯化碳	0.3	平衡顶空法
11	三氯乙烯	3	平衡顶空法
12	四氯乙烯	1	平衡顶空法

（五）急性毒性鉴别

急性毒性试验是指一次或几次投给试验动物较大剂量的化合物，观察在短期内（一般 24 h 到两周以内）的中毒反应。

由于急性毒性试验的变化因子少、时间短、经济、容易试验，因此被广泛采用。

污染物的毒性和剂量关系可用下列指标区分：半数致死量（浓度），用 LD_{50} 表示；最小致死量（浓度），用 mLD 表示；绝对致死量（浓度），用 LD_{50} 表示；最大耐受量（浓度），用 MTD 表示。

半数致死量是评价毒物毒性的主要指标之一。根据染毒方式的不同，可将半数致死量分为经口毒性半数致死量 LD_{50}、皮肤接触毒性半数致死量 LD_{50} 和吸入毒性半数致死浓度 LD_{50}。

经口染毒法又分为灌胃法和饲喂法两种。这里简单介绍灌胃经口染毒法半数致死量试验。

急性毒性的初筛试验可以简便地鉴别并表达其综合急性毒性，方法如下：

以体重 18~24 g 的小白鼠（或 200~300 g 大白鼠）作为实验动物；若是外购鼠，必须在本单位饲养条件下饲养 7~10 d，仍活泼健康者方可使用。实验前 8~12 h 和观察期间禁食。

称取制备好的样品 100 g，置于 500 mL 具磨口玻璃塞的锥形瓶中，加入 100 mL 蒸偕水，振摇 3 min，在室温下静止浸泡 24 h，用中速定量滤纸过滤，滤液用于灌胃。

灌胃采用 1 mL（或 5 mL）注射器，注射针采用 9（或 12）号，去针头，磨光，弯成新月形。对 10 只小白鼠（或大白鼠）进行一次性灌胃，每只小白鼠不超过 0.40 mL/20 g，每只大白鼠不超过 1.0 mL/100 g。

灌胃时用左手提住小白鼠，尽量使之呈垂直体位：右手持已吸取浸出液的注射器，对准小白鼠口腔正中，推动注射器使浸出液徐徐流入小白鼠的胃内。对灌胃后的小白鼠（或大白鼠）进行中毒症状观察，记录 48 h 内动物死亡数，确定固体废物的综合急性毒性。

（六）危险固体废物检测结果判断

在对固体废物进行检测后，若检测结果超过相应标准限值的份样数大于或等于如表

6-10 所示规定的下限，即可以判断该固体废物具有该种危险特性。

表 6-10　检测结果的判断方案

份样数	超标份样数下限	份样数	超标份样数下限
5	1	32	8
8	3	50	11
13	4	80	15
20	6	100	22

若采取的固体废物份样数与表 6-10 中的份样数不符，可按照与表 6-10 中份样数最接近的要求进行判断。

若固体份样数为 N（$N>100$），则超标份样数的下限值用 $22N/100$ 来计算。

阅读材料

电感耦合等离子体发射光谱法测定固体废物中 22 种金属元素

HJ 781—2016 规定了电感耦合等离子体发射光谱法测定固体废物中钠、钾、铍、镁、钙、锶钡铝、铊、铅、锑钛钒铬、锰铁钴、镍铜银锌、镉 22 种金属元素。

1. 方法原理

固体废物或固体废物浸出液经过消解后，进入等离子体发射光谱仪的雾化器中被雾化，由氩载气带入等离子体火炬中，目标元素在等离子体火炬中被气化、电离、激发并辐射出特征谱线。特征光谱的强度与试样中待测元素的含量在一定范围内成正比。

2. 仪器及参考条件

电感耦合等离子体发射光谱仪（高频功率 1.0~1.6 kW。反射功率小于 5W. 载气流量 1.0~1.5 L/min，蠕动泵转速 100~120 rpm，流速 0.2~2.5 mL/rain）；微波消解仪（具有程序升温功能，功率 600~1 500 W）。

3. 标准曲线的绘制

分别移取一定体积的多元素标准混合溶液，用稀硝酸溶液（1+99）按下表配制标准系列。

标准系列	1	2	3	4	5	6
铍、铊、银、镉／（mg/L）	0.00	0.2	0.40	0.60	0.80	1.00
锶、铅、锑、钛、钒、铬、钴、镍铜、锌／（mg/L）	0.00	1.00	2.00	3.00	4.00	5.00
钠、钾、镁、钙、钡、铝、铁、锰／（mg/L）	0.00	5.00	10.0	15.0	20.0	25.0

将标准溶液由低浓度到高浓度依次导入电感耦合等离子体发射光谱仪，按照仪器参考条件测量发射强度，以目标元素系列质量浓度为横坐标，以发射强度为纵坐标，建立

目标元素的标准曲线。

4. 样品测定

用（1+99）稀硝酸溶液冲洗系统直至空白强度值降至最低，采用相同的仪器条件，待分析信号稳定后，将待测溶液导入电感耦合等离子体发射光谱仪，同时进行空白试验，根据发射强度和校准曲线方程分别计算样品中各金属元素的含量。

第四节　生活垃圾特性和渗沥水分析

生活垃圾是指城镇居民在日常生活中抛弃的固体废物，分为废品类、厨房类及灰土类。生活垃圾的处理方法一般有焚烧、卫生填埋和堆肥，对不同特性的生活垃圾采用的处理方法也有所不同。热值高的垃圾可以采用焚烧的方法处理，有机物含量高且易于降解的生活垃圾可以采用堆肥法处理，而含泥土多的生活垃圾只能采用卫生填埋的方法进行处理。因此，对生活垃圾的特性进行分析可以为垃圾处理部门提供科学依据。

一、生活垃圾特性分析

（一）粒度分级的测定

垃圾粒度的分级常采用筛分法来确定。按筛目从小到大排列，依次连续摇动 15 min，依次转到下一号筛子，然后根据每号筛子里颗粒物的质量计算各种粒度颗粒物所占总样品的百分比。如果需要在试样干燥后再称量，则需在 70 ℃的温度下烘干 24 h，冷却后再称量。

（二）淀粉的测定

垃圾在堆肥处理过程中，需借助淀粉含量分析来鉴定堆肥的腐熟程度。测定方法是基于在堆肥过程中形成了淀粉一碘配合物，这种配合物颜色的变化取决于堆肥的降解度。当堆肥降解尚未结束时呈蓝色. 降解结束时则呈黄色。堆肥颜色的变化过程为：深蓝→浅蓝→灰→绿→黄。

测定时，将 1 g 堆肥置于 100 mL 烧杯中，滴入几滴酒精使其湿润，再加 20 mL 36% 的高氯酸。用纹网滤纸（90 号纸）过滤，然后加入 20 mL 碘反应剂（将 2 g 碘化钾溶解到 5Q 0 mL 水中，再加入 0.08 g 碘、36% 的高氯酸、酒精）到滤液中并搅动。将几滴滤液滴到白色板上，观察其颜色变化。

（三）生物降解度的测定

垃圾中含有大量天然和人工合成的有机物质，有的容易被生物降解，有的难以降解。通过试验，已经寻找出一种可以在室温下对垃圾生物降解做出适当估计的 COD 试验法：

称取 0.5 g 已烘干磨碎的试样于 500 mL 锥形瓶中，准确量取 20 mL 重铬酸钾溶液 $[c(\frac{1}{6}K_2Cr_2O_7) = 2 \text{ mol/L}$ 加入样品瓶中，加入 20 mL 浓硫酸并充分混匀，在室温下将混合物放置 12 h 且不断摇动。加入大约 15 mL 蒸馏水，再依次加入 10 mL 磷酸、0.2 g 氟化钠和 30 滴二苯胺指示剂，用硫酸亚铁铵标准溶液滴定至纯绿色为终点，滴定过程中颜色的变化是：棕绿色→绿蓝色→蓝色→绿色。用同样的方法进行空白试验。

（四）热值的测定

焚烧是有机类工业有害废物、生活垃圾、部分医疗废物处理的重要方法。热值是废物焚烧处理的重要指标，分为高热指标和低热指标。废物中的可燃物燃烧时产生的水一般以蒸汽形式挥发，因此，相当一部分能量不能被利用。垃圾的高热值测出后应扣除水蒸发和燃烧时加热物质所需要的热量，由高热值换算成实际工作中意义更大的低热值。

热值的测定常采用量热计法。

二、渗沥水分析

渗沥水是指从生活垃圾中渗出来的水溶液，它提取或溶出了垃圾组成中的污染物质。渗沥水的分析项目包括色度、总固体、总溶解性固体与总悬浮性固体、硫酸盐、氨态氮、凯氏氮、氯化物、总磷、pH、BOD、钾、钠、细菌总数、总大肠菌数等。测定方法可参照水质相关项目的分析方法。

第七章　辐射环境监测

辐射环境监测，是指对操作放射性物质的设施周界之外的辐射和放射性水平所进行的与该设施运行有关的测量，辐射环境监测的对象是环境介质和生物。辐射环境监测是环境监测的重要组成部分，从辐射类型上分可分为电离辐射环境监测和电磁辐射环境监测两类。

第一节　电离辐射环境监测

第二次世界大战期间．美国将反应堆的冷却剂直接排放至哥伦比亚河中引起了一系列环境污染问题，随后美国政府采取了相应的辐射环境监测措施，这便是辐射环境监测的开端。我国的辐射环境监测工作开展较晚，起步于 20 世纪 80 年代。随着人类对核能的开发利用、铀矿和一些伴生放射性矿产的开采以及核技术在工业领域的普及，使得电离辐射环境监测日渐引起公众的关注。

目前我国的电离辐射环境监测主要对象是放射性物质的设施周围的环境介质和生物，目的在于监控核设施是否正常运行以及检验设施运行在周围环境中造成的辐射和放射性水平是否符合国家和地方的相关规定，同时对人为的核活动所引起的环境辐射的长期变化趋势进行监视。从运行阶段来分可以将电离辐射环境监测分为辐射本底调查、运行辐射环境监测、退役辐射监测。从设施运行状态来分，可分为正常状态环境监测和事故应急监测两类。

一、电离辐射种类及其特征

物质向外释放粒子或者能量的过程叫作辐射，当辐射出的粒子能使物质发生电离的叫作电离辐射。能发出电离辐射的物质一般有放射性核素、加速器和 X 射线装置等。放射性核数会自发地向外释放。

α 衰变是不稳定重核自发放出 α 粒子的过程。α 粒子的质量大，速度小，使受辐射物质的原子、分子发生电离或激发．但穿透能力小，只能穿过皮肤的角质层。

β 衰变是放射性核素放射 β 粒子的过程，它是原子核内质子和中子发生互变的结果。β 射线的速度比 α 射线高 10 倍以上，其穿透能力较强，在空气中能穿透几米至几十米才被吸收完．可以灼伤皮肤，与物质作用时可使其原子电离。

γ 衰变是原子核从较高能级跃迁到较低能级或基态时所放射的电磁辐射。这种跃迁不影响原子核的原子序数和原子质量，所以称为同质异能跃迁。γ 射线的穿透能力极强，与物质作用时产生光电效应、康普顿效应、电子对生成效应等。

1. 半衰期

当放射性核素因衰变而减少到原来的一半时所需的时间称为半衰期。衰变常数（人）与半衰期（$T_{1/2}$）有如下关系：

$$T_{1/2} = \frac{0.693}{\lambda} \qquad (7-1)$$

半衰期是放射性核素的基本特性之一，不同核素的半衰期不同，如 $^{212}_{84}\text{Po}$ 的半衰期只有 $3.0 \times 10^{-7}\text{s}$，而 U 的半衰期可达 4.5×10^{9} 年。因为放射性核素每一个核的衰变并非同时发生，而是有先有后，所以对一些半衰期长的核素，一旦发生核污染，要通过衰变使其自行消失，就需要很长的时间。

2. 放射性活度

放射性活度是指单位时间内发生核衰变的数目，可用式（7-2）表示：

$$A = \frac{\text{d}N}{\text{d}t} = \lambda N \qquad (7-2)$$

式中：A 放射性活度，Bq（$1Bq = 1s^{-1}$）；

　　　dN——在 dt 时间内衰变的原子数；

　　　dt——时间，s；

　　　λ——衰变常数，表示放射性核素在单位时间内的衰变概率，s^{-1}。

3. 照射量

照射量被定义为如 7-3 所示：

$$X = \frac{\text{d}Q}{\text{d}m} \qquad (7-3)$$

式中：dQ——γ 射线或 X 射线在空气中完全被阻止时，引起质量为 dm 的某一体积元的空气电离所产生的带电粒子的总电量值，C；

　　　X——照射量，C/kg。

4. 吸收剂量

吸收剂量是用于表示在电离辐射与物质发生相互作用时单位质量的物质吸收电离辐射能量大小的物理量，定义为如 7-4 所示：

$$D = \frac{\text{d}ED}{\text{d}m} \qquad (7-4)$$

式中：D——吸收剂量，J/kg；

　　　dED——电离辐射给予质量为 dm 的物质的平均能量，J。

二、常见的辐射源

（一）天然辐射源

天然辐射源是指天然存在的电离辐射源，主要来源于宇宙辐射、宇生放射性核素及原生放射性核素。它们产生的辐射称为天然本底辐射，**是判断**环境是否受到放射性污染的基准。

1. 宇宙辐射

宇宙辐射是一种从宇宙空间射到地面的射线，由初级宇宙射线和次级宇宙射线组成。初级宇宙射线指从宇宙空间射到地球大气层的高能辐射. 主要成分为质子（83%~89%）、粒子（10%~15%）及原子序数 23 的轻核和高能电子（1%~2%），这种射线能量很高，可达 10^{20}MeV 以上。次级宇宙射线是初级宇宙射线进入大气层后与空气中的原子核相互碰撞. 引起核反应并产生一系列其他粒子，通过这些粒子自身转变或进一步与周围物质发生作用，就形成次级宇宙射线。

2. 宇生放射性核素

由宇宙射线与大气层、土壤、水中的核素发生反应产生的放射性核素有 20 余种。天然存在的 ^{14}C 是宇宙射线中的中子与天然存在的 ^{14}N 作用而产生的核反应产物。

3. 原生放射性核素

多数天然放射性核素在地球起源时就存在于地壳之中，经过天长日久的地质年代，母体和子体之间已达到放射性平衡，从而建立了放射性核素的系列。这种系列有三个，即铀系，其母体是 ^{238}U；钢系，其母体是 ^{235}U；牡系. 其母体是 ^{232}Th。这些母体具有很长的半衰期，每一系列中都含有放射性气体氡核素. 且末端都是稳定的铅核素。

自然界中单独存在的核素约有 20 种，其特点是具有极长的半衰期，其中最长的为 ^{209}Bi（$T_{1/2} > 2 \times 10^{18}$ 年），而最短的是 ^{40}K（$T_{1/2} > 1.26 \times 10^{9}$ 年）。它们的另一个特点是强度极弱，只有采用极灵敏的检测技术才能发现。

（二）人为辐射源

引起环境辐射污染的主要来源是生产和使用放射性物质的单位所排放的放射性废物，以及核武器爆炸、核事故等产生的放射性物质。

1. 核设施

具有规模生产、加工、利用、操作、贮存和处理放射性物质的设施，如铀加工、富集设施，核燃料制造厂，核反应堆，核动力厂，核燃料贮存设施和核燃料后处理厂等。

2. 射线装置

安装有粒子加速器、X 射线机及大型放射源并能产生高强度辐射场的构筑物。

3. 放射性同位素的应用

工农业、医学、科研等部门使用放射性核素日益广泛，其排放废物也是主要的人为污染源之一。例如，医学检查、使用 ^{60}Co 照射治疗癌症，用侦 I 治疗甲状腺功能亢进等；发光钟表工业应用放射性同位素作长期的光激发源；农业生产上利用辐射育种和辐射食品保藏等；科研部门利用放射性同位素进行示踪试验等。

4. 伴生放射性的开采与利用

在稀土金属和其他伴生金属矿开采、提炼过程中，其"三废"排放物中含有铀、社、氯等放射性核素，将造成所在局部地区的污染。

另外，核试验及航天事故包括大气层核试验、地下核爆炸冒顶事故及核事故等，将会有大量放射性物质泄漏到环境中去，对环境造成严重的污染。

三、常用的辐射量

（一）活度

活度是指单位时间内放射性核数衰变的个数，记作 A，单位是 Bq（贝可），1Bq=1个/s. 活度还有一个常用单位叫居里（Ci），1 Ci=3.7×10^{10}Bq。

（二）半衰期

半衰期是指某种放射性核数其衰变到还剩一半该放射性核数所需要的时间，记为 $T_{1/2}$

（三）衰变常数

反应核数衰变概率的一个量叫衰变常数，不同的核数衰变常数是唯一且固定的，记为 A。关于活度、衰变常数和半衰期有以下关系见下式7-5~7-7：

$$N=N_0\,e^{-\lambda t} \tag{7-5}$$

$$A=\lambda N=A_0\,e^{-\lambda t} \tag{7-6}$$

$$T_{1/2}=\frac{\ln2}{\lambda} \tag{7-7}$$

式中：N——经过 t 时间衰变后剩下的放射性原子数目；

　　　N_0——初始放射性原子数目。

（四）截面

反映某种相互作用的概率大小称为截面，叮严格定义为通过单位面积上的有效碰撞粒子个数，单位为靶（恩）b，1 b=10^{-28}m^2。

（五）粒子能量

描述粒子或射线的能量大小，记作 E，单位常用 eV，1 eV=1.6×10^{19}J。对于粒子，如 α 或者 β 等，能量指它们的动能，如下式7-8所示：

$$E=1/2mv^2 \tag{7-8}$$

式中：m——粒子的质量；

　　　v——粒子的速率。

X 和 γ 光子的能量是指下式的计算方法：

$$E_{\gamma}=hv \tag{7-9}$$

式中：h——普朗克常量，$h=6.626×10^{-34}J\cdot s$；

　　　u——光子的频率。

（六）注量和注量率

注量是指通过单位面积上的粒子或者光子数目，用符号 Φ 表示，单位为 m^{-2}。单位时间内通过单位面积上的粒子或光子数目称为注量率，记为 ρ，单位 m^{-2}·s^{-1}。

（七）照射量

照射量是指 X、γ 这类不带电光子在单位质量的空气中所电离出的总电荷量，记为

X，单位 C/kg。照射量引入之处单位用的是伦琴 R，其单位换算为：$1\ R = 2.58 \times 10^{-4}$ C/kg。

（八）比释动能

比释动能是指不带电粒子（X、γ 和中子等）在单位质量的吸收介质中产生的带电粒子的初始动能的总和，用符号 K 表示，单位为戈瑞 Gy，$1\ Gy = 1\ J/kg$。

（九）吸收剂量

吸收剂量是指电离辐射粒子在单位质量的任意吸收介质中能量沉积的大小，用符号 D 表示，单位 Gy，$1\ Gy = 1\ J/kg$。由于同一种粒子与不同的介质的反应截面不同，因此不同的物质对同一种粒子的吸收剂量是不同的。

（十）剂量当量

不同粒子与物质相互作用的机制不同. 即使在相同介质中产生一样的吸收剂量，其危害程度是不一样的，例如 a 粒子和 γ 粒子产生相同的吸收剂量，但 a 粒子的危害程度远远大于 γ 粒子。为了表示不同粒子对人体某组织或器官所产生的生物效应，提出剂量当量的概念。定义某类型辐射粒子 R 在某组织 T 中产生的剂量当量 H_{TR} 等于该辐射类型在组织中的吸收剂量 D_{TR} 乘以该辐射类型的品质因子 Q_R，如下式 7-10 所示。

$$H_{TR} = D_{TR} Q_R \tag{7-10}$$

剂量当量一般用符号 H 表示，单位用希（沃特）Sv，$1\ Sv = 1\ J/kg$。不同辐射粒子的品质因子 Q 如表 7-1 所示。

表 7-1　不同辐射类型的品质因子

辐射类型	粒子能量	品质因子 Q
X、γ 光子	所有能量	1
a 等重带电粒子	所有能量	20
β、μ 粒子	所有能量	1
中子	小于 10 keV	5
	10～100 keV	10
	100 keV～2 MeV	20
	2～20 MeV	10
	大于 20 MeV	5

（十一）有效剂量

在人体全身受到均匀照射情况下，考虑到不同组织的自我修复能力和其生物效应不同，应当给予不同组织一个照射的权重因子 W_T。有效剂量为 E，单位为 Sv，表示人体所有组织的剂量当量 H_T 与该器官的权重因子 W_T 的乘积之和。

$$E = \sum_T W_T H_T \tag{7-11}$$

组织权重因子 W_T 由国际辐射防护委员会 1CRP 提出，如表 7-2 所示。

表 7-2　不同组织的权重因子

组织或器官	权重因子 W_T	组织或器官	权重因子 W_T
性腺	0.2	肝	0.05
(红) 骨髓	0.12	食道	0.05
结肠	0.12	甲状腺	0.05
肺	0.12	皮肤	0.01
胃	0.12	骨表面	0.01
膀胱	0.05	其余组织或器官	0.05
乳腺	0.05		

考虑到不同辐射类型 R 同时作用于人体时，有效剂量 E 可使用双重加权算法：

$$E = \sum_R QR \sum_T ETDTR = \sum_T WT \sum_R QRDTR$$

在剂量使用时一定要严谨，很多时候剂量的使用十分笼统，应根据其定义确定所用剂量是指吸收剂量、剂量当量、有效剂量中的哪一个，甚至有可能是指照射量或者比释动能（表示某种物质中体积元的辐射量）等。在辐射环境监测中还经常遇到剂量率的概念，剂量率是指单位时间内所收到的剂量值，单位为 Gy/h 或者 Sv/h。

四、辐射的危害

放射性物质可通过呼吸道、消化道、皮肤等进入人体并在人的体内蓄积，引起内辐射。射线可以穿透一定距离而造成外辐射伤害。放射性物质对人体的危害主要是辐射损伤。辐射引起的电子激发作用和电离作用使机体分子不稳定和破坏，导致蛋白质分子键断裂和畸变，对新陈代谢有非常重要作用的酶会遭到破坏。因此，辐射不仅可以扰乱和破坏机体细胞、组织的正常代谢活动，而且可以直接破坏细胞和组织的结构，对人体产生躯体损伤效应（如白血病、恶性肿瘤、生育力降低、寿命缩短等）和遗传损伤效应（如先天畸形等）。

五、电离辐射探测原理与探测仪器

绝大多数辐射探测器都是利用电离和激发效应来探测入射粒子的。最常用的探测器主要有气体探测器、半导体探测器和闪烁体探测器三大类。气体探测器是利用射线在气体介质中产生的电离效应，产生相应的感应电流脉冲；闪烁体探测器是利用射线在闪烁物质中产生发光效应；半导体探测器是利用射线在半导体中产生的电子和空穴。此外，还有利用离子集团作为径迹中心所用的核乳胶、固体径迹探测器等。

（一）气体探测器（电离型检测器）

利用射线在工作气体中产生电离现象，通过收集气体中产生的电离电荷来记录射线的探测器，被称为气体探测。射线通过气体介质时，由于与气体的电离碰撞而逐渐损失能量，最后被阻止下来，其结果是使气体的原子、分子电离和激发，产生大量的电子离子对。工作原理图可简化为如图 7-1 所示。

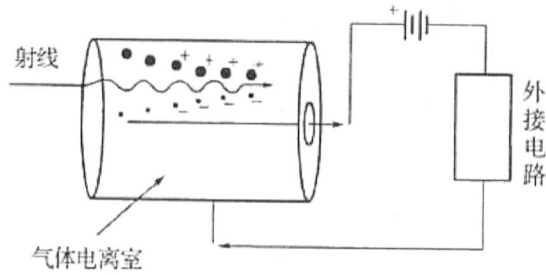

图 7-1　气体探测器示意图

气体探测器的工作电压会影响电离室的工作状态，根据其特定的工作状态可制作出不同的探测器类型，如正比计数器、G—M 计数管、气体电离室等。如图 7-2 所示，可分为五个区。

电离室、正比计数器和 G-M 计数管都属于气体探测器，只是工作电压不同。在不同的探测要求下选择合适的探测器，电离室和正比计数器所产生的脉冲幅度与入射粒子能量有关，所以可以用于能量测量；G—M 计数管输出幅度大，便于甄别，但输出幅度与入射粒子能量无关，因此只能用于粒子数量的测量。

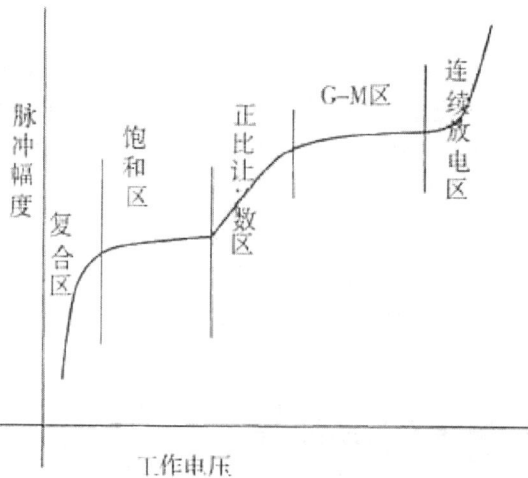

图 7-2　气体探测器脉冲感应幅度与工作电压的关系

（二）闪烁体探测器

闪烁体探测器是利用离子进入闪烁体后使其电离和激发，闪烁体激发态能级寿命极低，退激时产生大量荧光光子，荧光光子通过光导打到光电倍增管光电阴极上，光电阴极与荧光光子发生光电效应转换成光电子，光电子通过光电倍增管加速、聚焦、倍增，大量的电子在阳极负载上建立起幅度足够大的脉冲信号。脉冲信号经过后续的前置放大器、脉冲放大器多道能谱进行处理与分析。整个工作流程可参考图 7-3。

图 7-3　闪烁体工作原理示意图

闪烁体探测器根据闪烁体类型可分为有机闪烁体和无机闪烁体。闪烁体探测器的探测效率较高，塑料闪烁体价格便宜，可广泛使用，还可塑造成各种形状和尺寸。但是在使用时一定要保护探头的密封性，避免曝光。

（三）半导体探测器

半导体探测器实际上是一种固体二极管式电离室，利用 PN 结形成电子—空穴对，在外接电压的作用下，PN 结会形成一个内部电场称为耗尽区，如图 7-4 所示。射线进入耗尽区时，形成电子—空穴对，电子—空穴对的方向运动在外电路中产生一个感应脉冲信号，通过对脉冲信号的记录分析测得射线的基本信息。其原理非常类似气体探测器的电离室。

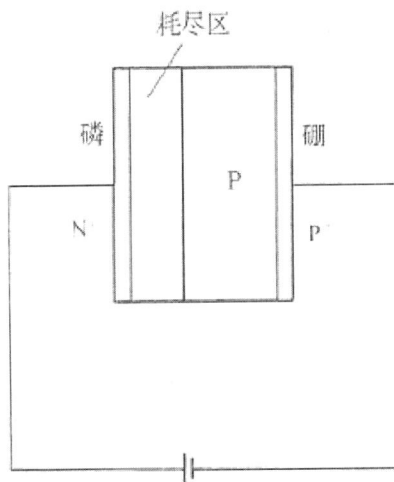

图 7-4　半导体探测器基本结构

六、样品的采集和预处理

（一）样品的采集

1. 放射性沉降物的采集

沉降物包括干沉降物和湿沉降物，主要来源于大气层核爆炸所产生的放射性尘埃，还有少部分来源于人工放射性微粒。

（1）放射性干沉降物。对于放射性干沉降物，样品可用水盘法、黏纸法、高罐法采集。

水盘法是用不锈钢或聚乙烯塑料制圆形水盘采集沉降物，盘内装有适量稀酸，沉降物过少的地区酌情加数毫克硝酸锯或氯化飙载体。将水盘置于采样点暴露 24 h，应始终保持盘底有水。采集的样品经浓缩、灰化等处理后，作总夕放射性测量。

黏纸法是用涂一层黏性油（松香加菌麻油等）的滤纸贴在圆形盘底部（涂油面向外），

放在采样点暴露 24 h，然后再将黏纸灰化，进行总夕放射性测量。也可以用蘸有三氯甲烷等有机溶剂的滤纸擦拭落有沉降物的刚性固体表面（如道路、门窗、地板等），以采集沉降物。

高罐法是用一不锈钢或聚乙烯圆柱形罐暴露于空气中采集沉降物。因罐壁高，可不放水，用于长时间收集沉降物。

（2）放射性湿沉降物。湿沉降物是指随雨（雪）降落的沉降物。其采集方法除上述方法外，常用一种能同时对雨水中的核素进行浓集的采样器，如图 7-5 所示。这种采样器由一个承接漏斗和一根离子交换柱组成。交换柱上下层分别装有阳离子交换树脂和阴离子交换树脂，待收集核素被离子交换树脂吸附浓集后，再进行洗脱，收集洗脱液进一步作放射性核素分离。也可以将树脂从柱中取出，经烘干、灰化后制成干样品作总 β 放射性测量。

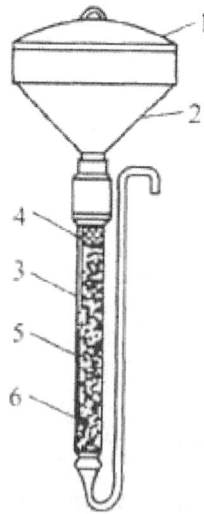

1—漏斗盖；2—漏斗；3—离子交换柱；4—滤纸架；5—阳离子交换树脂；6—阴离子交换树脂

图 7-5　离子交换树脂湿沉降物采集器

2. 放射性气溶胶的采集

放射性气溶胶包括核爆炸产生的裂变产物，来源于人工放射性物质以及氯的衰变子体等天然放射性物质。这种样品的采集常用滤料阻留采样法，其原理与大气中颗粒物的采集相同。对于被 - H 污染的空气，因其在空气中的主要存在形态是氰化水蒸气（HTO），所以除吸附法外，还常用冷阱法收集空气的水蒸气体为试样。

3. 其他类型样品的采集

对于水体、土壤、生物样品的采集、制备和保存方法，与非放射性样品所用的方法类似。

（二）样品的预处理

对样品进行预处理的目的是将样品处理成适于测量的状态，将样品中的待测核素转变成适于测量的形态并进行浓集，以及去除干扰核素。

常用的样品预处理方法有衰变法、有机溶剂溶解法、蒸馏法、灰化法、溶剂萃取法、离子交换法、共沉淀法和电化学法等。

1. 衰变法

取样后，将其放置一段时间，让样品中一些短寿命的核素衰变除去，然后再进行放射性测量。

2. 共沉淀法

用一般化学沉淀法分离环境样品中的放射性核素，因核素含量很低，达不到溶度积，无法沉淀而达到分离的目的。加入毫克数量级与待分离放射性核素性质相近的非放射性元素载体，由于二者之间发生同晶共沉淀或吸附共沉淀作用，从而达到分离和富集的目的。

对蒸干的水样或固体样品，可在瓷增埚内于 500 ℃马弗炉中灰化，冷却后称量. 再转入测量盘中铺成薄层检测其放射性。

3. 电化学法

通过电解将放射性核素沉积在阴极上，或以氢氧化物形式沉积在阳极上，这样分离出的核素纯度高。

如果将放射性核素沉积在惰性金属片电极上，可直接进行放射性测量。

七、环境中的辐射监测

环境中的辐射监测项目与分析方法如表 7-3 所示。

表 7-3　环境辐射监测项目与分析方法

监测对象	测定项目	测定方法	检测限或测定范围
水	氚	闪烁谱仪	测定下限：0.5BQ/L
	钾 - 40	原子吸收分光光度法	测定范围：02~10 mg/L
		火焰光度法	测定范围：007~20 mg/L
		离子选择性电极法	测定范围：008~3 900 mg/L
	锶 - 90	发烟硝酸沉二一（2-乙基己酸）	测定范围：0.1~10 Bq/L
		磷酸萃取色谱法	测定范围：001~10 Bq/L

续表

监测对象	测定项目	测定方法	检测限或测定范围
水	碘-131	β射线测量	测定范围：30×10^3 Bq/L
		γ谱仪	测定下限：40×10^{-3} Bq/L
	铯-137	β射线测量仪	测定范围：0.01~10Bq/L
	钋-210	电化学制样法	
	微量铀	固体荧光法	测定范围：005~100 μg/L
		激光液体荧光法	测定范围：002~20 μg/L
		分光光度法	测定范围：2~100μg/L
	钍	分光光度法	测定范围：001~05 μg/L
	镭-226	闪烁法	测定范围：$20 \times 10^{-3} \sim 30 \times 10^3$ Bq/L
	镭的a放射活性核素	a探测仪	测定定下限：80×10^{-3} Bq/L
	钚a放射性活度	a探测仪	测定下限：1.0×10^{-5} Bq/L
空气	环境空气中的氡	两步法	
	微量铀	TBP萃取荧光法	测定范围：$6.7 \times 10^{-4} \sim 1.3$ μg/m
土壤	铀	分光光度法	1.5×10^{-2} Bq/kg
	钚a放射性活度	离子交换法	
	锶-90放射性活度	离子交换法、β射线测量仪	测定范围：0.1~10 Bq/L
	碘-131	β射线测量仪	植物017 Bq/kg 动物6×10^{-3}/kg
		y谱仪	植物0.01 Bq/kg 动物8×10^{-3} Bq/kg
	牛奶中碘-131	β射线测量仪	测量下限：7×10^{-3} Bq/kg
		y谱仪	测量下限：1×10^{-2} Bq/kg
	铯-137放射性活度	β射线测量仪	测定范围：0.1~10 Bq/L
	铀	固体荧光法	测定范围：5~5 000 弘 g/L
		激光液体荧光法	测定范围：$25 \times 10^{-2} \sim 250$ mg/L

（一）室内环境空气中氡的测定

1. 测定原理

使用采样泵或自由扩散方法将待测空气中的氡抽入或扩散进入测量室，通过直接测量所收集氡产生的子体产物或经静电吸附浓集后的子体产物的a放射性，推算出待测空气中的氡浓度。

2. 测定方法

（1）活性炭盒法。活性炭盒（结构示意图如图7-6所示）法属于被动式采样，能测量出采样期间内的平均氡浓度，暴露3 d，探测下限可达到 6 Bq/m³。采样盒用塑料或金属制成，直径为6~10 cm，高为3~5 cm，内装25~100 g活性炭。盒的敞开面用滤膜封住，固定活性炭且允许氡进入采样器，空气扩散进炭床内，其中的氡被活性炭吸附，同时衰变，新生的子体便沉积在活性炭内。用 γ 谱仪测量活性炭盒的氡子体特征 γ 射线峰（或峰群）强度。根据特征峰面积可计算出氡的浓度。

（2）径迹蚀刻法。该法也属于被动式采样，能测量采样期间内氡的累积浓度. 暴露 20 d，其探测下限可达 2.1×10^3 Bq·h/m³探测器是聚碳酸酯片或 CR-39，置于一定形状的采样盒内组成采样器，如图 7-7 所示。

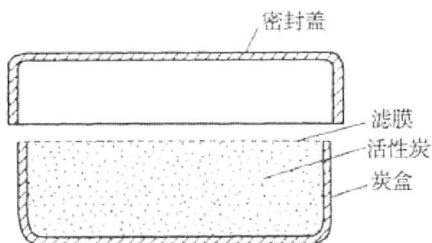

图 7-6 活性炭盒结构示意图

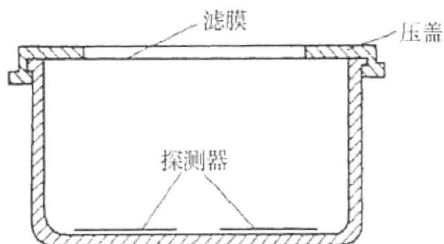

图 7-7 径迹蚀刻法采样器示意图

氡及其子体发射的 a 粒子轰击探测器时，使其产生亚微观型损伤径迹。将此探测器在一定条件下进行化学或电化学蚀刻，扩大损伤径迹，以致能用显微镜或自动计数装置进行计数。单位面积上的径迹数与氡浓度和暴露时间的乘积成正比。用刻度系数可将径迹密度换算成氡的浓度。

（3）双滤膜法。该法属于主动式采样，能测量采样瞬间的氡浓度，探测下限为 3.3 Bq/m³ 采样装置如图 7-8 所示。抽气泵开动后含氡样气经过滤膜进入衰变筒，被滤掉子体的纯氡在通过衰变筒的过程中生成新子体，新子体的一部分为出口滤膜所收集。测量出口滤膜上的 a 放射性就可换算出氡浓度。

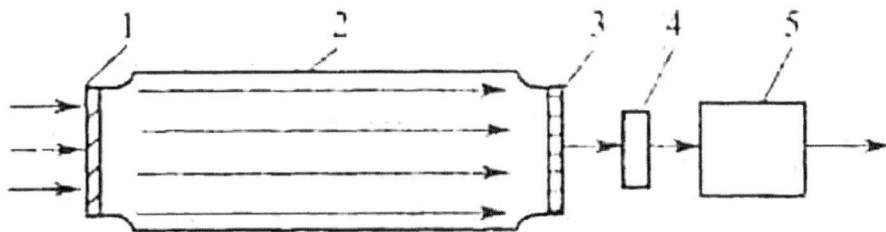

1—入口膜；2—衰变筒；3—出口膜；4—流量计；5—抽气泵

图 7-8 双滤膜法采样系统示意图

（4）闪烁瓶测量法。将待测点的空气吸入已抽成真空态的闪烁瓶内。闪烁瓶密封避光 3 h，待氡及其短寿命子体平衡后测量 ^{222}Rn、^{210}Po衰变时放射出的 a 粒子。它们入射到闪烁瓶的 ZnS（Ag）涂层，使 ZnS（Ag）发光，经光电倍增管收集并转变成电脉冲，通过脉冲放大，被定标计数线路记录。在确定时间内脉冲数与所收集空气中氡的浓度成正比，根据刻度源测得的净计数率一氡浓度刻度曲线，可由所测脉冲计数率得到待测空气中的氡浓度。

处于真空状态的闪烁瓶与系统连接好，按规定顺序打开各阀门，用无氯气体把扩散瓶内累积的已知浓度的氡气体吹入闪烁瓶内。在确定的测量条件下，避光 3 h，进行计数测量。

（5）氡连续测量仪测定法。由泵主动采样，滤膜收集氡及子体，采用半导体探测器测量 a 辐射，二道能谱法测量 a 仅计数，使用扣除算法计算氡子体潜能浓度，仪器可在不更换滤膜情况下连续测量。

3. 测量步骤

为评价室内的氡水平，分两步测量：第一步为筛选测量，用以快速判定建筑物是否对其居住者产生高辐照的潜在危险；第二步为跟踪测量，用以估计居住者的健康危险度以及对治理措施做出评价。

（二）水样的总 a、总 β 放射性活度的测定

水体中常见的辐射 a 粒子的核素有 ^{225}Ra、^{222}Rn 及其衰变产物等。目前公认的水样总 a 放射性安全浓度是 0.1 Bq/L，当大于此值时，就应对放射 a 粒子的核素进行鉴定和测量，确定主要的放射性核素，判断水质污染情况。

测定时，取一定体积水样，过滤除去固体物质，滤液加硫酸酸化，蒸发至干，在温度不超过 350 ℃下灰化。将灰化后的样品移入测量盘中并铺成均匀薄层，用闪烁检测器测量。在测量样品之前，先测量空测量盘的本底值和已知活度的标准样品。测定标准样品的目的是确定探测器的计数效率，以计算样品源的相对放射性活度，即比放射性活度。标准源最好是待测核素，并且二者强度相差不大。如果没有相同核素的标准源.可选用放射 a 粒子而能量相近的其他核素，如硝酸铀酰。水样的总 a 比放射性活度（Q）用下式计算：

$$Q = \frac{n_c - n_b}{n_s V} \tag{7-12}$$

式中：Q——比放射性活度，Bq（铀）/L；

n_c——用闪烁检测器测量水样得到的计数率，计数/min；

n_b——空测量盘的本底计数率，计数/min；

n_s——根据标准源的活度计数率计算出的检测器的计数率，计数/（Bq·min）；

V——所取水样的体积，L。

水样中的 β 射线来自 ^{40}K、^{90}Sr、^{129}I 等核素的衰变，目前公认的安全水平为 1Bq/L。40 K 标准源可用天然钾的化合物（如氯化钾或碳酸钾）制备。用氯化钾制备标准源的方法为：取经研细过筛的分析纯氯化钾试剂于 120~130 ℃ C 烘干 2 h，置于干燥器内冷却。准确称取与样品源同样质量的氯化钾标准源，在测量盘中铺成中等厚度层，用计数管测定。

第二节 电磁辐射环境监测

一、电磁辐射对人体的影响

电磁辐射是指频率低于 300 GHz 的电磁波辐射。随着电子工业与电气化水平的不断发展和提高，广大人民生活水平的迅速提高，人为电磁辐射呈现出不断增加的趋势。电磁辐射对无线电通信、遥控、导航以及电视接收信号的干扰日趋严重，严重的甚至危及人体健康。电磁辐射的危害与电磁波的频率有关，从作用机制角度看，射频辐射的危害比较大。电磁辐射对人体的影响可归结为三种效应：热效应、非热效应和"三致"（当电磁辐射与机体发生严重的生物效应，如诱发癌细胞、引起染色体畸变等这种致癌、致畸、致突变作用称为"三致"作用）作用。

二、电磁辐射的类型

（一）射频电磁场和工频电磁场

电磁辐射按频率分为射频电磁场和工频电磁场。

交流电的频率达到每分钟 10 万次以上时所形成的高频电磁场称为射频电磁场，如移动通信基站电磁辐射场。当交流电频率低于 10 万赫兹时所形成的电磁场称为工频电磁场，常见于人工型电磁场源，如 50Hz 交流电的输变电系统。

（二）近区场和远区场

根据电磁场本身特点分为近区场（感应场）和远区场（辐射场）。

1. 近区场

近区场以场源为中心，在一个波长范围内的区域称为近区场，其作用方式主要为电磁感应，所以又称为感应场。感应场受源的距离限制，其主要有以下特点。

（1）电场强度 E 与磁场强度 H 没有明确的关系，因此在近区场测量电磁辐射功率密度时，电场和磁场强度都要分别测量。一般在高电压低电流的场源电场强度比磁场强度大很多；反之低电压高电流的场源附近磁场强度远大于电场强度。

（2）感应场内电磁场强度远大于辐射场的电磁场强度，且感应场内的电磁场强度随距离衰减的速度也远大于辐射场。

（3）感应场的存在与辐射源密切相关，是不能脱离场源独立存在的一种电磁场。

2. 远区场

对应于近区场，在一个波长之外的区域称为远区场，也称为辐射场。辐射场有别于感应场，有自己的如下传播规律。

（1）电场强度 E 和磁场强度 H 有固定的比例关系，因此在测量远区场的电磁场强度时可以只测量电场强度 E，由下式 7-13 可得到磁场强度 H：

$$E = \sqrt{\mu_0/E_0}\, H = 377H \qquad\qquad (7-13)$$

式中：$\mu_0 = 4\pi \times 10^{-2}\,\mathrm{N/A^2}$，是真空磁导率；

　　　$E_0 = 8.854187817 \times 10^{-12}\,\mathrm{F/m}$，是真空介电常数。

（2）电场强度 E 和磁场强度 H 相互垂直，且都垂直于传播方向。

（3）电磁波的传播速率为 $C = 1/\sqrt{\mu_0/E_0} = 3 \times 10^8\,\mathrm{m/s}$。

通常，对于一个固定的可以产生一定强度的电磁辐射源来说，近区场辐射的电磁场强度较大，所以，应该格外注意对电磁辐射近区场的防护。对电磁辐射近区场的防护，首先是对作业人员及处在近区场环境内的人员的防护，其次是对位于近区场内的各种电子、电器设备的防护。而对于远区场，由于电磁场强度较小，通常对人的危害较小，这时应该考虑的主要因素就是对信号的保护。另外，应该对近区场有一个范围的概念，对人们最经常接触的从短波段 30 MHz 到微波段 3 000 MHz 的频段范围，其波长范围为 10 m 到 1 m。

（三）自然型和人工型电磁场源

1. 自然型电磁场源

自然型电磁场源来自于自然界，是由自然界中某些自然现象所引起的，常见的如大气与空电污染源（自然界的火花放电、雷电等），太阳电磁场源和宇宙电磁场源。

2. 人工型电磁场源

电磁辐射污染主要来源于人工型电磁辐射场源，也是人类能进行控制治理的辐射场源。一般将人工型辐射场源分为以下三大类。

（1）单一杂波辐射。指特定电器设备与电子装置工作时产生的杂波辐射，它因设备与装置的不同而具有特殊的波形和强度。单一杂波辐射主要成分是工业、科研和医疗设备的电磁辐射，这类设备信号的干扰程度与设备的构造、功率、频率、发射天线形式、设备与接收机的距离以及周围的地形地貌有密切关系。

（2）城市杂波辐射。可理解为环境电磁辐射人工辐射源的环境背景值，它是源于人类日常使用电气设备时释放的在空间中形成的远场电磁辐射。它是评价大环境质量的一个重要参数，也是城市规划与治理诸方面的一个重要依据。

（3）建筑物杂波。建筑物杂波一般呈现冲击性与周期性规律，主要源于变电站、工厂企业和大型建筑物以及构筑物中的辐射源。这种杂波多从接收机之外的部分串入到接收机之中，产生干扰。

三、电磁环境控制限值

随着经济社会的发展，信息发射设施、电磁能利用设备、高压输变电设施的建设和应用越来越广泛。我国人口众多，居住密集，建设项目包含上述产生电磁能的设施（设备）时，往往与周围电磁敏感建筑和敏感设施距离甚近（移动通信基站、高压输变电设施由于功能需要，必须建设在人口密集区）。特别是城市的扩张使新建的敏感建筑"主动"向电磁设施（设备）靠拢。随着人民生活水平日益提高和公众对自身所处环境质量意识的增强，人体暴露在电场、磁场、电磁场中是否存在潜在的健康影响，已成为公众关注的焦点。

2014 年国家发布了电磁环境控制限值（GB8702—2014），该标准取代 GB8702—88 电磁辐射防护规定。为控制电场、磁场、电磁场所致公众曝露（这里指公众所受的全部电场、磁场、电磁场照射. 不包括职业照射和医疗照射），该规定明确；环境中电场、磁场、电磁场场量参数的方均根值应满足如表 7-4 所示要求。

表 7-4　公众曝露控制限值

频率范围	电场强度 E / （V/m）	磁场强度 H / （A/m）	磁感应强度 B /μT	效平面波功率密度 S_{ep} / （W/m$_0$）
1~8 Hz	8 000	32 000/f^2	40 000/f^2	—
8~25 Hz	8 000	4 000/f	5 000/f	—
0.025~1.2 kHz	200/f	4/f	5/f	—
1.2~2.9 kHz	200/f	3.3	4.1	—
2.9~57 kHz	70	10/f	12/f	—
57~100 kHz	4 000/f	10/f	12/f	—
0.1~3 MHz	40	0.1	0.12	4
3~30 MHz	67/$f^{1/2}$	0.17$f^{1/2}$	0.21$f^{1/2}$	12/f
30~3 000 MHz	12	0.032	0.04	0.4
3 000~15 000 MHz	0.22$f^{1/2}$	0.000 59$f^{1/2}$	0.000 74$f^{1/2}$	f/7 500
15~300 GHz	27	0.073	00 092	2

四、移动通信基站电磁辐射环境监测

对超过豁免水平的电磁辐射体，必须对辐射体所在的工作场所以及周同环境的电磁辐射水平进行监测，并将监测结果向所在地区的环境保护部门报告。下面以移动通信基站电磁辐射环境监测为例进行讲述。

（一）监测条件

监测应选择无雨雪天气进行，现场监测工作须有两名以上的监测人员，监测时间建议在 8：00-20：00 之间。测量仪器根据监测目的分为非选频式宽带辐射测量仪和选频式辐射测量仪。进行移动通信基站电磁辐射环境监测时，采用非选频式宽带辐射测量仪；需要了解多个辐射电磁波发射源中各个发射源的电磁辐射贡献量时，采用选频式辐射测量仪。监测应尽量选择具有全向性探头的测量仪器。使用非全向性探头时，监测期间必须调节探测方向，直至测到最大场强值。

对于非选频式宽带辐射测量仪要求频率响应在 800 MHz 至 3 GHz 之间时，探头线性度应当优于±1.5 dB，其他频率范围线性度应当优于±3 dB；动态范围要求检出限应当优于 0.7×10^{-3} W/m^2（0.5 V/m），±检出限应当优于 25 W/m^2（100 V/m）；同时对整套测量系统各向同性偏差小于 2 dB。

对于选频式辐射测量仪要求测量误差小于±3 dB，频率误差小于被测频率的10^{-3}倍，动态范围要求至少优于 $0.7×10^{-3}$ W/m² (0.5 V/m) ～25 W/m² (100 V/m)，各向同性偏差应当小于 2.5 dB。

(二) 监测步骤

(1) 收集被测移动通信基站的基本信息，包括移动通信基站名称、编号、建设地点、建设单位和类型；发射机信号、发生频率范围、标称功率、时间发射功率；天线数目、天线型号、天线载频数、天线增益、天线极化方式、天线架设方式、钢塔桅类型、天线离地高度、天线方向角、天线俯仰角、水平半功率角、乖盲半功率角等参数。

(2) 监测参数的选取，根据移动通信基站的发射频率，对所有场所监测其功率密度或电场强度。

(3) 测量点位的选择。监测点位一般布设在以发射天线为中心半径 50 m 范围内可能受到影响的保护目标，根据现场环境情况可对点位进行适当调整。具体点位优先布设在公众可能达到距离天线最近处，也可根据不同目的选择监测点位。移动通信基站发射天线为定向天线时，监测点位的布设原则上设在天线主瓣方向内，必要时画出布点图。

在室内测量时一般选取房间中央位置，点位与家用电器等设备之间距离不少于 1 m。在窗口位置监测，探头尖端应在窗框界面以内。探头尖端与操作人员之间距离不少于 0.5 m。对于发射天线架设在楼顶的基站，在楼顶公众可能活动范围内设监测点位。进行监测时，应设法避免或尽量减少周边偶发的其他辐射源的干扰。

(4) 监测时间和读数。在移动通信基站正常工作时间内进行监测。每个测点连续测 5 次，每次监测时间不小于 15 s，并读取稳定状态下的最大值。若监测读数起伏变化较大，适

当延长监测时间，减小间隔时间。测量仪器为自动测试系统时，可设置于平均方式，每次测试时间不少于 6 min，连续取样数据采集取样频率为 2 次/s。

(5) 测量高度。测量仪器探头尖端距地面或立足点 1.7 m。根据不同监测目的，可调整测量高度。

(6) 数据记录与处理。记录移动通信基站的基本信息和监测条件信息（环境温度、相对湿度、天气状况；测量起始时间，测量人员和测量仪器等），如表 7-5 所示。

表 7-5 移动通信基站电磁辐射环境监测现场记录表

基站基本信息		监测条件信息	
基站名称	编号	监测时间	仪器型号
建设单位	建设地点	天气状况	测量仪器编号
类型	发射频率范围	环境温度/℃	探头类型
天线离地面高度	钢塔桅类型	相对湿度/%	相对湿度/%

如果测量仪器读出的场强测量值的单位为 dB·μV/m，则先按下式 7-14 换算成电磁辐射电场强度：

$$E = 10^{\frac{X}{20-6}} \tag{7-14}$$

式中：X——测量仪器读数，$dB \cdot \mu V/m$；

　　　E——换算的场强值，V/m。

数据记录到如表 7-6 所示中。

表 7-6　移动通信基站电磁辐射水平现场测量记录表

基站名称					编号		
测量结果							
序号	监测点位名称	点位与天线的直线距离	测量值					$E = E \pm 6$
			1	2	3	4	5	
1								
2								
3								

最后数据按照下列公式处理：

$$\bar{E}_i = \frac{1}{n} \sum_{j-1}^{n} E_{ij} \tag{7-15}$$

$$E_s = \sqrt{\sum_{i=1}^{m} \overline{E_i^2}} \tag{7-16}$$

$$E_G = \frac{1}{K} \sqrt{\sum_{s=1}^{K} E_s} \tag{7-17}$$

式中：E_{ij}——测量点位某频段中频率 i 点的第 i 次场强测量值；

　　　E_i——测量点位某频段中频率 i 点的场强测量值的平均值；

　　　E_s——测量点位某频段中的综合场强值；

　　　E_G——测量点位一段时间内测量的某频段的综合场强的平均值；

　　　n——测量点位某频段中频率 i 点的场强测量次数；

　　　m——测量点位某频段中被测频率点的个数；

　　　K——段时间内测量某频段电磁辐射的测量频次。

根据需要可分别统计每次测量中的最大值 E_{max}、最小值 E_{min} 以及 50%、80% 和 95% 时间内不超过的场强值 E_{50}、E_{80} 和 E_{95}。

五、输变电站电磁辐射环境监测

目前，我国对高压输变电设施的工频电磁场强度限值进行了严格的设定。按照国家标准，工频磁场强度应该在 $100\ \mu T$（微特）以下，工频电场强度应该在 $5\ kV/m$ 以下。所有这些高压输变电设施在正式投入运营之前，都必须要通过工频电磁场的环保检测。

在输变电线路测量中，参照国家环境保护部颁布的 HJ/T 24—2014《环境影响评价技术导则输变电工程》中的要求测 1.5 m 处的工频电场强度垂直分量、磁场强度垂直分量和水平分量，理论上使用一维探头便能满足要求但在测量工频电场总场强时，三维探头仪，器更加方便和准确。

测量工频电磁场时要根据不同的监测要求选择监测点位和高度。测量 500 kV 超高压送变电线路的工频电磁场强度时，沿垂直于导线水平方向场强变化较大，在现场测量工作中应注意点位和高度的选择，准确定位，便于重复测量。

另外，当仪表介入到电场中测量时，测量仪表的尺寸应使产生电场的边界面（带电或接地表面）上的电荷分布没有明显畸变；测量探头放入区域的电场应均匀或近似均匀。场强仪和邻近固定物体的距离应该不小于 1 m，使固定物体对测量值的影响限制到可以接受的水平之内。测量正常运行高压架空送电线路的工频电场时，根据 DL/Z 988—2005《高压交流架空送电线路、变电站工频电场和磁场测量方法》的要求，测量地点应选在地势平坦、远离树木，没有其他电力线路、通信线路及广播线路的空地上，一般选择在导线档距中央弧垂最低位置的横截面方向上，如图 7-9 所示。

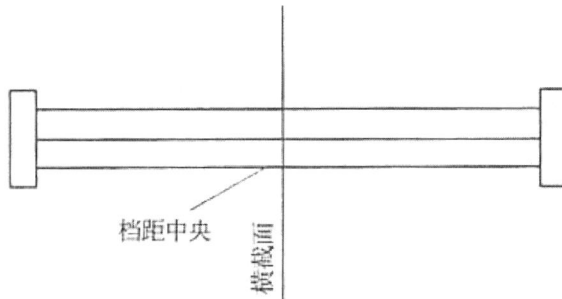

图 7-9 输变电线路下方电场和磁场测量布点图

单回送电线路应以中间相导线对地投影点为起点，同塔多回送电线路应以对应两铁塔中央连线对地投影点为起点，测量点应均匀分布在边相导线两侧的横截面方向上。对于以铁塔对称排列的送电线路，测量点只需在铁塔一侧的横截面方向上布置。送电线路最大电场强度一般出现在边相外。除此之外，可在线下其他感兴趣的位置进行测量，要详细记录测量点以及周围的环境情况。

若在民房内测量，应在距离墙壁和其他固定物体 1.5 m 外的区域进行，并测出最大值，作为评价依据。如不能满足上述与墙面距离的要求，则取房屋空间平面中心作为测量点，但测量点与周围固定物体（如墙壁）间的距离至少 1 m。

若在民房阳台上测量，当阳台的几何尺寸满足民房内场强测量点布置要求时，阳台上的场强测量方法与民房内场强测量方法相同；若阳台的几何尺寸不满足民房内场强测量点布置要求，则应在阳台中央位置测量。

民房楼顶平台上测量，应在距离周围墙壁和其他固定物体（如护栏）1.5 m 外的区域内进行，并得出测量最大值。若民房楼顶平台的几何尺寸不能满足此条件，则应在平台中央位置进行测量。

对于工频电磁场，在有导电物体介入的情况下，电场在幅值、方向上会改变，或者两者都改变了，从而形成畸变场。同时，由于物体的存在，电场在物体的表面上通常会产生很大的畸变。因此测量时，测试人员应离测量仪表的探头足够远，一般情况下至少要 2.5 m，避免在仪表处产生较大的电场畸变。测量人员靠得过近，会使仪表受人体屏蔽，测得电场值偏低；而当测量仪表在较高位置（甚至由测量人员手持）时，则由于人体导致仪表所在空间电场的集中，往往使测试结果偏高。测量人员手持仪表进行测量是不对的，在极端情况下可能使测得的电场值成倍地偏高。

在进行工频电磁场测量时，要及时掌握被测输变电设施的工况负荷，如线路电压和运行功率等。记录工频电磁场强度测量结果对应被测输变电设施的工况条件，以便于追溯。应在无雨、无雪、无浓雾、风力不大于三级的情况下测量。特别要关注环境湿度的变化。测量时空气相对湿度不宜超过 80%，否则仪器部件可能形成凝结层，产生两极泄漏．内部测量回路被部分地短接。绝缘支撑物会对测量结果产生影响，在环境潮湿时则影响更大。如有的工频电场仪测量中木质支架使测量数值偏高，改用塑料支架后测量数据恢复正常。

第八章　　生物监测和生态监测

　　生物与其生存环境之间存在着相互影响、相互制约、相互依存的密切关系。受到污染的生物，在生态、生理和生化指标等方面会发生变化，出现不同的症状或反应。生物监测与生态监测是在长期连续监测方面，对物理和化学监测的重要补充，充分利用生物对污染物毒性反应的敏感性，更能较准确地反映真实的污染状况。生态环境监测是生态环境保护的基础，是生态文明建设的重要支撑。

　　生物监测与生态监测都是利用生命系统各层次对自然或人为因素引起环境变化的反应来判定环境质量，都是研究生命系统与环境系统的相互关系。生物监测系统地利用生物反应以评价环境的变化，从生物学组建水平观点出发，各级水平上都可以有反应；生态监测是比生物监测更复杂、更综合的一种监测方法，重点放在对生态系统层次上的生物监测。

　　现代生物技术的快速发展，使捕捉生物信息的能力大大增强，正在给传统的生物监测和生态监测技术注入新的活力；监测手段上的变革，对于了解污染物的性质、分析污染的程度、追踪污染发生的历史、预测污染的影响及发展趋势等方面都具有十分重要的意义。

第一节　概　　述

一、基本概念

（一）生物监测

　　生物监测与化学监测、物理监测一样，被广泛应用于环境保护。生物监测这一术语是在 1977 年 4 月由欧洲共同体（EEC）、世界卫生组织（WHO）、美国环境保护局（EPA）组织的"关于生物样品在评价人体接触污染物方面的应用"的国际会议上正式提出并给予定义的。

　　生物监测是利用生物分子、细胞、组织、器官、个体、种群和群落等各层次对环境污染程度所产生的反应来阐明环境污染状况的环境监测方法，从生物学的角度为环境质量的监测和评价提供依据。从理论上，环境的物理、化学过程决定着生物学过程；反过来，生物学过程的变化也可以在一定程度上反映出环境的物理、化学过程的变化。因此，可以通过对生物的观察来评价环境质量的变化。从某种意义上，由环境质量变化所引起的生物学过程变化能够更直接地综合反映出环境质量对生态系统的影响，比用理化方法监测得到的参数更具有说服力。

生物监测的理论基础是生态系统理论。污染物进入环境后，会对生态系统在各级生物学水平上产生影响，引起生态系统固有结构和功能的变化。例如，在分子水平上，会诱导或抑制酶活性，抑制蛋白质、DNA 和 RNA 等的合成。在细胞水平上，引起细胞膜结构和功能的改变，破坏像线粒体和内质网等细胞器的结构和功能。在个体水平上，对动物会导致死亡，行为改变，抑制生长发育与繁殖等；对植物表现为生长速度减慢，发育受阻，失绿黄化及早熟等。在种群和群落水平上，引起种群数量密度的改变，结构和物种比例的变化，遗传基础和竞争关系的改变，引起群落中优势种群、生物量、物种多样性等的改变。

（二）生态监测

生态监测是运用物理、化学或生物等方法对生态系统或生态系统中的生物因子、非生物因子状况及其变化趋势进行的测定、观察。在地球的全部或者局部范围内观察和收集生命支持能力的数据、并加以分析研究，以了解生态环境的现状和变化。所谓生命支持能力数据，包括生物（人类、动物、植物和微生物等）和非生物（地球的基本属性）的相关信息。通过不断监视自然和人工生态系统及生物圈其他组成部分（外部空气圈、地下水等）的状况，确定改变的方向和速度，并查明多种形式的人类活动在这种改变中所起的作用。

生态监测是一种综合技术，通过地面固定的监测站或流动观察队、航天摄影及太空轨道卫星获取包括环境、生物、经济和社会等多方面数据。运用可比的方法，在时间或空间上对特定区域范围内生态系统或生态系统聚合体的类型、结构和功能及其组成要素等进行系统的测定和观察，监测的结果被用于评价和预测人类活动对生态系统的影响，为合理利用资源、改善生态环境和自然保护提供决策依据。与其他监测技术相比，生态监测是一种涉及学科多、综合性强和更复杂的监测技术。

从不同生态系统的角度出发，生态监测可分为城市生态监测、农村生态监测、森林生态监测、草原生态监测及荒漠生态监测等。从生态监测的对象及其涉及的空间尺度，可分为宏观生态监测和微观生态监测两大类。

1. 宏观生态监测

宏观生态监测是对区域范围内生态系统的组合方式、镶嵌特征、动态变化和空间分布格局等及其在人类活动影响下的变化进行观察和测定，例如，热带雨林、沙漠化、湿地等生态系统的分布及面积的动态变化。宏观监测的地域等级至少应在区域生态范围之内，最大可扩展到全球一级。其监测手段主要依赖于遥感技术和地理信息系统。监测所得的信息多以图件的方式输出，将其与自然本底图和专业图件比较，评价生态系统质量的变化。

2. 微观生态监测

微观生态监测是运用物理、化学和生物方法对某一特定生态系统或生态系统聚合体的结构和功能特征及其在人类活动影响下的变化进行监测。主要以大量的野外生态监测站为基础，每个监测站的地域等级最大可包括由几个生态系统组成的景观生态区，最小也应代表单一的生态系统。按照微观生态监测内容，可分为干扰性生态监测、污染性生态监测、治理性生态监测。

宏观生态监测和微观生态监测二者既相互独立，又相辅相成，一个完整的生态监测应包括宏观和微观监测两种尺度所形成的生态监测网。

3. 指示生物

指示生物，就是对环境中某些物质，包括污染物的作用或环境条件的改变能较敏感和快速地产生明显反应，通过其反应来监测和评价环境质量的现状和变化的生物。生物监测中所应用的指示生物通常都具有以下基本特征。

（1）灵敏性和特异性。指示生物的敏感性直接决定了生物监测方法的灵敏度。指示生物对胁迫的生物反应具有特异性，即对干扰作用反应敏感，在绝大多数生物对某种异常干扰作用尚未做出反应的情况下，指示生物中健康的个体却出现了可见的损害或表现出某种特征，有着"预警"的功能。由于生物种类很多，不同生物甚至同种生物不同品种和亚种对同一干扰的反应都不同。因此，要根据监测对象和监测目的挑选相应的敏感种类和指示生物。

（2）代表性。从指示效果的角度要求，指示生物的适宜性越狭窄越好，但这样的生物在群落中的数量和分布区很小。因此，指示生物除具有敏感性强的特点外，还应是常见种，最好是群落中的优势种。

（3）较小的差异性。表现在对干扰作用的反应个体间的差异小、重现性高。许多生物个体差异很大，若以此作为指示生物往往会影响监测结果的准确性。指示生物应是个体间差异小的种类，方能保证监测结果的可靠性和重现性。用作指示生物的植物，最好选用无性植物。这类植物在遗传性上差异甚小，可保证获得较为一致可比的监测结果。

（4）多功能性。即尽量选择除监测功能外还兼有其他功能的生物，达到一举多得的目的。如有的有经济价值，有的有绿化或观赏价值等。国内外在空气污染的监测上，常选用唐菖蒲、秋海棠、牡丹、兰花、玫瑰等，都达到了既可观赏和获得经济效益，又能"报警"的目的。

二、生物和生态监测的特点

（一）生物监测的优点

与理化监测方法相比，生物监测具有理化监测所不能替代和所不具备的一些优点。

（1）综合性。生物监测能较好地综合反映环境质量状况。环境问题是相当复杂的，某一生态效应常是几种因素综合作用的结果。如在受污染的水体中，通常是多种污染物并存，而每种污染物并非都是各自单独起作用，各类污染物之间也不都是简单的加减关系。理化监测仪器常常反映不出这种复杂的关系，而生物监测却具有这种特征。

（2）连续性。用理化监测方法可快速而精确测得某空间内许多环境因素的瞬时变化值，但却不能以此来确定这种环境质量对长期生活于这一空间内的生命系统影响的真实情况。生物监测具有这种优点，因为它是利用生命系统的变化来"指示"环境质量，而生命系统各层次都有其特定的生命周期，这就使得监测结果能反映出某地区受污染或生态破坏后累积结果的历史状况。这有助于对某地区环境污染历史状况的分析，也是理化监测所无法比拟的。

（3）多功能性。一般理化监测仪器的专一性很强，测定 O_3 的仪器不能兼测 SO_2，测 SO_2 的也不能兼测 CH_4。生物监测却能通过指示生物的不同反应症状，分别监测多种干扰效应。例如，在污染水体中，通过对鱼类种群的分析就可获得某污染物在鱼体内的生物积累速度以及沿食物链产生的生物学放大情况等许多信息。植物受 SO_2、PAN（过氧乙酰硝酸酯）和氟化物的危害后，叶的组织结构和色泽常表现出不同的受害症状。

（4）高灵敏性。生物监测灵敏度高，从物种的水平上说，是指有些生物对某种污染物的反应很敏感。如唐菖蒲在 $0.01\ \mu L/L$ 的氟化氢下，20 h 就出现反应症状。

（5）整体性。对于宏观系统的变化，生物监测更能真实和全面地反映外干扰的生态效应。许多外干扰对生态系统的影响都因系统的功能整体性而产生连锁反应。如：空气污染可影响植物的初级生产力，生态系统的各组分对系统功能变化的反应也是很敏感的。因此，只有通过生物监测才能对宏观系统的复杂变化予以客观的反映。

另外，生物监测还具有价格低廉，不需购置昂贵的精密仪器；不需要烦琐的仪器保养及维修等工作；可以在大面积或较长距离内密集布点，甚至在边远地区也能布点进行监测等优点。

（二）生物监测的局限性

生态系统理论是生物监测的理论基础，生态系统具有维持一定地区的系统结构和功能的固有特性。环境污染必然引起生态系统固有结构和功能的变化，生物监测可以反映这种环境污染的生态效应，为环境控制与管理提供生物能动的反应信息。但生态系统的复杂性也为生物监测参数的选择带来了困难，主要是因为：

（1）污染的发生总是综合性的，相同强度的同种干扰对处于不同状态的生物常产生不同的生态效应。指示生物同一受害症状可由多种因素造成，增加了对监测结果判别的困难。如：许多植物的落叶、矮态、卷转、僵直和扭曲等，空气氟化物的污染和低浓度除草剂的施用均可造成上述异常现象；SO_2 对植物的伤害往往与霜冻或无机盐缺乏的症状也很相似。

（2）生物在不同生活史阶段的反应不同，如水稻在抽穗、扬花、灌浆时期对污染反应最敏感、危害最大，而成熟期的敏感性就明显降低。

（3）系统受污染后的效应往往在初期不易测出。

（4）由于影响生物学过程的不仅仅是环境污染，还有许多非污染因素。外界各种因子容易影响生物监测结果和生物监测性能。如：利用菜豆（Phaseolus vulgaris L.）监测 O_3，其致伤率与光照强度密切相关；SO_2 对植物的危害受气象条件影响很大等。

（5）生物监测的精度不高，有些场合只能半定量。它通常反映的只是环境中各污染物所反映出来的总体生物毒性水平。

尽管生物监测还存在着一定的局限性，但是它在环境监测中的地位和作用仍然是非常重要的。第一，通过生物监测可揭示和评价各类生态系统在某一时段的环境质量状况，为利用、改善和保护环境指出方向。第二，由于生物监测更侧重于研究人为干扰与生态环境变化的关系，可使人们搞清哪些活动模式既符合经济规律、又符合生态规律，从而为协调人与自然的关系提供科学依据。第三，通过生物监测还能掌握对生态环境变化构成影响的各种主要干扰因素及每种因素的贡献。这既能为受损生态系统的恢复和重建提供科学依据，也可为制定相应的环保管理计划，增强环保工作的针对性和主动性，进而提高措施的有效性服务。第四，由于生物监测可反馈各种干扰的综合信息，所以人们能依此对区域生态环境质量的变化趋势做出科学预测。

（三）生态监测的特点

1. 综合性

生态监测是一门涉及多学科（包括生物、地理、环境、生态、物理、化学、数学信息和技术科学等）的交叉领域，涉及农、林、牧、副、渔、工等各个生产领域。

2. 长期性

自然界中生态过程的变化十分缓慢，而且生态系统具有自我调控功能，一次或短期的监测数据及调查结果不可能对生态系统的变化趋势做出准确的判断，必须进行长期的监测，通过科学对比，才能对一个地区的生态环境质量进行准确的描述。

3. 复杂性

生态系统是自然界中生物与环境之间相互关联的复杂的动态系统，在时间和空间上具有很大的变异性，生态监测要区分人类干扰作用（污染物质的排放、资源的开发利用等）和自然变异及自然干扰作用（如洪水、干旱和水灾）比较困难，特别是在人类干扰作用并不明显的情况下，许多生态过程在生态学的研究中也不十分清楚。

4. 分散性

生态监测台站的设置相隔较远，监测网络的分散性很大。同时由于生态过程的缓慢性，生态监测的时间跨度也很大，所以通常采取周期性的间断监测。

第二节　生物和生态监测的基本方法

生物监测方法的建立是以环境生物学理论为基础的。目前，生物监测已经从传统的生物种类、数量和行为的描述发展到现代化的自动分析，从单纯的生态学方法扩展到与生理、生化、毒理学和生物体残留量分析等领域相结合的研究。根据监测生物系统的结构水平、监测指示及分析技术等，可以将生物监测的基本方法大致分为4大类，即生理学方法、生物化学成分分析法、毒理学方法（毒性测定、致突变测定等）、生态学方法（个体生态和群落生态）。从生物的分类法来分，主要包括动物监测、植物监测和微生物监测。

生态监测的方法有地面监测、空中监测、卫星监测以及一些新技术、新方法在生态监测中的应用。

一、生理和生化监测法

近年来，化学污染物所导致的生物有机体的生物化学和生理学改变越来越多地被运用于监测和评价化学污染物的暴露及其效应。许多环境科学家把这些生物化学和生理学改变称之为生物标志物。

这类指标已被广泛应用于生物监测中，它比症状指标和生长指标更敏感更迅速，常在生物未出现可见症状之前就已有了生理生化方面的明显改变。如空气污染对植物光合作用有明显影响，在尚未发现可见症状的情况下，测量光合作用能得到植物体短暂的或可逆的变化。植物呼吸作用强度、气孔开放度、细胞膜的透性、酶学指标（如硝酸还原酶、核糖核酸酶、过氧化氢酶等）以及某些代谢产物等也都能用作监测指标。用于水污染监测的生理生化指标也很多，采用得最普遍，同时又比较成功的是鱼类脑胆碱酯酶对有机磷农药的反应。转氨酶、糖酵解酶和肝细胞的糖原等也是常用指标。生化指标的突出优点是反应敏感，但由于酶反应所具有的一些特点，同一种酶对不同污染物往往都能产生反应。所以，多数生化指标只能用来评价环境的污染程度，而无法确定污染物的种类。

二、毒理学方法

（一）生物毒性测定

毒性测定是生物监测中最重要的一个部分，常用生物测试的方法。生物测试是指系统地利用生物的反应测试 1 种或多种污染物或环境因素单独或联合存在时，所导致的影响或危害。利用生物受到污染物质危害或毒害后所产生的反应或生理机能的变化，评价环境污染状况，确定有毒有害物质的安全浓度。

经典的毒性测定根据染毒时间长短分为：①急性毒性试验，一次给予受试物后，动物所产生的毒性反应，观察时间一般为 1 周；②蓄积性毒性试验，对受试动物给予多次小剂量的受试物，观察蓄积和解毒的关系，观察时间为几天、几周或几个月；③亚急性毒性试验，研究试验动物在多次给以受试物时所引起的毒性作用。

不同的测试方法和不同生物的测试结果，可有不同的表示方法。最常用的毒性测定项目包括：①致死浓度（lethal concentration，LC），能使受试生物中毒死亡的毒物的最低浓度；②效应浓度（effect concentration，EC），引起受试生物特定的生物学效应的毒物浓度；③安全浓度（safe concentration，SC），对受试生物不产生有害作用的毒物浓度；④毒物最高允许浓度（maximum acceptable toxicant concentration，MATC），最大无影响浓度和最低有影响浓度之间的毒物浓度，统计学分析有显著影响的"阈浓度"，有一限定范围。

进行水生生物毒性试验可用鱼类、浮游植物、浮游动物、水生昆虫和甲壳动物等，其中鱼类毒性试验应用较广泛。鱼类对水环境的变化反应十分灵敏，当水体中的污染物达到一定浓度或强度时，就会引起系列中毒反应。同时，鱼是水生生态系统的重要组成部分，是人类主要的食物来源，所以，鱼类的急性毒理资料是常用的评价有毒化学物质和工业废水对水生生物危害的试验材料。

我国于 1991 年颁布了《水质 物质对淡水鱼（斑马鱼）急性毒性测定方法》（GB/T 13267—91）。该方法是在确定的试验条件下，用斑马鱼作为试验生物测定毒物在 48 h

或 96 h 后引起受试斑马鱼群体中 50% 鱼致死的浓度，从而判断水中物质的毒性。该标准适用于水中单一化学物质的毒性测定，工业废水的毒性测定也可使用此方法。2019 年，又颁布了《水质 急性毒性的测定 斑马鱼卵法》（HJ 1069—2019）。该方法是在确定的试验条件下培养斑马鱼受精卵 48 h，根据鱼卵存活与死亡的统计数据计算 LID（lowest ineffective di-lution，即最低无效应稀释倍数）或 EC_{50}，表征水样的急性毒性。该标准适用于地表水、地下水、生活污水和工业废水的急性毒性测定。下面介绍静水式鱼类毒性试验。

1. 供试鱼的选择

选择无病、行动活泼、鱼鳍完整舒展、食欲和逆水性强、体长约 3 cm、规格大小一致的幼鱼（斑马鱼或金鱼）。选出的鱼必须先在与试验条件相似的生活条件（温度、水质等）下驯养 7 d 以上。

2. 试验条件选择

每一种浓度的试验溶液为一组，每组至少 10 尾鱼。试验容器用容积约 10L 的玻璃缸，保证每升水中鱼重不超过 2 g。试验溶液的温度要适宜，对冷水鱼为 12~28 ℃，对温水鱼为 20~28 ℃。同一试验中，温度变化为 ±2 ℃。试验溶液中不能含大量耗氧物质，要保证有足够的溶解氧，对于冷水鱼不少于 5 mg/L，对于温水鱼不少于 4 mg/L。试验溶液的 pH 通常控制为 6.7~8.5。

3. 试验步骤

为保证正式试验顺利进行，必须先进行预试验，以确定试验溶液的浓度范围。选用溶液浓度范围可大一些，每组鱼的尾数可少一些。观察 24 h（或 48 h）鱼类中毒的反应和死亡情况，找出不发生死亡、全部死亡和部分死亡的浓度。

设置 7 个浓度（至少 5 个），浓度间隔取等对数间距，例如：10.0、5.6、3.2、1.8、1.0（对数间距 0.25）或 10.0、7.9、6.3、5.0、4.0、3.6、2.5、2.0、1.6、1.26、1.0（对数间距 0.1），其单位可用体积百分比或 mg/L 表示。另设一对照组，对照组在试验期间鱼死亡超过 10%，则整个试验结果不能采用。将试验用鱼分别放入盛有不同浓度溶液和对照水的玻璃缸中，并记录时间。前 8 h 要连续观察并记录试验情况，如果正常，继续观察，记录第 24 h、48 h 和 96 h 鱼的中毒症状和死亡情况，判断毒物或工业废水的毒性。

4. 数据计算

半数致死量（LD_{50}）或半致死浓度（LC_{50}）是评价毒物毒性的主要指标之一。LC_{50}可用概率单位图解法估算，以浓度对数作为横坐标，死亡概率为纵坐标，在算术坐标纸上绘图，从而估算 LC_{50}。

鱼类毒性试验的一个重要目的是根据试验数据估算毒物的安全浓度，为制定有毒物质在水中最高允许浓度提供依据。计算安全浓度的经验式有以下几种：

目前应用比较普遍的是最后一种，对易分解、累计少的化学物质一般选用的系数为 0.05~0.1，对稳定的能在鱼体内高累积的化学物质，一般选用的系数为 0.01~0.05。

（二）遗传毒性测定

细胞遗传学是研究遗传基因的传递者染色体的行为、形态、结构、数目和组合，并进一步阐明生物遗传现象的科学。目前常采用细胞遗传学的方法来筛选化学诱变因子，监测环境中具有致癌、致畸、致突变的化学物质。目前常采用的方法主要有：微核测定法、染色体畸变分析、姐妹染色体交换率及非预定 DNA 合成等。

（1）微核监测技术　外源性诱变剂或物理诱变因素可以诱导生活细胞内染色体发生断裂，影响纺锤丝和中心粒的正常功能，造成有些染色体及其断片在细胞分裂后期滞后，不能够正常地分配并整合到细胞的细胞核上，形成所谓的微核。在一定污染物浓度范围内，污染物与微核率有很好的剂量-效应关系，而且灵敏度高、可靠性强。

高等植物被认为是进行环境化学物质的遗传毒性效应研究的极好材料。例如，紫露草和蚕豆非常适合作为检测遗传毒性物质的材料，它们对环境诱变因素很敏感。蚕豆根尖微核技术自创建以来，由于其简单易行且灵敏度高而一直受到广泛的应用。我国于2019 年颁布了《水质　致突变性的鉴别　蚕豆根尖微核试验法》（HJ 1016—2019），该标准适用于地表水、地下水、生活污水和工业废水的致突变性鉴别。将经过浸种催根后长出的蚕豆初生根在试样中暴露一定时间，经恢复培养、固定、染色后，制片镜检，统计蚕豆根尖初生分生组织区细胞微核率。致突变物可作用于细胞核物质，导致有丝分裂期染色体断裂形成断片、整条染色体脱离纺锤丝、纺锤丝牵引染色体移动的功能受损。这些移动受到影响的染色体断片或整条染色体不能随正常染色体移向细胞两极形成子细胞核，而是滞留细胞质中形成子细胞微核并引起其数量增加。比较试样与空白试样蚕豆根尖细胞微核率是否显著增加，可判定样品是否存在致突变性。

（2）染色体畸变技术　研究在物理和化学因素影响下，染色体数目和结构的变化称之为染色体畸变分析。染色体结构的畸变包括：染色体单体断裂、双着丝点染色体、染色体粉碎化和染色单体互换等。染色体畸变率越高，说明污染越严重。在动物上常用蝌蚪肠细胞、小鼠外周血淋巴细胞和蟾蜍血液细胞等为材料，观察细胞染色体畸变情况。

（3）非预定 DNA 合成技术　很多遗传毒理学试验所用的 DNA 修复测试方法是非预定 DNA 合成（unscheduled DNA synthesis，UDS）技术。它的原理是：如果细胞复制受阻，同时又暴露于受测药品和 ^3H 标记的胸腺嘧啶核苷，那么，此时如果受测物质不损伤 DNA 从而刺激修复系统（UDS），^3H 标记就不会有明显的掺入。UDS 是研究损伤修复的重要指标，紫外线、电离辐射、化学诱变剂和金属离子处理均能诱导 UDS 的产生。UDS 试验在 DNA 水平上检测化学物质的损伤作用，现已广泛用于致癌物质的筛选并成为评价污染物遗传毒性的指标之一。

三、生态学方法

（一）个体生物监测法

1. 典型受害症状监测法

本法主要是通过肉眼观察生物体受污染影响后发生的形态变化，如观察植物叶片伤害症状、动物器官畸形等。

处在空气环境中的敏感植物受污染物影响，叶片会表现出伤害症状。如果污染物浓度很高且暴露时间很短，那么植物表现为急性症状，如叶片坏死，颜色由绿变黄、变白等；当污染物浓度较低而且暴露时间较长时，则表现为慢性伤害，如叶片由绿变棕黄、脱绿和早熟落叶。这两种症状均为典型症状。不同植物对同种污染物的反应不同，同种植物对不同污染物的反应也不一样。因此，根据特定植物的典型症状（尤其是急性症状）可以指示空气中某种污染物的存在。利用这种方法监测空气污染时，必须尽量采用那些不会产生"混淆症状"的植物材料，以便得到植物对特定污染物影响的非常独特的反应。

在根据形态结构变化指标来监测水体污染时，最常见的生物材料是鱼类。如果见到鱼的体形变短变宽、背鳍颈部后方向上隆起，鳍条排列紧密，臀鳍基部上方的鳞片排列紧密，发生不规则错乱，侧线不明显或消失等，可认为水体已被严重污染。

土壤中的污染物对植物的根、茎、叶都可能产生影响，出现一定的症状，如：铜、镍、钴会抑制新根伸长，形成狮子尾巴一样的形状，据这些症状是否出现以及症状表现程度等的观察，可以监测土壤污染状况。如果蚯蚓身体蜷曲、僵硬、缩短或肿大，体色变暗，体表受伤，甚至死亡，表明土壤受到了有机氯农药的污染。

2. 个体生长发育影响

生物生长发育状况是各种环境因素作用的综合体现，即便是一些非致死的慢性伤害作用，最终也将导致生物生产量的改变。因此对于植物而言，各类器官的生长状况观测值都可作为监测环境的指标，如：植物的茎、叶、花、果实、种子发芽率、总收获量等，其中，果树和乔木等木本植物还可采用小枝、茎干生长率、直径、叶面积、坐果率等；动物的指标也基本雷同，如生长速度、个体肥满度等。

3. 生物体内污染物及其代谢产物含量分析法

生活于污染环境中的植物、动物、微生物都能够不同程度地吸收和积累一些污染物，通过分析这些生物体内的成分，可以监测环境污染物的种类、水平等。

（1）低等附生植物

附生植物具有比较好的监测空气污染的功能，原因是：附生植物地理分布广，出现在各种自然环境，甚至工业区和城市市区。附生植物无表皮和角质层，污染物容易通过。附生植物无真正意义上的根，也没有维管组织，其所需矿物质主要通过干湿沉降来获取。在这些植物体中发现的全部污染物，是直接从空气中吸收或是吸收沉降在植物体上的污染物。因此，能够在附生植物体内污染物含量与其环境浓度及其沉积率之间，建立起良好的相关关系，能够较客观地反映空气污染状况。附生植物大多分布在树干、枝、叶上，不受土壤污染的影响。鉴于上述原因，地衣和苔藓植物被大量用来指示和监测空气中粉尘、SO_2 等污染。

（2）高等植物

植物体内污染物含量与空气中相应的污染物浓度有很大的相关性，并且它能够反映较长时间内空气中污染物的平均浓度，因此，可以作为监测环境污染的指标。例如，大叶黄杨叶片含氟量与空气中氟化物的浓度有明显的正相关性。利用上述原理，采集并分析在不同地点生长的同一种植物的叶片污染物含量，就可以绘制出该污染物的分布图。

根据一个地区范围的污染源的分布情况以及地形、地貌等特点，在污染区不同污染地段采集1种或几种各地段都有的植物叶片（乔木、灌木）或全株（草本），在非污染区设对照点。各采样点植物叶片的采样应该同时进行，然后测定叶片中某些污染物的含量，根据下式求出各采样点的污染指数 PI。根据污染指数对各点的空气污染程度进行分级。

$$PI = \omega_m / \omega_c$$

式中：ω_m——采样点采样植物叶片中污染物质量分数，mg/kg；

ω_0——对照点采样植物叶片中污染物质量分数，mg/kg。

根据含污量指数对各监测点污染程度进行分级：Ⅰ级，清洁空气（≤1.2）；Ⅱ级，轻度污染（1.21~2.0）；Ⅲ级，中度污染（2.01~3.0）；Ⅳ级，严重污染（≥3.0）。

（3）水生生物

水中的污染物可以进入生物体内并富集，通过分析水生生物体内的某些成分，就能够了解水中污染物的种类、相对水平和危害程度。可以分析生物体的整体，如鱼类、贝类、虾类等，也可以分析生物体的一部分、排泄物、呕吐物等。

（二）群落生物监测法

1. 群落结构分析法

由于植物群落与周围环境有着密切的关系，环境条件的变化可直接或间接影响植物群落的生长。环境污染的最终结果之一是敏感生物消亡，抗性生物旺盛生长，群落结构单一。各种植物对污染物敏感程度不同，其反应有明显的不同。因此，监测各种植物的受害症状和受害程度，分析植物群落中各种植物的反应，可以对该地区的大气污染程度做出评价。现以某磷肥厂附近林地在氟污染情况下地衣调查结果为例。

（1）严重污染

树干上没有梅衣属地衣，石蕊属地衣不能够形成子囊盘，甚至不能够形成柱体。粉状地衣只存在于地表及树干基部 15 cm 以下。指裂梅衣含氟量大于 570 mg/kg。

（2）中等污染

梅衣属地衣出现在树干高度 4 m 以下，但没有连片生长的梅衣原柱体。指裂梅衣大部分个体不产生粉芽。石蕊属的几个种虽然有柱体及子囊盘，但原植体不同程度小于正常生长者。粉状地衣在树干上可以分布到 5 m 高处。指裂梅衣含氟量 270~570 mg/kg。

（3）轻度污染

树花属地衣较多，梅花属叶状及粉状地衣分布高达树冠内部的主干上。指裂梅衣含氟量 67~270 mg/kg。

（4）无污染

松萝属及树花属地衣在乔木和灌木上普遍出现，梅衣属等叶状地衣在树干上大片分布到树冠内部的小枝上。指裂梅衣含氟量小于 67 mg/kg。

2. 生物指数法

生物指数是指运用数学公式反映生物种群或群落结构的变化以评价环境质量的数值。

（1）贝克（Beck）法

Beck 于 1955 年提出以生物指数来评价水体污染的程度。该法按水体中大型无脊椎动物对有机污染的敏感和耐性分为 2 类，在环境条件相似、面积确定的河段采集底栖动物，进行种类鉴定。按下式计算生物指数：

$$生物指数（BI）= 2A+B$$

式中：A——敏感动物种类数；

B——耐污动物种类数。

以这种方法计算生物指数，要求调查采集的各监测点的环境因素力求一致，如水深、流速、底质、有无水草等。BI 越大，水体越清洁，水质越好；BI 越小，水体污染越严重。指数范围在 0~40，BI 与水质关系为：当 $BI>10$ 时，水质清洁；$1 \leqslant BI \leqslant 6$，水质中度污染；$BI=0$，水质严重污染。

（2）生物多样性指数法

生物多样性指数又称差异指数，是根据生物多样性理论设计的一种指数。生物多样性是长期自然发展的结果，是自然生态系统保持相对平衡的重要因素。如香农-威纳（Shannon-Wiener）多样性指数 H：

$$H = - \sum_{i=1}^{s} P_i \ln P_i$$

式中：$P_i = n_i/N$，n_i——第 i 种生物的个体数；

N——总个体数；

s——物种数。

对指标的评价：H 在 0~1 时为严重污染，1~3 时为中度污染，大于 3 时为轻度污染。

多样性指数的最大优点是具有简明的数值概念，可以直接反映环境的质量。指数值越大，表示多样性越高，生态环境状况越好。对于一个污染的水体，可以通过与类似的、但未污染的水体进行比较，从而获得相对污染程度的环境质量参数，这是一种很好的环境监测方法。

硅藻生物指数值在 0~50 时为多污带，50~100 为 α-中污带，100~150 为 β-中污带，150~200 为轻污带。

（3）硅藻生物指数法

用河流中硅藻的种类数计算生物指数，其计算公式为：

$$硅藻生物指数 = \frac{2A+B-2C}{A+B-C} \times 100$$

式中：A——不耐污藻类的种类数；

B——广谱性藻类的种类数；

C——仅在污染区才出现的藻类种类数。

硅藻生物指数值在 0~50 时为多污带，50~100 为 α-中污带，100~150 为 β-中污带，150~200 为轻污带。

（4）颤蚓生物指数

用颤蚓类与全部底栖动物个体数量的比例作为生物指数，其计算公式为：

$$颤蚓指数（I）=（颤蚓类个体数/底栖类动物个体数）\times 100$$

颤蚓指数 80~100 为严重污染水域，70~80 为中等污染水域，60~70 为轻度污染水域，0~60 为清洁水域。

（5）水生昆虫与寡毛类湿重的比值

此法由金（King）和鲍尔（Ball）于 1964 年提出，作为生物指数来评价水质。这种方法无需将生物鉴定到种，仅将底栖动物中昆虫和寡毛类检出，分别称重，按下式计算：

$$I = （昆虫湿重/寡毛类湿重）×100$$

此值越小，表示污染越严重；反之，此值越大，表示水质越清洁。

（6）特伦特（Trent）生物指数

该法是用简单数字表示河流污染的一种方法。根据英国特伦特（Trent）河不同河段生物品种中有指示作用的几类无脊椎动物出现的种类数及个体数，分别记分，以分值的大小表示河流污染的程度。它是一种经验的生物指数，按照调查所得样本中大型底栖无脊椎动物的类群总数及属于 6 类关键性生物类群的种类数而确定其生物指数。生物指数值随污染程度的增加而下降，范围从 10（指示为清洁水）直到 0（指示水质严重污染）。这一方法中的生物类群鉴定并不要求鉴定到种，仅需统计种的数目。

3. 污水生物系统法

污水生物系统是德国学者于 20 世纪初提出的。其理论基础是河流受到有机物污染后，在污染源下游的一段流程里，会产生自净过程，即随河水污染程度的逐渐减轻，生物种类也发生变化，在不同的河段出现不同的生物种。据此，可将河流依次划为 4 个带：多污带、α-中污带、β-中污带和寡污带，每个带都有自己的物理、化学和生物学特征。50 年代以后，一些学者经过深入研究，补充了污染带的种类名录，增加了指示种的生理学和生态学描述。1964 年，日本学者津田松苗等编制了一个污水生物系统各带的化学和生物特征，见表 8-1。

表 8-1　污水生物系统生物学和化学特征

项目	多污带	α-中污带	β-中污带	寡污带
化学过程	还原和分解作用明显开始	水和底泥里出现氧化作用	氧化作用更强烈	因氧化使无机化达到矿化阶段
溶解氧	没有或极微量	少量	较多	很多
BOD	很高	高	较低	低
硫化氢	具有强烈的硫化氢臭味	轻微的硫化氢臭味	无	无
有机物	蛋白质、多肽等高分子化合物大量存在	高分子化合物分解产生氨基酸、氨等	大部分有机物已完成无机化过程	有机物完全分解
底泥	常有黑色硫化铁存在，呈黑色	硫化铁氧化成氢氧化铁，不呈黑色	有 Fe_2O_3 存在	大部分氧化
细菌	大量存在，每毫升可达 100 万个以上	细菌较多，每毫升在 10 万个以上	数量减少，每毫升在 10 万个以下	数量少，每毫升在 100 个以下

续表

项目	多污带	α-中污带	β-中污带	寡污带
栖息生物的生态学特征	动物都是摄食细菌者，且耐受 pH 强烈变化，耐低溶解氧的厌氧生物，对硫化氢、氨等毒物有强烈抗性	摄食细菌动物占优势，肉食性动物增加，对溶解氧和 pH 变化表现出高度适应性，对氨有一定耐性，对硫化氢耐性较弱	对溶解氧和 pH 变化耐性较差，并且不能长时间耐腐败性毒物	对 pH 和溶解氧变化耐性很弱，特别是对腐败性毒物如硫化氢等耐性很差
植物	无硅藻,. 绿藻、接合藻及高等植物	出现蓝藻. 绿藻、接合藻、硅藻等	出现多种类的硅藻、绿藻、接合藻，是鼓藻的主要分布区	水中藻类少，但者生藻类较多
动物	以微型动物为主，原生动物居优势	仍以微型动物占大多数	多种多样	多种多样
原生动物	有变形虫、纤毛虫，但，无太阳虫、双鞭毛虫、吸管虫等	仍然没有双鞭毛虫，但逐渐出现太阳虫、吸管虫等	太阳虫、吸管虫中耐污性差的种类出现	鞭毛虫、纤毛虫有少量出现
后生动物	仅有少数轮虫. 蠕形动物、昆虫幼虫：水螅、淡水海绵、苔藓动物、小型甲壳类、鱼类不能生存	没有淡水海绵、苔藓动物，有贝类、甲壳类、昆虫，鱼类中的鲤、鲫鲶等可在此带栖息	双鞭毛虫也出现淡水海绵苔藓动物、水螅、贝类、小型甲壳类、两栖类动物、鱼类均有出现	昆虫幼虫种类很多，其他各种动物逐渐出现

4. PFU 法

微型生物群落（polyurethane foam unit，PFU）监测方法是应用泡沫塑料块作为人工基质收集水体中的微型生物群落，测定该群落结构与功能的各种参数，以评价水质。PFU 法是美国 Cairns 等于 1969 年创立的，我国于 1991 年颁布了《水质 微型生物群落监测 PFU 法》（GB/T 12990—91）。此外，还可以用毒性试验方法预报工业废水和化学品对受纳水体中微型生物群落的毒性强度，为制定其安全浓度和最高允许浓度提出群落级水平的基准。

（1）方法原理

微型生物群落是指水生态系统中显微镜下才能看见的微小生物，主要是细菌、真菌、藻类、原生动物和小型后生动物等。它们占据着各自的生态位，彼此间有复杂的相互作用，构成特定的群落。当水环境受到污染后，群落的平衡被破坏，种类数减少，多样性指数下降，随之结构、功能参数发生变化。

用 PFU 浸泡水中，暴露一定时间后，水体中大部分微型生物种类均可群集到 PFU 内，挤出的水样能代表该水体中的微型生物群落。已证明原生动物（包括植物性鞭毛虫、动物性鞭毛虫、肉足虫和纤毛虫）在群集过程中符合生态学上的 MacArthur-Wilson

岛屿区域地理平衡模型，由此可求出群集过程中的功能参数。在生物组建水平中，群落水平高于种和种群水平，因而在群落水平上的生物监测和毒性试验比种和种群水平更具有环境真实性，为环境管理部门提供符合客观环境的结构和功能参数，做出科学的判断。

（2）测定要点

监测江、河、湖、塘等水体中微型生物群落时，用细绳沿腰捆紧并有重物垂吊的PFU（规格为 50 mm×65 mm×75 mm）块悬挂于水中采样，根据水环境条件确定采样时间，一般在静水中采样约需 4 周，在流水中采样约需 2 周。采样结束后，带回实验室，把 PFU 中的水全部挤于烧杯内，用显微镜进行微型生物种类观察和活体计数。依据GB/T 12990—91 的规定，镜检原生动物，要求看到 85%的种类；若要求种类多样性指数，需取水样于计数框内进行活体计数观察。

进行毒性试验时，可采用静态式，也可采用动态式。静态毒性试验是在盛有不同毒物浓度的试验盘中分别挂放空白 PFU 和种源 PFU，将一块种源 PFU 放于盘中央，再将8 块空白 PFU 均匀放置在周围。将试验盘置于光照培养箱中，每天控制 12 h 光照，分别于 1 d、3 d、7 d、11 d 和 15 d 取样镜检。动态毒性试验是用恒流稀释装置配制不同毒物浓度的试验液，分别连续滴流到各挂放空白 PFU 和种源 PFU 的试验槽中，在 0.5 d、1 d、3 d、7 d、11 d 和 15 d 取样镜检。

（3）结果表示

利用这些参数即可评价污染状况。例如，干净水体的异养性指数在 40 以下；污染指数与群落达平衡时的种数呈负相关，与群集速度常数呈正相关等。

四、生态监测技术

（一）地面监测

地面监测是传统采用的技术，系统的地面测量可以提供最详细的情况。在所监测区域建立固定站，由人徒步或乘越野车等交通工具按规划的路线进行定期测量和收集数据。地面测量采样线一般沿着现存的地貌，如小路、家畜和野兽行走的小道。记录点放在这些地貌相对不受干扰一侧的生境点上，采样断面的间隔为 0.5～1.0 km。收集数据包括植物物候现象、高度、物种、物种密度，草地覆盖以及生长阶段、密度，木本物种的覆盖；观察动物活动、生长、生殖、粪便及食物残余物等。它只能收集几千米到几十千米范围内的数据，而且费用是最高的，但这是最基本也是不可缺少的手段。因为地面监测得到的是"直接"数据，可以对空中和卫星监测进行校核，某些数据只能在地面监测中获得，例如：降雨量、土壤湿度、小型动物、动物残余物（粪便、尿和残余食物）等。地面监测能验证并提高遥感数据的精确性并有助于对数据的解释。尽管遥感技术能提供有关土地覆盖和土地利用情况变化以及一些地表特征（如温度、化学组成）等综合性信息，但这些信息需要通过更细致的地面监测来进行补充。

（二）空中监测

空中监测首先绘制工作区域图，用坐标网覆盖研究区域，典型的坐标是 10 km×10

km。飞行时，这个坐标用于系统地记录位置，以及发送分析获得的数据。

（三）卫星监测

利用地球资源卫星监测天气、农作物生长状况、森林病虫害、空气和地表水的污染情况等已经普及。卫星监测最大的优点是覆盖面宽，可以获得人工难以到达的高山、丛林资料。由于资料来源增加，费用相对降低。这种监测对地面细微变化难以了解，因此，地面监测、空中监测和卫星监测相互配合才能获得完整的资料。

（四）"3S"技术

生态监测是以宏观为主，宏观与微观监测相结合的工作。对于结构与功能复杂的宏观生态环境进行监测，必须采用先进的技术手段。其中，生态监测平台是宏观监测的基础，它必须以"3S"技术作为支持。"3S"技术即遥感技术、全球定位系统与地理信息系统3项技术的集合。3项技术形成了对地球进行空间观测、空间定位及空间分析的完整的技术体系。它能反映全球尺度上生态系统各要素的相互关系和变化规律，提供全球或大区域精确定位的高频度宏观资源与环境影像，揭示岩石圈、水圈、气圈和生物圈的相互作用和关系。

遥感（RS）包括卫星遥感和航空遥感可以提供的生态环境信息：土地利用与土地覆盖信息；生物量信息（植被种类、长势、数量分布）；空气环流及空气沙尘暴信息；气象信息（云层厚度、高度、水汽含量、云层走向等）。

第三节　空气、水体、土壤污染的生物监测

利用生物手段进行环境污染监测工作始于20世纪初。20世纪70年代以来，水污染生物监测、空气污染生物监测发展迅速，土壤污染生物监测近期有潜在的发展空间。由于环境系统的复杂性以及生物的适应性和变异性，使得生物监测的准确性受到一定的限制，只有将生物监测与理化监测相结合，才能全面反映环境质量。

一、空气污染

（一）植物检测

植物位置固定、管理方便且对空气污染敏感。植物受到污染后，常会在叶片上出现肉眼可见的伤斑，即可见症状。不同的污染物质和浓度所产生的症状及程度各不相同。污染物对植物内部生理代谢活动产生影响，如使蒸腾率降低、呼吸作用加强、叶绿素含量减少、光合作用强度下降，进一步影响植物的生长发育，使生长量减少、植株矮化、叶面积变小、叶片早落及落花落果等。植物吸收污染物后，内部某些成分的含量也会发生变化。因此，可利用植物监测空气污染。目前，利用植物监测空气污染在指示植物选择与利用、根据植物受害症状确定空气污染物、根据叶片含污量估测环境污染程度等方面已经形成一套完整的监测方法体系。空气污染的植物监测有以下几种方法。

1. 指示植物法

空气污染指示植物应具备的条件是：对污染物反应敏感，受污染后的反应症状明显，且干扰症状少；生长期长，能不断萌发新叶；栽培管理和繁殖容易；尽可能具有一定的观赏或经济价值，以起到美化环境与监测环境质量的双重作用。通常敏感植物对空气污染反应最快，最容易受害，最先发出污染信息，出现污染症状。可以根据发出的各种信息来判断空气污染状况，对空气环境质量做出评价。指示植物能综合反映空气污染对生态系统的影响强度，能较早发现空气污染，监测出不同的空气污染，反映一个地区的污染历史。指示植物的选择方法有以下几种。

（1）现场评比法。选取排放已知单一污染物的现场，对污染源影响范围内的各类植物进行观察记录，特别注意叶片上出现的伤害症状和受害面积，比较后评比出各自的抗性等级，凡敏感植物（即受害最重者）就可选作指示植物。相对来说这种方法简单易行，其缺点是在野外条件下多种因子复杂作用的影响，易造成个体间的不一致，从而影响选择结果。

（2）栽培比较试验法。将各种预备筛选的植物进行栽培，然后把这些植物放置在监测区内，观察并详细记录其生长发育状况及受害反应。经一段时间后，评定多种植物反应，选出敏感植物。这种方法可避免现场评比法中因条件差异造成的影响。植物栽培试验包括盆栽和地栽。

（3）人工熏气法。将需要筛选的植物放置在人工控制条件的熏气室内，把所确定的单一或混合气体与空气掺混均匀后通入熏气室内，根据不同的要求控制熏气时间。该方法能较准确地把握植物反应症状和观察其他指标，确定受害的临床值（引起生物受害的最低浓度和最早时间）以及评比各类生物的敏感性等。

2. 空气污染植被调查法

在污染区内调查植物生长、发育及数量丰度和分布状况等，初步查清空气污染与植物之间的相互关系。具体方法和内容包括：选择观察点；调查污染区内空气中主要污染物的种类、浓度及分布扩散规律；确定污染区内植物群落的观察对象、观察时间和观察项目等。也可采用样方和样线统计法进行调查。在调查分析的基础上，确定出各种植物对有害气体的抗性等级。在调查过程中，主要是利用污染区内现有植物的可见症状。通常在轻污染区可以观察到植物出现的叶部症状；在中度污染区，敏感植物可出现明显中毒症状，而抗性中等植物也可能会出现部分症状，抗性较强的植物一般不出现症状；在严重污染区，自然分布的敏感植物可能绝迹，而人工栽培的敏感植物可出现严重的受害症状，甚至死亡，中等抗性植物也可出现明显的症状，有的抗性较强的植物也可能出现部分症状。

3. 植物群落监测法

植物群落监测法是分析监测区内植物群落中各种植物受害症状和程度以估测该地区空气污染程度的一种监测方法。根据植物叶片呈现的受害症状和受害面积百分数，可以判断该地区的主要污染物和污染程度。

4. 地衣、苔藓监测法

这两类植物对 SO_2 和氟化氢等反应敏感，1968 年，在荷兰举行的空气污染对动植物影响讨论会上，推荐地衣和苔藓作为空气污染指示生物。根据这两类植物的多度、盖度、频度和种类、数量的变化，绘出污染分级图，以显示空气污染的程度、范围和污染历史。

（二）动物监测

利用动物监测空气污染虽不及植物那么普遍，但也能够起到指示、监测环境污染的作用。事实上，利用生物监测环境污染是从动物开始的。人们很早就懂得用金丝雀、金翅雀、老鼠及鸡等动物的异常反应（不安，甚至死亡）来探测矿井里的瓦斯毒气；利用对氰氢酸特别敏感的鹦鹉来监测用氰氧化物为原料的制药车间空气中氰氢酸的含量，以此确保工人的生命安全。美国的多诺拉事件调查表明，金丝雀对 SO? 最敏感，其次是犬，再次是家禽；日本有人利用鸟类与昆虫的分布来反映空气质量的变化；利用鸟类羽毛、骨骼中的重金属含量来监测空气中的重金属污染物及污染程度。

蜜蜂是空气污染最理想的监测动物。早在 19 世纪末就有科学家通过分析死蜂发现蜂受到砷、氟化物、铅及汞等的污染。1960 年，加利福尼亚大学的科学家发现臭氧、氟化物缩短了蜜蜂的寿命；1970 年初，北美和欧洲的科学家开始利用蜜蜂监测空气污染水平，评价空气环境质量。保加利亚一些矿区也用蜜蜂来监测金属污染物在空气中的浓度。一个蜂巢有 5 万只以上的蜜蜂，这群蜜蜂可以在约 4 km² 以上的范围内觅食，每天要在数百万株植物上停留采花蜜，空气污染物会随着花粉、花蜜带回蜂巢，只要分析花粉、花蜜和蜂体就能够了解污染物的种类及污染水平。

一个区域中动物种群数量的变化也可监测该地空气污染状况。如一些大型哺乳类、鸟类、昆虫等，特别对空气污染敏感种类数量的变化很能够说明问题。如果发现上述动物迁离，不易直接接触污染物的潜叶性昆虫、虫瘿昆虫、体表有蜡质的蚧类等数量增加，说明该地区空气污染严重，环境恶化。

（三）微生物监测

微生物与环境污染关系密切，利用微生物区系组成及数量变化监测环境污染程度已完全可行。通过对空气中微生物的检测可以了解空气环境中微生物的分布情况，为地区性空气环境质量评价提供生物污染的依据。检测空气中的微生物有以下几种方法。

1. 沉降平皿法

将盛有琼脂培养基的平皿置于一定地点，打开皿盖暴露一定时间，然后进行培养，计数其中生长的菌落数。暴露 1 min 后每平方米培养基表面积上生长的菌落数相当于 0.3 m³ 空气中所含的细菌数。这种检验方法比较原始，一些悬浮在空气中的带菌小颗粒在短时间内不易降落到培养皿内，无法确切进行定量测定。但这种检测方法简便，可用于不同条件下的对比检验。

2. 吸收液法

利用特制的吸收管将定量空气快速吸收到管内的吸收液内，然后再用吸收液培养，计数菌落数或分离病原微生物。

3. 撞击平皿法

抽吸定量的空气，快速撞击在一个或数个转动或不转动的平皿内的培养基表面上，然后进行培养，计数生长的菌落数。

4. 滤膜法

使定量空气通过滤膜，带微生物的尘粒会吸着在滤膜表面，然后将尘粒洗脱在适当的溶液中，再吸取一部分进行培养计数。

二、水体污染

（一）植物监测

在水体污染的情况下，不仅水的物理和化学性质有所变化，而且水中的生物种类组成、数量及特征也将发生变化。因此，水生植被的组成变化可以用来监测水体污染状况。以浮游植物为例，在水体受到污染时，种类和数量即会明显减少，而且耐污染的种类也将出现。若对它们的特点进行调查研究，就可以对水体污染程度做出判断。以滇池为例，水生植被与水体污染程度的关系如下。

（1）严重污染。各种高等沉水植物全部死亡。

（2）中等污染。敏感植物如海菜花、轮藻、石龙尾等消失，篦齿眼子菜等敏感植物稀少，抗性强的如红线草、狐尾藻等相当繁茂。

（3）轻度污染。敏感植物如海菜花、轮藻等渐趋消失，中等敏感植物和抗污植物均有生长。

（4）无污染。轮藻生长茂盛，海菜花生长正常。上述各类植物均能够正常生长。

从上述结果可以看出，海菜花、轮藻等敏感植物可以用作监测植物。

浮游植物长期以来就被用作水质的指示生物，有些种类对有机污染或化学污染非常敏感。报道的浮游植物清水指示种类有冰岛直链藻、小球藻和锥囊藻属的一些种类；报道的污染指示种类有谷皮菱形藻、铜锈微囊藻和水花束丝藻。与浮游植物一样，一定水域内的浮游动物种群对评价水质是有用的。但由于浮游生物的不稳定性且常常集群分布，因而浮游生物作为水质指示生物的可靠性和准确性受到限制。

（二）动物监测

水污染指示生物一般采用底栖动物中的环节动物、软体动物、固着生活的甲壳动物以及水生昆虫等。它们个体大，在水中相对位移小，生命周期较长，能够反映环境污染特点，已经成为水体污染指示生物的重要研究对象。例如，颤蚓类普遍出现于污染水体中，特别在严重有机污染水体中数量多、种类单纯，其中以霍甫水丝蚓或颤蚓最为常见。可以用单位面积颤蚓数作为水体污染程度的指标，例如，颤蚓类<100 条/m^2（扁蜉幼虫>100 条/m^2）为未污染，颤蚓类 100～999 条/m^2 属轻污染，颤蚓类 1 000～5 000 条/m^2 属中污染，颤蚓类>5 000 条/m^2 属严重污染。

（三）微生物监测

1. 微生物的指示作用

有机污染物是微生物的良好生长物质，水体内有机质的含量高，则微生物的数量大。一般在清洁湖泊、池塘、水库和河流中，有机质含量少，微生物也很少，每毫升水中含有几十至几百个细菌，并以自养型为主，常见的种类有硫细菌、铁细菌、鞘杆菌和含有光合色素的绿硫细菌、紫色细菌以及蓝细菌，它们通常被认为是清洁水体中的微生物类群。

在停滞的池塘水、污染的江河水，以及下水道的沟水中，有机质含量高，微生物的种类和数量都很多，每毫升可达几千万至几亿个，其中以抗性强、能分解各种有机物的一些腐生型细菌、真菌为主。常见的细菌有变形杆菌、大肠杆菌、粪链球菌和合生孢梭菌等以及各种芽孢杆菌、弧菌、螺菌等。真菌以水生藻状菌为主，另外还有大量的酵母菌。异养活细菌的数量也是水体营养状况的指示指标，富营养化的水体，异养活细菌的数量较多。

2. 细菌学监测

水源受到带有致病菌的粪便污染后，可引起各种肠道疾病，甚至使某些水介传染病暴发流行。因此，水质的细菌学检验对于保护人群健康具有重要的意义。由于致病菌在水体中存在的数量较少，检测技术比较复杂，因此，常常不是直接检测水中的致病菌，而是选用间接指标即粪便污染的指示菌作为代表。由于大肠菌群在水中存在的数目与致病菌呈一定正相关，具有抵抗力略强、易于检查等特点，作为水体受粪便污染的指示，以大肠菌群最为理想。

我国现行饮用水卫生标准规定，1 mL 自来水细菌总数不得超过 100 个，大肠菌群数为不得检出。水体受到粪便污染时，细菌总数和大肠菌群数会相应增加。一般认为，1 mL 水中，细菌总数 10~100 个为极清洁水，100~1 000 个为清洁水，1 000~10 000 个为不太清洁水，10 000~100 000 个为不清洁水，多于 100 000 个为极不清洁水。

3. 发光细菌监测

用鱼或原生动物进行试验，费用昂贵且费时较多，如用细菌的生长状况或死亡率作为测定环境中毒物的指标，也需十多小时才能完成。用发光细菌来监测有毒物质，由于毒物仅干扰发光细菌的发光系统，费时较少且敏感性好，操作简便，结果准确，所以利用发光细菌的发光强度作为指标测定有毒物质，在国内外越来越受到重视，目前，已开始在环境监测中运用此方法。

发光细菌是一类非致病性细菌，在正常的生理条件下能发出 0.4 nm 的蓝绿色可见光，这种发光现象是细菌新陈代谢过程。毒物具有抑光作用，毒物浓度与细菌发光强度呈负相关线性关系。凡能够干扰或破坏发光细菌呼吸、生长、新陈代谢等生理过程的任何有毒物质都可以根据发光强度的变化监测水体污染。

该法在环境监测中可用于水体中无机或有机的，如重金属、农药、除草剂、酚类化合物及氰化物等 30 多种污染物的监测，如利用发光细菌快速测定工业废水综合毒性、水体中氰化物浓度、污染水体生物毒性等。

三、土壤污染

（一）植物监测

利用一些对特定污染物较为敏感的植物作为土壤污染物的预测和监测指示。一般来说，指示植物主要起到预警作用。目前，用于空气、水体污染物监测的植物种类较丰富，而用于土壤监测的植物种类相对较少。

　　土壤受到污染后，植物对污染物的作用所产生的反应主要表现为：产生可见症状，如叶片上出现伤斑；生理代谢异常，如蒸腾率降低、呼吸作用加强、生长发育受阻；植物化学成分发生改变。酚污染会使水稻根系发育不好，植株变矮小，分蘖减少，叶片变窄，叶色灰暗，严重时叶片枯黄，叶缘内卷，少数叶片主脉两侧有不明显的褐色条斑，根部变为褐色；砷污染使小麦叶片变得窄而硬，呈青绿色；铬使小麦植株生长矮小，下部叶片发黄，叶面出现铁锈样斑块；镉使大豆叶脉变成棕色，叶片退绿，叶柄变为淡红棕色；一些无机农药污染使植物叶柄基部或叶片出现烧伤的斑点或条纹，使幼嫩组织发生褐色焦斑或破坏；有机农药污染严重使叶片相继变黄或脱落，花座少，延迟结果，果变小或籽粒不饱满等。因此可以通过对指示植物观测确定土壤污染类型及污染程度。

（二）动物监测

　　土壤动物是反映环境变化的敏感指示生物，当某些环境因素的变化发展到一定限度时就会影响到土壤动物的繁衍和生存，甚至造成死亡。研究表明，在重金属污染的土壤中，土壤动物种类、数量随污染程度的减轻而逐渐增加，并且与重金属的浓度呈现显著的负相关。

　　农药对蚯蚓有很强的毒性，低剂量农药即可引起蚯蚓数量的减少；对有机磷农药废水污染区土壤动物调查表明，土壤动物种类和个体数随污染程度的增加而明显减少，群落结构发生显著变化。

　　蚯蚓对敌敌畏很敏感，在农药洒入培养缸的瞬间，即发现蚯蚓剧烈弹跳，隐伏在土层中的蚯蚓也纷纷涌出土面，浓度越大，蚯蚓的反应越剧烈。6 h 后，某些蚯蚓个体环带区有充血肿胀现象，12 h 后，蚯蚓呈现暗红色，活动能力大大减弱，甚至呈现麻痹、组织溃疡等病变，直至死亡。在高浓度时，24 h 后，已有大部分蚯蚓死亡，36 h，已没有活体。蚯蚓可以用来作为农药环境污染的监测生物。

　　土壤中蚯蚓数量的测定方法：在面积为 1 500 m^2 的取样点随机选取 5 个小样点，小样点取土面积为 30 cm×30 cm，取样深度为土壤表层处 25 cm；清除地被物后，用铁铲挖掘，小心破碎土块并置于白色塑料布上，拾取其上的蚯蚓并计算种群密度；带回实验室称其鲜重并分类鉴定。重复以上程序数次，计算单位面积土壤中蚯蚓种类及数量的平均值。

　　另外，也可以利用土壤中的原生动物、线虫、甲螨等监测土壤污染。

（三）微生物监测

　　工农业生产产生的废弃物对土壤的污染，导致了土壤微生物数量组成和种群组成的改变。污染物进入土壤后，首先受害的是土壤微生物，许多土壤微生物对土壤中重金属、农药等污染物含量的稍许提高就会表现出明显的不良反应。通过测定污染物进入土壤系统前后的微生物种类、数量、生长状况及生理生化变化等特征就可监测土壤污染的程度。

　　土壤微生物数量的改变与自身的耐药性有关，对农药有耐受性的微生物增加了，而敏感的却减少了，因此，使用农药的结果就是使土壤微生物群落趋于单一化。受五氯硝基苯污染的土壤中，敏感种减少了，具有耐受性的长蠕孢菌增殖并占据了主导地位；受五氯酚污染的土壤中能够找到的菌种是具有耐受性的 6 种假单胞菌属细菌；受三氯乙酸或代森锰锌污染的土壤，真菌中只剩下青霉和曲霉。

不同农药引起微生物数量变化的情况是不完全相同的，如用 5 mg/L 甲拌磷或特丁甲拌磷处理能使土壤细菌数增加，而用椒菊酯处理则使细菌数减少。同一种农药对不同类群微生物的影响也不完全一致，如：用 3 mg/L 二嗪农处理 180 d 后，细菌和真菌数没有改变，而放线菌增加了 300 倍；用 4 mg/L 阿拉特津处理，细菌总数与对照相比没有明显差异，但固氮菌增加了 1 倍，反硝化菌和纤维素分解菌则分别减少了 80% 和 90%。

镉、铜、铅及铬对较为敏感的大芽孢杆菌和枯草杆菌均有明显的抑制作用，随金属浓度的升高，菌落数明显减少，其中大芽孢杆菌对金属污染物更为敏感。

（四）酶监测

土壤中植物的根系及其残体、土壤动物及其遗骸和微生物能够分泌具有生物活性的土壤酶。土壤酶的活性反映了土壤中进行的各种生物化学过程的强度和方向。土壤酶的活性易受环境中物理、化学和生物等因素的影响，尤其在土壤污染条件下，土壤酶的活性变化很大。因此，土壤酶活性在一定程度上可以反映土壤受污染的程度。经常测定的土壤酶为脱氢酶、过氧化氢酶、脲酶和磷酸酶。

第四节　生态监测

随着科学技术的发展，人们对环境问题的认识也不断深入，环境问题已不仅仅是污染物引起的人类健康问题，而是还包括自然环境的保护和生态平衡，以及维持人类繁衍、发展的资源问题。因此，环境监测正从一般意义上的环境污染向生态监测拓宽，生态监测已成为环境监测的重要组成部分。

一、生态监测的任务

生态监测的任务包括以下几个方面：①对生态系统现状以及因人类活动所引起的重要生态问题进行动态监测；②对人类的资源开发活动和环境污染物所引起的生态系统的组成、结构和功能变化进行监测；③对被破坏的生态系统在人类的治理过程中生态平衡恢复过程进行监测；④通过监测数据的积累，研究各种生态问题的变化规律及发展趋势，建立数学模型，为预测预报和影响评价打下基础；⑤为政府部门制定有关环境法规、进行有关决策提供科学依据；⑥寻求符合我国国情的资源开发治理模式及途径，以保证我国生态环境的改善及国民经济持续协调地发展。

二、生态监测方案制订与实施

开展生态监测工作，首先要确定生态监测方案，其主要内容是明确生态监测的基本概念和工作范围，并制定相应的技术路线，提出主要的生态问题以便进行优先监测，制定我国主要生态类型和微观监测的指标体系，依据目前的分析水平，选出常用的监测指标分析方法。

（1）生态监测方案的制订。生态监测技术路线和方案的制订大体包含以下几点：资源、生态与环境问题的提出，生态监测台站的选址，监测的内容、方法及设备，生态系统要素及监测指标的确定，监测场地、监测频度及周期描述，数据的整理（观测数据、试验分析数据、统计数据、文字数据、图形及图像数据），建立数据库，信息或数据输出，信息的利用（编制生态监测项目报表，针对提出的生态问题建立模型、预测预报、评价和规划、政策规定）。

（2）生态监测平台和生态监测站。生态监测平台是宏观生态监测工作的基础，它以遥感技术作支持，并具备容量足够大的计算机和宇航信息处理装置。生态监测站是微观生态监测工作的基础，它以完整的室内外分析、观测仪器作支持，并具备计算机等信息处理系统。

生态监测平台和生态监测站的选址必须考虑区域内生态系统的代表性、典型性和对全区域的可控性。一个大的监测区域可设置一个生态监测平台和数个生态监测站。

（3）生态监测频率生态监测频率视监测的区域和目的而定。一般全国范围的生态环境质量监测和评价应1~2年进行1次；重点区域的生态环境质量监测每年1~2次；特定目的的监测，如监测沙尘天气和近岸海域赤潮要每天1次或每天数次，甚至采取连续自动监测的方式。

（4）我国优先监测的生态项目优先监测的生态项目主要有：①全球气候变暖引起的生态系统或动、植物区系位移；②珍稀、濒危动、植物种的分布及其栖息地；③水土流失面积及其时空分布和对环境的影响；④沙化面积及其时空分布和对环境的影响；⑤草场沙化退化面积及其时空分布和对环境的影响；⑥人类活动对陆地生态系统（森林、草原、农田、荒漠等）结构和功能的影响；⑦水环境污染对水生生态系统（湖泊、水库、河流和海洋等）结构和功能的影响；⑧主要环境污染物（农药、化肥. 有机污染物和重金属）在土壤植物-水体系统中的迁移和转化；⑨水土流失地、沙漠化地及草原退化地优化治理模式的生态平衡恢复过程；⑩各生态系统中微量气体的释放通量与吸收情况。

（5）生态监测指标确定原则。生态监测指标主要指野外生态监测站的地面或水体监测项目。确定监测指标应遵循的原则是：①监测指标体系的确定应根据监测内容充分考虑指标的代表性、综合性及可操作性；②不同监测台站间同种生态类型的监测必须按统一的指标体系进行，尽量使监测内容具有可比性；③各监测台站可依监测项目的特殊性增加特定指标，以突出各自的特点；④指标体系应能反映生态系统的各个层次和主要的生态环境问题，并应以结构和功能指标为主；⑤宏观监测可依监测项目选定相应的数量指标和强度指标。微观生态监测指标应包括生态系统的各个组分，并能反映主要的生态过程。

三、生态监测指标体系

生态监测指标体系主要指一系列能敏感清晰反映生态系统基本特征及生态环境变化趋势并相互印证的项目，是生态监测的主要内容和基本工作。生态监测指标的选择首先要考虑生态类型及系统的完整性。除自然指标外，指标体系的选择要根据生态站各自的特点、生态系统类型及生态干扰方式，同时兼顾以下 3 个方面：人为指标（人文景观、人文因素等）、一般监测指标（常规生态监测指标、重点生态监测指标等）和应急监测指标（包括自然因素和人为因素造成的突发性生态问题）。

地球上的生态系统，从宏观角度可划分为陆地和水生 2 大生态系统。

（1）陆地生态系统 包括森林生态系统、草原生态系统、荒漠生态系统、农田生态系统、城市生态系统等。陆地生态指标体系分为气象、水文、土壤、植物、动物和微生物 6 个要素。

（2）水生生态系统 包括淡水生态系统和海洋生态系统。指标体系分为水文气象、水质、底质、浮游植物、浮游动物、游泳动物、底栖生物和微生物 8 个要素。

根据各类生态系统监测指标内容，所用监测方法分为水文气象参数观测法、理化参数测定法、生物调查和生物测定法等不同类型，可分别选用相应规范化方法测定。各生态监测站相同的指标应按统一的采样、分析和测定方法进行，以便站际间的数据具有可比性。

四、生态环境状况评价

生态环境质量是指生态环境的优劣程度，它以生态学理论为基础，在特定的时间和空间范围内，从生态系统层次上，反映生态环境对人类生存及社会经济持续发展的适宜程度，是根据人类的具体要求对生态环境的性质及变化状态的结果来进行评定的。

生态环境状况评价利用一个综合指数（生态环境状况指数，ecological index，EI，数值范围 0~100）反映区域生态环境的整体状态。指标体系包括生物丰度指数、植被覆盖指数、水网密度指数、土地胁迫指数、污染负荷指数 5 个分指数和 1 个环境限制指数。5 个分指数分别反映被评价区域内生物的丰贫，植被覆盖的高低，水的丰富程度，遭受的胁迫强度，承载的污染物压力。环境限制指数是约束性指标，指根据区域内出现的严重影响人居生产生活安全的生态破坏和环境污染事项对生态环境状况进行限制和调节。

生态环境质量评价要根据特定的目的，选择具有代表性、可比性、可操作性的评价指标和方法，对生态环境质量的优劣程度进行定性或定量的分析和判别。我国的生态环境质量评价工作在不断地发展，对其相关的指标体系以及评价方法的研究也多种多样。如何建立合理的、具有普遍实用性而且指标信息容易获取的指标体系，并用恰当的方法进行评价，是生态环境质量评价的重要环节。

第九章　环境污染自动监测

第一节　空气污染自动监测技术

一、空气污染连续自动监测系统的组成及功能

空气污染连续自动监测系统是一套区域性空气质量实时监测网，在严格的质量保证程序控制下连续运行，无人值守。它由一个中心站和若干个子站（包括移动子站）及信息传输系统组成。为保证系统的正常运转，获得准确、可靠的监测数据，还设有质量保证机构，负责监控、监督、改进整个系统的运行质量，及时检修出现故障的仪器设备，保管仪器设备、备件和有关器材。

中心站配有功能齐全、存储容量大的计算机，应用软件，收发传输信息的无线电台和打印、绘图、显示仪器等输出设备，以及数据存储设备。其主要功能是：向各了站发送各种工作指令，管理子站的工作；定时收集各子站的监测数据，并进行数据处理和统计检验；打印各种报表，绘制污染物质分布图；将各种监测数据储存到磁盘或光盘上，建立数据库，以便随时检索或调用；当发现污染指数超标时，向污染源行政管理部门发出警报，以便采取相应的对策。

监测子站除作为监测环境空气质量设置的固定站外，还包括突发性环境污染事故或者特殊环境应急监测用的流动站，即将监测仪器安装在汽车、轮船上，可随时开到需要场所开展监测工作。子站的主要功能是：在计算机的控制下，连续或间歇地监测预定污染物；按一定时间间隔采集和处理监测数据，并将其打印和短期储存；通过信息传输系统接收中心站的工作指令，并按中心站的要求向其传输监测数据。

二、子站布设及监测项目

（一）子站数目和站位选址

自动监测系统中子站的设置数目取决于监测目的、监测网覆盖区域面积、地形地貌、气象条件、污染程度、人口数量及分布、国家的经济力量等因素，其数目可用经验法或统计法、模式法、综合优化法确定。经验法是常用的方法，包括人口数量法、功能区布点法、几何图形布点法等。

由于子站内的监测仪器长期连续运转，需要有良好的工作环境，如房屋应牢固，室

内要配备控温、除湿、除尘设备；连续供电，且电源电压稳定；仪器维护、维修和交通方便等。

（二）监测项目

监测空气污染的子站监测项目分为两类：一类是温度、湿度、大气压、风速、风向及日照量等气象参数；另一类是二氧化硫、氮氧化物、一氧化碳、可吸入颗粒物或总悬浮颗粒物、臭氧、总烃、甲烷、非甲烷烃等污染参数。随子站代表的功能区和所在位置不同，选择的监测参数也有差异。我国《环境监测技术规范》规定，安装空气污染自动监测系统的子站的测点分为Ⅰ类测点和Ⅱ类测点。Ⅰ类测点的监测数据要求存入国家环境数据库，Ⅱ类测点的监测数据由各省、市管理。Ⅰ类测点测定温度、湿度、大气压、风向、风速五项气象参数和表9-1中所列的污染参数。Ⅱ类测点的测定项目可根据具体情况确定。

表9-1 类测点测定项目

必测项目	选测项目
一氧化硫	臭氧
氮氧化物	总烃
可吸入颗粒物或总悬浮颗粒物	
一氧化碳	

三、子站内的仪器装备

子站内装备有自动采样和预处理装置、污染物自动监测仪器及其校准设备、气象参数监测仪、计算机及其外围设备、信息收发及传输设备等。

采样系统可采用集中采样和单独采样两种方式。集中采样是在每个子站设一总采样管，由引风机将空气样品吸入，各仪器均从总采样管中分别采样，但总悬浮颗粒物或可吸入颗粒物应单独采样。单独采样系指各监测仪器分别用采样泵采集空气样品。在实际工作中，多将这两种方式结合使用。

校准设备包括校正污染监测仪器零点、量程的零气源和标准气源（如标准气发生器、标准气钢瓶）、标准流量计和气象仪器校准设备等. 在计算机和控制器的控制下，每隔一定时间（如8 h或24 h）依次将零气和标准气输入各监测仪器进行零点和量程校准. 校准完毕. 计算机给出零值和跨度值报告。

四、空气污染连续自动监测仪器

（一）二氧化硫自动监测仪

用于连续或间歇自动测定空气中SO_2的监测仪器以脉冲紫外荧光SO_2自动监测仪应用最广泛. 其他还有紫外荧光SO_2自动监测仪、电导式SO_2自动监测仪、库仑滴定式

SO_2 自动监测仪及比色式 SO_2 自动监测仪等。

1. 脉冲紫外荧光 SO_2 自动监测仪

该仪器是依据荧光光谱法原理设计的干法仪器，具有灵敏度高、选择性好、适用于连续自动监测等特点，被世界卫生组织（WHO）推荐在全球监测系统采用。

当用波长 190~230 nm 脉冲紫外线照射空气样品时，则空气中的 SO_2 分子对其产生强烈吸收，被激发至激发态，即：

$$SO_2 + hv_1 \rightarrow SO_2^*$$

激发态的 SO_2 分子不稳定，瞬间返回基态，发射出波长为 330 nm 的荧光，即：

$$SO_2^* \rightarrow SO_2 + hv_1$$

当 SO_2 浓度很低、吸收光程很短时，发射的荧光强度和 SO_2 浓度成正比，用光电倍增管及电子测量系统测量荧光强度，并与标准气发射的荧光强度比较，即可得知空气中 SO_2 的浓度。

该方法测定 SO_2 的主要干扰物质是水分和芳香烃化合物。水分从两个方面产生干扰，一是使 SO_2 溶于水造成损失，二是 SO_2 遇水发生荧光猝灭造成负误差，可用渗透膜渗透法或反应室加热法除去。芳香烃化合物在 190~230 nm 紫外线激发下也能发射荧光造成正误差，可用装有特殊吸附剂的过滤器预先除去。

脉冲紫外荧光 SO_2 自动监测仪由荧光计和气路系统两部分组成，如图 9-1 和图 9-2 所示。

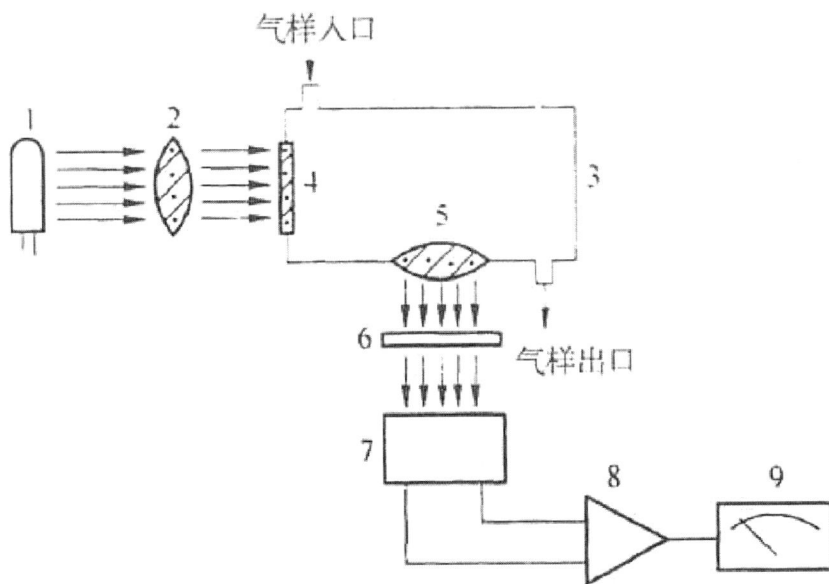

1—脉冲紫外光源；2、5—透镜；3—反应室；4—激发光滤光片；6—发射光滤光片；
7—光电倍增管；8—放大器；9—指示表

图 9-1　脉冲紫外荧光 SO_2 自动监测仪荧光计

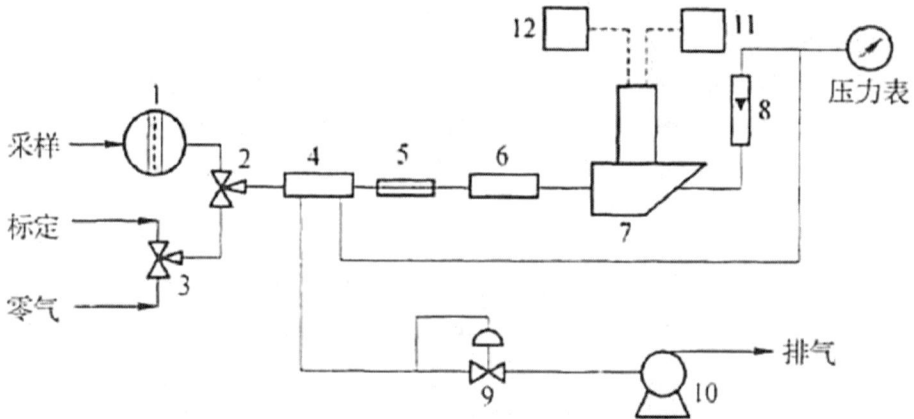

1—除尘过滤器；2—采样电磁阀；3—零气/标定电磁阀；4—渗透膜除湿器；5—毛细管；6—除烃器；
7—反应室；8—流量计；9—调节阀；10—抽气泵；11—电源；12—信号处理及显示系统

图 9-2 脉冲紫外荧光 SO_2 自动监测仪气路系统

荧光计的工作原理是：脉冲紫外光源发射的光束通过激发光滤光片（光谱中心波长 220 nm）后获得所需波长的脉冲紫外光射入反应室，与空气中的 SO_2 分子作用，使其激发而发射荧光，用设在入射光垂直方向上的发射光滤光片（光谱中心波长 330 nm）和光电转换装置测其强度。脉冲光源可将连续光变为交变光，以直接获得交流信号，提高仪器的稳定性。脉冲光源可通过使用脉冲电源或切光调制技术获得。

气路系统的流程是：空气样品经除尘过滤器后，通过采样电磁阀进入渗透膜除湿器、除烃器到达反应室，反应后的干燥气体经流量计测量流量后由抽气泵抽引排出。

仪器日常维护工作主要是定期进行零点和量程校准。定期更换紫外灯、除尘过滤器、渗透膜除湿器和除烃器填料等。

2. 电导式 SO_2 自动监测仪

电导法测定空气中二氧化硫的原理基于：用稀的过氧化氢水溶液吸收空气中的二氧化硫，并发生氧化反应：

$$SO_2 + H_2O \rightarrow 2H^+ + SO_3^{2-}$$
$$SO_3^{2-} + H_2O_2 \rightarrow SO_4^{2-} + H_2O$$

生成的硫酸根离子和氢离子，使吸收液电导率增加，其增加值取决于气样中二氧化硫含量，故通过测量吸收液吸收二氧化硫前后电导率的变化，并与吸收液吸收 SO_2 标准气前后电导率的变化比较，便可得知气样中二氧化硫的浓度。

电导式 SO_2 自动监测仪有间歇式和连续式两种类型。间歇式测量结果为采样时段的平均浓度，连续式测量结果为不同时间的瞬时值。电导式 SO_2 连续自动监测仪的工作原理如图 9-3 所示。它有两个电导池，一个是参比电导池，用于测量空白吸收液的电导率（k_1），另一个是测量电导池，用于测量吸收 SO_2 后的吸收液电导率（k_2），而空白吸收液的电导率在一定温度下是恒定的，因此，通过测量电路测知两种吸收液电导率差值（$k_2 - k_1$），便可得到任一时刻气样中的 SO_2 浓度。也可以通过比例运算放大电路测量，k_2/k_1 来实现对 SO_2 浓度的测定。当然，仪器使用前需用 SO_2 标准气或标准硫酸溶液校准。

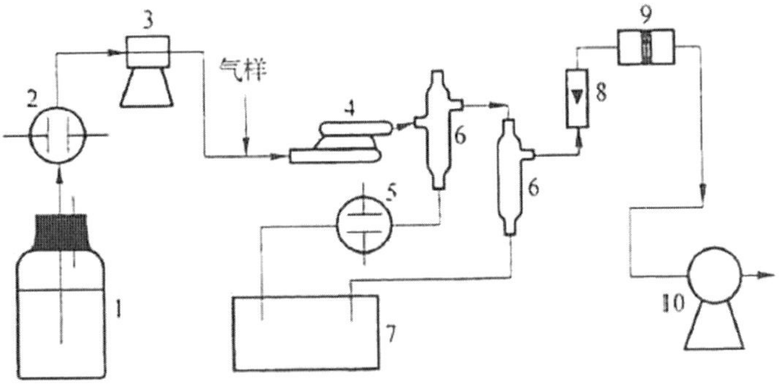

1. 吸收液贮瓶；2. 参比电导池；3. 定量泵；4. 吸收管；5. 测量电导池；6. 气液分离器；
7. 废液槽；8. 流量计；9. 滤膜过滤器；10. 抽气泵

图 9-3　电导式 SO_2 连续自动监测仪的工作原理

为减小电极极化现象，除应用较高频率的交流电压外，还可以采用图 9-4 所示的四电极电导式 SO_2 连续自动监测仪。参比电导池和测量电导池内都有四个电极，当在 E_1、E_2 和 E_3、E_4 两对电极上分别施加一定交流电压时，每对电极间的电压与各自电极间的阻抗成正比，其大小分别由 e_1、e_2 和 e_3、e_4，两对检测电极检出。将两对电极的电压差输入放大器，放大后的输出信号使平衡电机转动，同时带动滑线电阻 R_1 的触点口移动，直至电压差为零时，达到平衡状态，则 R_1 上触点 a 移动的距离与二氧化硫的浓度相对应，由与触点 a 同步移动的指针 3 在经过标定的刻度盘上指示出来或用记录仪记录下来。

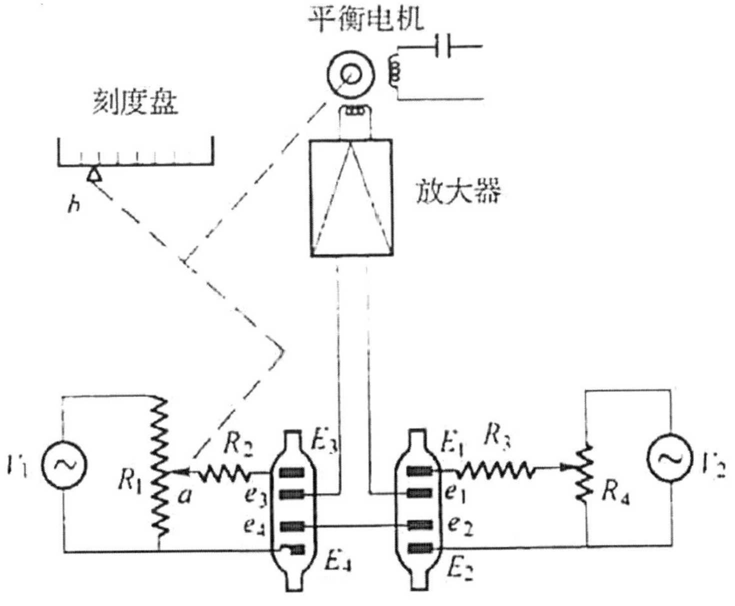

图 9-4　四电极电导式 SO_2 连续自动监测仪

影响仪器测定准确度的因素有温度、可电离的共存物质（如 NH_3、Cl_2、HCl、NO_x 等）、系统的污染等，可采取相应的消除措施。

（二）臭氧自动监测仪

连续或间歇自动测定空气中 O_3 的仪器以紫外吸收 O_3 自动监测仪应用最广，其次是化学发光 O_3 自动监测仪。

1. 紫外吸收 O_3 自动监测仪

该仪器测定原理基于 O_3 对 254 nm 附近的紫外线有特征吸收，根据吸光度确定空气中 O_3 的浓度。图 9-5 为单光路型紫外吸收 O_3 自动监测仪的工作原理。气样和经 O_3 去除器 3 除 O_3 后的背景气交变地通过气室 6，分别吸收紫外线光源 1 经滤光器 2 射出的特征紫外线，由光电检测系统测量透过气样的光强 I 和透过背景气的光强 I_0，经数据处理器根据 I/I_0 计算出气样中 O_3 浓度，直接显示和记录消除背景干扰后的测定结果。仪器还定期输入零气、标准气进行零点和量程校正。

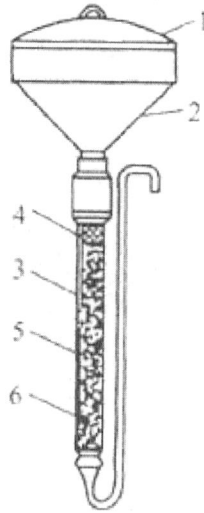

1. 紫外线光源；2. 滤光器；3. O_3 去除器；4. 电磁阀；5. 标准①发生器；6. 气室；
7. 光电倍增管；8. 放大器；9. 记录仪；10. 稳压电源

图 9-5 单光路型紫外吸收 O_3 自动监测仪的工作原理

2. 化学发光 O_3 自动监测仪

该仪器的测定原理基于：O_3 能与乙烯发生气相化学发光反应，即气样中 O_3 与过量乙烯反应，生成激发态甲醛，而激发态甲醛分子瞬间返回基态，放出波长为 $300 \sim 600$ nm 的光，峰值波长 435 nm，其发光强度与 O_3 浓度呈线性关系。化学发光反应如下：

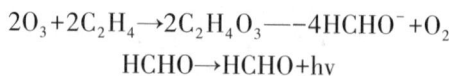

$$2O_3 + 2C_2H_4 \rightarrow 2C_2H_4O_3 \text{---} 4HCHO^- + O_2$$
$$HCHO \rightarrow HCHO + h\nu$$

上述反应对 O_3 是特效的，SO_2、NO、NO_2、Cl_2 等共存时不干扰测定。

化学发光 O_3 自动监测仪一般设有多挡量程范围，最低检出质量浓度为 0.005 mg/m^3，响应时间小于 1 min，主要缺点是使用易燃、易爆的乙烯［爆炸极限 2.7% ~ 36%（体积分数）］，因此，要特别注意乙烯高压容器漏气。

第二节　污染源烟气连续监测系统

烟气连续排放监测系统（continuous emission monitoring system）是指对固定污染源排放烟气中污染物浓度及其总量和相关排气参数进行连续自动监测的仪器设备。通过该系统跟踪测定获得的数据，一是用于评价排污企业排放烟气污染物浓度和排放总量是否符合排放标准. 实施实时监管；二是用于对脱硫、脱硝等污染治理设施进行监控. 使其处于稳定运行状态。《固定污染源烟气排放连续监测技术规范 XHJ/T75-2007）和《固定污染源烟气排放连续监测系统技术要求及检测方法 XHJ/T 76—2007）中，对 CEMS 的组成、技术性能要求、检测方法及安装、管理和质量保证等都做了明确规定。

一、CEMS 的组成及监测项目

CEMS 由颗粒物（烟尘）CEMS、烟气参数测量、气态污染物 CEMS 和数据采集与处理四个子系统组成。

CEMS 监测的主要污染物有：二氧化硫、氮氧化物和颗粒物。根据燃烧设备所用燃料和燃烧工艺的不同，可能还需要监测一氧化碳、氯化氢等。监测的主要烟气参数有：含氧量、含湿量（湿度）、流量（或流速）、温度和大气压。

二、烟气参数的测量

烟气温度、压力、流量（或流速）、含氧量、含湿量及大气压都是计算烟气污染物浓度及其排放总量需要的参数。

温度常用热电偶温度仪或热电阻温度仪测量。流量（或流速）常用皮托管流速测量仪或超声波测速仪、靶式流量计测量。烟气压力可由皮托管流速测量仪的压差传感器测得。含湿量常用测氧仪测定烟气除湿前、后含氧量计算得知，也可以用电容式传感器湿度测量仪测量。含氧量用氧化锆氧分析仪或磁氧分析仪、电化学传感器氧量测量仪测量。大气压用大气压计测量。

三、颗粒物（烟尘）自动监测仪

烟尘的测定方法有浊度法、光散射法、β 射线吸收法等。使用这些方法测定时. 烟气中其他组分的干扰可忽略不计，但水滴有干扰，不适合在湿法净化设备后使用。

（一）浊度法

浊度法测定烟尘的原理基于烟气中颗粒物对光的吸收。光源和检测器组合件安装在烟囱的左侧，反光镜组合件安装在烟囱的右侧。当被斩光器调制的入射光束穿过烟气到达反光镜组合件时，被角反射镜反射后再次穿过烟气返回到检测器，根据用测定烟尘的标准方法对照确定的烟尘浓度与检测器输出信号间的关系，经仪器校准后即可显示、输出实测烟气的烟尘浓度。仪器配有空气清洗器，以保持与烟气接触的光学镜片（窗）清洁。仪器经过改进，调制、校准及光源的参比等功能用特种 LCD 材料来实现，使整个系统无运动部件，提高了稳定性。LCD 材料具有通过改变电压可以改变其通光性的特点。

（二）光散射法

光散射法基于颗粒物对光的散射作用，通过测量偏离入射光一定角度的散射光强度，间接测定烟尘的浓度。根据散射光偏离入射光的角度不同，其监测仪器有后散射烟尘监测仪、边散射烟尘监测仪和前散射烟尘监测仪。光散射法比浊度法灵敏度高，仪器的最小测定范围与光路长度无关，特别适用于低浓度和小粒径颗粒物的测定。

四、气态污染物的测定

烟气具有温度高、含湿量大、腐蚀性强和含尘量高的特点，监测环境恶劣，测定气态污染物需要选择适宜的采样、预处理方式及自动监测仪。

（一）采样方式

连续自动测定烟气中气态污染物的采样方式分为抽取采样法和直接测量法。抽取采样法又分为完全抽取采样法和稀释抽取采样法，直接测量法又分为内置式测量法和外置式测量法。

1. 完全抽取采样法

完全抽取采样法是直接抽取烟囱或烟道中的烟气，经处理后进行监测，其采样系统有两种类型，即热—湿采样系统和冷凝—干燥采样系统。

热—湿采样系统适用于高温条件下测定的红外或紫外气体分析仪。它由带过滤器的高温采样探头、高温条件下运行的反吹清扫系统、校准系统及气样输送管路、采样泵、流量计等组成。仪器要求从采样探头到分析仪器之间所有与气体介质接触的组件均采取加热、控温措施，保持高于烟气露点温度，以防止水蒸气冷凝，造成部件堵塞、腐蚀和分析仪器故障。压缩空气沿着与气流相反的方向反吹过滤器，把过滤器孔中滞留的颗粒物吹出来，避免堵塞。反吹周期视烟气中颗粒物的特性和浓度而定。

冷凝—干燥采样系统是在烟气进入监测仪器前进行除颗粒物、水蒸气等净化、冷却和干燥处理。如果在采样探头后离烟囱或烟道尽可能近的位置安装处理装置，称为预处理采样法，具有输送管路不需要加热、能较灵活地选择监测仪器和按干烟气计算排放量等优点，但维护不够方便，且传输距离较远时仍然会使气样浓度发生变化。如果在进入监测仪器前，距离采样探头一定距离处安装处理装置，称为后处理采样法。其具有维护方便、能更灵活地选择监测仪器和按干烟气计算排放量和污染物浓度等优点，但要求整个采样管路保持高于烟气露点的温度。

2. 稀释抽取采样法

这种采样方法是利用探头内的临界限流小孔，借助于文丘里管形成的负压作为采样动力，抽取烟气样品，用干燥气体稀释后送入监测仪器。有两种类型稀释探头，一种是烟道内稀释探头，另一种是烟道外稀释探头。二者的工作原理相同，主要不同之处在于：前者在位于烟道中的探头部分稀释烟气，输送管路不需要加热、保温；后者将临界限流小孔和文丘里管安装在烟道外探头部分内，如果距离监测仪器远，输送管路需要加热、保温。因为烟气进入监测仪器前未经除湿，故测定结果为湿基浓度。

稀释抽取采样法的优点在于：烟气能以很低的流速进入探头的稀释系统，可以比完全抽取采样法的进气流量低两个数量级，如烟气流量 2~5 L/min，进入探头稀释系统的流量只有 20~50 mL/min，这就解决了完全抽取采样法需要过滤和调节处理大量烟气的问题，可以进入空气污染监测仪器测定。

3. 直接测量法

直接测量法类似于测量烟气烟尘. 将测量探头和测量仪器安装在烟囱（道）上，直接测量烟气中的污染物。这种测量系统一般有两种类型：一种是将传感器安装在测量探头的端部，探头插入烟囱（道）内，用电化学法或光电法测量，相当于在烟囱（道）中一个点上测量，称为内置式，如用氧化锆氧量分析仪测量烟气含氧量；另一种是将测量仪器部件分装在烟囱（道）两侧. 用吸收光谱法测量，如将光源和光电检测器单元安装在烟囱（道）的一侧，反射镜单元安装在另一侧，入射光穿过烟气到达反射镜单元，被反射镜反射，进入光电检测器，测量污染物对特征光的吸收，相当于线测量，这种方式将光学镜片全部装在烟囱（道）外，不易受污染，称为外置式。这种方法适用于低浓度气体测量. 有单光束型和双光束型，可用双波长法、差分吸收光谱法、气体过滤相关光谱法等测量。

（二）监测仪器

一台监测烟气中气态污染物的仪器，除采样单元外，还包括测量单元（光学部件和光电转换器或电化学传感器）、校准系统、自动控制和显示记录单元、信号处理单元等。烟气中主要气态污染物常用的监测仪器如下：

SO_2：非色散红外吸收自动监测仪、非色散紫外吸收自动监测仪、紫外荧光自动监测仪、定电位电解自动监测仪。

NO_x：化学发光自动监测仪、非色散红外吸收自动监测仪、非色散紫外吸收自动监测仪。

CO：非色散红外吸收自动监测仪、定电位电解自动监测仪。

第三节　水污染源连续自动监测系统

一、水污染源连续自动监测系统的组成

水污染源连续自动监测系统由流量计、自动采样器、污染物及相关参数自动监测仪、数据采集及传输设备等组成，是水污染源防治设施的组成部分。这些仪器的主机安装在距离采样点不大于 50 m、环境条件符合要求、具备必要的水电设施和辅助设备的

专用房屋内。

数据采集、传输设备用于采集各自动监测仪测得的监测数据，经数据处理后，进行存储、记录和发送到远程监控中心，通过计算机进行集中控制，并与各级环境保护管理部门的计算机联网，实现远程监管，提高了科学监管能力。

二、废（污）水处理设施连续自动监测项目

对于不同类型的水污染源，各个国家都制定了相应的排放标准，规定了排放废（污）水中污染物的允许浓度。我国已颁布了 30 多种废（污）水排放标准，标准中要求控制的污染物项目有些是相同的，有些是行业特有的，要根据不同行业的具体情况，选择那些能综合反映污染程度，危害大，并且有成熟的连续自动监测仪的项目进行监测，对于没有成熟连续自动监测仪的项目，仍需要手工分析。目前. 废（污）水主要连续自动监测的项目有：pH、氧化还原电位（ORP）、溶解氧（DO），化学需氧量（COD）、紫外吸收值（UVA）、总有机碳（TOO，总氮（TN）、总磷（TP）、浊度（Tur）、污泥浓度（MLSS）、污泥界面、流量（q_v）、水温（t）、废（污）水排放总量及污染物排放总量等。其中，COD、UVA、TOC 都是反映有机物污染的综合指标，当废（污）水中污染物组分稳定时，三者之间有较好的相关性。因为 COD 监测法消耗试剂量大，监测仪器比较复杂，易造成二次污染，故应尽可能使用不用试剂、仪器结构简单的 UVA 连续自动监测仪测定，再换算成 COD。

企业排放废水的监测项目要根据其所含污染物的特征进行增减，如钢铁、冶金、纺织、煤炭等工业废水需增测汞、镉、铅、铬、砷等有害金属化合物和硫化物、氟化物、氧化物等有害非金属化合物。

三、监测方法和监测仪器

pH、溶解氧、化学需氧量、总有机碳、UVA、总氮、总磷、浊度的监测方法和自动监测仪器与地表水连续自动监测系统相同；但是，废（污）水的监测环境较地表水恶劣，水样进入监测仪器前的预处理系统往往比地表水复杂。

污染物排放总量是根据监测仪器输出的浓度信号和流量计输出的流量信号，由监测系统中的负荷运算器进行累积计算得到，可输出 TP、TN、COD 的 1h 排放量、1h 平均浓度、日排放量和日平均浓度。这些数据由显示器显示，打印机打印和送到存储器储存，并利用数据处理和传输设备进行信号处理，输送到远程监控中心。

第四节　地表水污染连续自动监测系统

一、地表水污染连续自动监测系统的组成与功能

地表水污染连续自动监测系统由若干个水质自动监测站和一个远程监控中心组成。

水质自动监测站在自动控制系统控制下，有序地开展对预定污染物及水文参数连续自动监测工作，无人值守、昼夜运转，并通过有线或无线通信设备将监测数据和相关信息传输到远程监控中心，接受远程监控中心的监控。远程监控中心设有计算机及其外围设备，实施对各水质自动监测站状态信息及监测数据的收集和监控，根据需要完成各种数据的处理，报表、图件制作及输出工作，向水质自动监测站发布指令等。

建立地表水污染连续自动监测系统的目的是对江、河、湖、海、渠、库的主要水域重点断面水体的水质进行连续监测，掌握水质现状及变化趋势，预警或预报水质污染事故，提高科学监管水平。

二、水质自动监测站的布设及装备

对于水质自动监测站的布设，首先也要调查研究，收集水文、气象、地质和地貌、水体功能、污染源分布及污染现状等基础资料，根据建站条件、环境状况、水质代表性等因素进行综合分析，确定建站的位置、监测断面、监测垂线和监测点。第二章中介绍的地表水监测断面和监测垂线、监测（采样）点的设置原则和方法在此也适用。监测站的采样点距离站房越近越好。

水质自动监测站由采水单元、配水和预处理单元、自动监测仪单元、自动控制和通信单元、站房及配套设施等组成。

采水单元包括采水泵、输水管道、排水管道及调整水槽等。采水头一般设置在水面下 $0.5 \sim 1.0\ m$ 处，与水底有足够的距离，使用潜水泵或安装在岸上的吸水泵采集水样。设计采水方式要因地制宜，如栈桥式、利用现有桥梁式、浮筏式、悬臂式等。

配水和预处理单元包括去除水样中泥沙的过滤、沉降装置，手动和自动管道反冲洗装置及除藻装置等。

自动监测仪单元装备有各种污染物连续自动监测仪、自动取样器及水文参数（流量或流速、水位、水向）测量仪等。

自动控制和通信单元包括计算机及应用软件、数据采集及存储设备、有线和无线通信设备等。具有处理和显示监测数据，根据对不同设备的要求进行相应控制，实时记录采集到的异常信息，并将信息和数据传输至远程监控中心等功能。

监测站房配有水电供给设施、空调机、避雷针、防盗报警装置等。

三、监测项目与监测方法

地表水质监测项目分为常规指标、综合指标和单项污染指标，见表9-2。其中，五项常规指标都要测定。

五项综合指标都是反映有机物污染状况的指标，根据水体污染情况，可选择其中一项测定，地表水一般测定高锰酸盐指数。单项污染指标则根据监测断面所在水域水质状况确定。另外，还要测定水位、流速、降水量等水文参数。气温、风向、风速、日照量等气象参数，以及污染物通量等。

表 9-2　地表水质监测项目

	监测项目	监测方法
常规直播	水温	铂电阻法或热敏电阻法
	pH	电位法（玻璃电极法）
	电导率	电导电极法
	浊度	光散射法
	溶解氧	隔膜电极法（极谱型或原电池型）
综合指标	化学需氧量（COD）	分光光度法、流动注射一分光光度法、库仑滴定法、比色法等
	高锰酸盐指数（IMn）	分光光度法、流动注射一分光光度法、电位滴定法
	总需氧量（TOD）	高温氧化一氧化锆氧量分析仪法
	总有机碳（TOC）	燃烧氧化一非色散红外吸收法、紫外照射一非色散红外吸收法
	紫外吸收值（UVA）	紫外分光光度法
单项污染指标	总氮	过硫酸钾消解一紫外分光光度法、密闭燃烧氧化一化学发光分析法
	总磷	高温消解一分光光度法
	氨氮	离子选择电极（氨气敏电极）法、分光光度法、流动注射一分光光度法
	氯化物	离子选择电极法
	氟化物	离子选择电极法
	油类	紫外分光光度法、荧光光谱法、非色散红外吸收法

四、水污染连续自动监测仪器

（一）常规指标自动监测仪

五项常规指标的测定不需要复杂的操作程序，已广泛应用的水质五参数自动监测仪将五种自动监测仪安装在同一机箱内，使用方便，便于维护。

1. 水温自动监测仪

测量水温一般用感温元件如铂电阻或热敏电阻作为传感器。将感温元件浸入被测水中并接入电桥的一个桥臂上；当水温变化时，感温元件的电阻随之变化，则电桥平衡状态被破坏，有电压信号输出，根据感温元件电阻变化值与电桥输出电压变化值的定量关系实现对水温的测量。

2. 电导率自动监测仪

溶液电导率的测量原理和测量方法在第二章已作介绍。在连续自动监测中，常用自动平衡电桥式电导仪和电流测量式电导仪测量。后者采用了运算放大器，可使读数和电导率呈线性关系。

，运算放大器有两个输入端，其中 A 为反相输入端，B 为同相输入端，有很高的开环放大倍数。如果把运算放大器输出电压通过反馈电阻 R_1 向反向输入端 A 引入深度负反馈，则运算放大器就变成电流放大器，此时流过 R_1 的电流 I_2 等于流过电导池（电阻

R_x，电导 Gx）的电流 I_1，即

$$Gx = \frac{1}{R_x} = \frac{U_c}{U_0} \cdot \frac{1}{R_1}$$

式中：U_0、Uc——输入电压和输出电压。

由上式可知，当 U_0 和 R_1 恒定时，则溶液的电导（Gx 正比于输出电压（Uc）。反馈电阻 R_1 即为仪器的量程电阻，可根据被测溶液的电导来选择其电阻值。另外，还可将振荡电源制成多挡可调电压供测量选择，以减小极化作用的影响。

3. pH 自动监测仪

pH 自动监测仪由复合式 pH 玻璃电极、温度自动补偿电极、电极夹、电线连接箱、专用电缆、放大指示系统及微型计算机等组成。为防止电极长期浸泡于水中表面沾附污物，在电极夹上带有超声波清洗装置，定时自动清洗电极。

4. 溶解氧自动监测仪

（1）隔膜电极法 DO 自动监测仪：隔膜电极法（氧电极法）测定水中溶解氧（见第二章）应用最广泛。有两种隔膜电极，一种是原电池型隔膜电极，另二种是极谱型隔膜电极，由于后者使用中性内充液，维护较简便，适用于自动监测系统。电极可安装在流通式发送池中，也可浸于搅动的水样（如曝气池）中。该仪器设有清洗系统，定期自动清洗沾附在电极上的污物。

（2）荧光光谱法 DO 自动监测仪：用荧光光谱法监测水中溶解氧，可以有效地消除水样 pH 的波动和干扰物质对测定的影响，具有不需要化学试剂、维护工作量小等优点，已用于废（污）水处理连续自动监测。

荧光光谱法 DO 自动监测仪由荧光 DO 传感器、测量和控制器两部分组成。荧光 DO 传感器的最前端为覆盖一层荧光物质的透明材料的传感器帽，主体内有红色发光二极管（红色 LED）、蓝色发光二极管（蓝色 LED）和光敏二极管、信号处理器等。当蓝色发光二极管发射脉冲光穿过透明材料的传感器帽，照射到荧光物质层时，则荧光物质分子被激发，从基态跃迁到激发态，因激发态分子不稳定，瞬间又返回基态，发射出比照射光波长长的红光。如果氧分子与荧光物质层接触，可以吸收高能荧光物质分子的能量，使红光辐射强度降低，甚至猝灭，也就是说，红色辐射光的最大强度和衰减时间取决于其周围氧的浓度，在一定条件下，二者有定量关系，故通过用发光二极管及信号处理器测量荧光物质分子从被激发到返回基态所需时间即可得知溶解氧的浓度。红色发光二极管在蓝色发光二极管发射蓝光的同时发射红光，作为蓝光激发荧光物质后发射红光时间的参比。荧光 DO 传感器周围的溶解氧浓度越大，荧光物质的发光时间越短，这样，将溶解氧浓度测定简化为时间的测量。市场上有多种型号的荧光光谱法 DO 自动监测仪出售，如美国哈希公司、日本岛津制作所及北泽产业（株）、英国电子仪器公司等都有类似的产品。

5. 浊度自动监测仪

被测水样经阀门进入消泡槽，去除水样中的气泡后，由槽底流出经阀门进入测量槽，再由槽顶溢流流出。测量槽顶经特别设计，使溢流水保持稳定，从而形成稳定的水面。从光源射入溢流水面的光束被水样中的颗粒物散射，其散射光被安装在测量槽上部

的光电转换器接收，转换为电流。同时，通过光导纤维装置导入一部分光源光作为参比光束输入到另一光电转换器，两光电转换器产生的光电流送入运算放大器运算，并转换成与水样浊度呈线性关系的电信号，用电表指示或记录仪记录。仪器零点可用通过过滤器的水样进行校准，量程可用浊度标准溶液或标准散射板进行校准。光电转换器、运算放大器应装在恒温器中，以避免温度变化带来的影响。测量槽内污物可采用超声波清洗装置定期自动清洗。

（二）综合指标自动监测仪

1. 高锰酸盐指数自动监测仪

有分光光度式和电位滴定式两种高锰酸盐指数自动监测仪，它们都是基于以高锰酸钾溶液为氧化剂氧化水中的有机物等可氧化物质，通过高锰酸钾溶液消耗量计算出耗氧量（以 mg/L 为单位表示），只是测量过程和测量方式有所不同。

有两种分光光度式高锰酸盐指数自动监测仪，一种是程序式高锰酸盐指数自动监测仪，另一种是流动注射式高锰酸盐指数自动监测仪。前者是一种将高锰酸盐指数标准测定方法操作过程程序化和自动化，用分光光度法确定滴定终点，自动计算高锰酸盐指数的仪器，测定速度慢，试剂用量较大；后者是将水样和高锰酸钾溶液注入流通式毛细管反应后，进入测量池测量吸光度，并换算成高锰酸盐指数的仪器。

流动注射式高锰酸盐指数自动监测仪在自动控制系统的控制下，载流液由陶瓷恒流泵连续输送至反应管道中，当按照预定程序通过电磁阀将水样和高锰酸钾溶液切入反应管道（流通式毛细管）后，被载流液载带，并在向前流动过程中与载流液渐渐混合，在高温、高压条件下快速反应后，经过冷却，流过流通式比色池，由分光光度计测量液流中剩余高锰酸钾对 530nm 波长光吸收后透过光强度的变化值，获得具有峰值的响应曲线，将其峰高与标准水样的峰高比较，自动计算出水样的高锰酸盐指数。完成一次测定后，用载流液清洗管道，再进行下一次测定。

电位滴定式高锰酸盐指数自动监测仪与程序式高锰酸盐指数自动监测仪测定程序相同，只是前者是用指示电极系统电位的变化指示滴定终点。

2. 化学需氧量（COD）自动监测仪

这类仪器有流动注射—分光光度式 COD 自动监测仪、程序式 COD 自动监测仪和库仑滴定式 COD 自动监测仪。流动注射—分光光度式 COD 自动监测仪工作原理与流动注射式高锰酸盐指数自动监测仪相同，只是所用氧化剂和测定波长不同。

程序式 COD 自动监测仪基于在酸性介质中，加入过量的重铬酸钾标准溶液氧化水样中的有机物和无机还原性物质，用分光光度法测定剩余的重铬酸钾量，计算出水样消耗重铬酸钾量和 COD。仪器利用微型计算机或程序控制器将量取水样、加液、加热氧化、测定及数据处理等操作自动进行。恒电流库仑滴定式 COD 自动监测仪也是利用微型计算机将各项操作按预定程序自动进行，只是将氧化水样后剩余的重铬酸钾用库仑滴定法测定，根据消耗电荷量与加入的重铬酸钾总量所消耗的电荷量之差，计算出水样的 COD。

3. 总有机碳（TOC）自动监测仪

这类仪器有燃烧氧化—非色散红外吸收 TOC 自动监测仪和紫外照射—非色散红外

吸收 TOC 自动监测仪。前者的工作原理在第二章已介绍，但要使其成为间歇式自动监测仪，需要安装自控装置，将加入水样和试剂、燃烧氧化和测定、数据处理和显示、清洗等操作按预定程序自动进行。后者的工作原理是在自动控制装置的控制下，将水样、催化剂（TiO2 悬浮液）、氧化剂（过硫酸钾溶液）导入反应池，在紫外线的照射下，水样中的有机物氧化成二氧化碳和水，被载气带入冷却器除去水蒸气，送入非色散红外气体分析仪测定二氧化碳，由数据处理单元换算成水样的 TOC。仪器无高温部件，易于维护，但灵敏度较燃烧氧化一非色散红外吸收法低。

4. 紫外吸收值（UVA）自动监测仪

由于溶解于水中的不饱和烃和芳香烃等有机物对 254 nm 附近的紫外线有强烈吸收，而无机物对其吸收甚微。实验证明，某些废（污）水或地表水对该波长附近紫外线的吸光度与其 COD 有良好的相关性，故可用来反映有机物的含量。该方法操作简便. 易于实现自动测定，目前在国外多用于监控排放废（污）水的水质，当紫外吸收值超过预定控制值时，就按超标处理。

（三）单项污染指标自动监测仪

1. 总氮（TN）自动监测仪

这类仪器测定原理是：将水样中的含氮化合物氧化分解成 NO_2 或 NO、NO_3^-，用化学发光分析法或紫外分光光度法测定。根据氧化分解和测定方法不同，有三种 TN 自动监测仪。

（1）紫外氧化分解一紫外分光光度 TN 自动监测仪：测定原理是将水样、碱性过硫酸钾溶液注入反应器中、在紫外线照射和加热至 70 ℃ 条件下消解，则水样中的含氮化合物氧化分解生成 NO_3^-；加入盐酸溶液除去 CO_2 和 CO_3^{2-} 后，输送到紫外分光光度计，于 220nm 波长处测其吸光度，通过与标准溶液吸光度比较，自动计算出水样中 TN 浓度，并显示和记录。

（2）密闭燃烧氧化一化学发光 TN 自动监测仪：将微量水样注入置有催化剂的高温燃烧管中进行燃烧氧化，则水样中的含氮化合物分解生成 NO，经冷却、除湿后，与 O_3 发生化学发光反应，生成 NO_2，测量化学发光强度，通过与标准溶液发光强度比较，自动计算 TN 浓度，并显示和记录。

（3）流动注射一紫外分光光度 TN 自动监测仪：利用流动注射系统，在注入水样的载液（NaOH 溶液）中加入过硫酸钾溶液，输送到加热至 150～160 ℃ 的毛细管中进行消解，将含氮化合物氧化分解生成 NO_3^-，用紫外分光光度法测定 NO_3^- 浓度，自动计算 TN 浓度，并显示、记录。

2. 总磷（TP）自动监测仪

测定总磷的自动监测仪有分光光度式和流动注射式，它们都是基于将水样消解，将不同价态的含磷化合物氧化分解为磷酸盐，经显色后测其对特征光（880 nm）的吸光度，通过与标准溶液的吸光度比较，计算出水样 TP 浓度。

（1）分光光度式 TP 自动监测仪：它是一种将手工测定的标准操作方法程序化、自动化的仪器。

（2）流动注射一分光光度式 TP 自动监测仪：仪器的工作原理与流动注射式高锰酸

盐指数自动监测仪大同小异，即在自动控制系统的控制下，按照预定程序由载流液（H_2SO_4 溶液）载带水样和过硫酸钾溶液进入毛细管，在 150~160 ℃下消解，水样中各种含磷化合物被氧化分解，生成磷酸盐. 和加入的酒石酸镜氧钾一钥酸铵溶液进入显色反应管，发生显色反应，生成黄色磷铝杂多酸，再加入抗坏血酸溶液，使之生成磷钼蓝，输送到流通式比色池，测定对 880 nm 波长光的吸光度，由数据处理系统通过与标准溶液的吸光度比较，自动计算水样 TP 浓度，并显示、记录。

3. 氨氮自动监测仪

按照仪器的测定原理，有分光光度式和氨气敏电极式两种氨氮自动监测仪。

（1）分光光度式氨氮自动监测仪：这类仪器有两种类型，一种是将手工测定的标准方法操作程序化和自动化的氨氮自动监测仪，即在自动控制系统的控制下，按照预定程序自动采集水样送入蒸德器，加入氢氧化钠溶液，加热蒸馏，使水样中的离子态氨转化成游离氨，进入吸收池被酸（硫酸或硼酸）溶液吸收后，送到显色反应池，加入显色剂（水杨酸一次氯酸溶液或纳氏试剂）进行显色反应，待显色反应完成后，再送入比色池测其对特征波长（前一种显色剂为 697 nm，后一种显色剂为 420 nm）光的吸光度，通过与标准溶液的吸光度比较，自动计算水样中氨氮浓度，并显示、记录。测定结束后，自动抽入自来水清洗测定系统，转入下一次测定，一个周期需要 60 min。另一种类型是流动注射一分光光度式氨氮自动监测仪。在自动控制系统的控制下，将水样注入由蠕动泵输送来的载流液（NaOH 溶液）中，在毛细管内混合并进行富集后，送入气液分离器的分离室，释放出氨气并透过透气膜，被由恒流泵输送至另一毛细管内的酸碱指示剂（漠百里酚蓝）溶液吸收，发生显色反应，将显色溶液送入分光光度计的流通比色池，用光电检测器测其对特征光的吸光度，获得吸收峰高，通过与标准溶液吸收峰高比较，自动计算出水样的氨氮浓度。仪器最短测定周期为 10 min，水样不需要预处理。

（2）氨气敏电极式氨氮自动监测仪：在自动控制系统的控制下，将水样导入测量池，加入氢氧化钠溶液，则水样中的离子态氨转化成游离氨，并透过氨气敏电极的透气膜进入电极内部溶液，使其 pH 发生变化，通过测量 pH 的变化并与标准溶液 pH 的变化比较，自动计算水样氨氮浓度。仪器结构简单. 试剂用量少，测量浓度范围宽，但电极易受污染。

五、水质监测船

水质监测船是一种水上流动的水质分析实验室，它用船作运载工具，装上必要的监测仪器、相关设备和实验材料，可以灵活地开到需要监测的水域进行监测工作，以弥补固定监测站的不足；可以方便地寻找追踪污染源，进行污染物扩散、迁移规律的研究；可以在大水域范围内进行物理、化学、生物、底质和水文等参数的综合观测？取得多方面的数据。在水质监测船上，一般装备有水体、底质、浮游生物等采样系统或工具，固定监测站和水质分析实验室中必备的分析仪器、化学试剂、玻璃仪器及相关材料、水文、气象参数测量仪器及其他辅助设备和设施，如标准源、烘箱、冰箱、实验台、通风及生活设施等，还备有浸人式多参数水质监测仪，可以垂直放入水体不同深度，同时测量 pH、水温、溶解氧、电导率、氧化还原电位和浊度等参数。

第五节　环境监测网

环境监测网是运用计算机和现代通信技术将一个地区、一个国家,乃至全球若干个业务相近的监测站及其管理层按照一定组织、程序相互联系,传递环境监测数据、信息的网络系统。通过该系统的运行,达到信息共享,提高区域性监测数据的质量,为评价大尺度范围环境质量和科学管理提供依据的目的。下面介绍我国环境监测网情况。

一、环境监测网管理与组成

我国环境监测网由环境保护部会同资源管理、工业、交通、军队及公共事业等部门的行政领导组成的国家环境监测协调委员会负责行政领导,其主要职责是商议全国环境监测规划和重大决策问题。由各部门环境监测专家组成国家环境监测技术委员会负责技术管理,主要职责是:审议全国环境监测技术决策和重要监测技术报告;制定全国统一的环境监测技术规范和标准监测分析方法,并进行监督管理。环境监测技术委员会秘书组设在中国环境监测总站。

全国环境监测网由国家环境监测网、各部门环境监测网及各行政区域环境监测网组成。国家环境监测网由各类跨部门、跨地区的生态与环境质量监测系统组成,其主要监测点是从各部门、各行政区域现行的监测点中优选出来的,由各部门分工负责,开展生态监测和环境质量监测工作。部门环境监测网为资源管理、环境保护、工业、交通、军队等部门自成体系的纵向环境监测网,它们在国家环境监测网分工的基础上,根据自身功能特点和减少重复的原则,工作各有侧重.如资源管理部门以生态环境质量监测为主,工业、交通、军队等部门以污染源监测为主。行政区域环境监测网由省、市级横向环境监测网组成,省级环境监测网以对所辖地区环境质量监测为主,市级环境监测网以污染源监测为主。

环境监测网的实体是环境质量监测网和污染源监测网。国家环境质量监测网由生态监测网、空气质量监测网、地表水质量监测网、地下水质量监测网、海洋环境质量监测网、酸沉降监测网、放射性监测网等组成。

二、国家空气质量监测网

该监测网由空气质量监测中心站和从城市、农村筛选出的若干个空气质量监测站组成。空气质量监测中心站分为空气质量背景监测站、城市空气污染趋势监测站和农村居住环境空气质量监测站三类。

空气质量背景监测站设在无工业区、远离污染源的地方,其监测结果用于评价所在区域空气质量,与城市空气质量相比较。城市空气污染趋势监测站分为一般趋势(监测)站和特殊趋势(监测)站两类。前者进行常规项目(TSP、SO_2、NO_x、PM10及气象参数)例行监测,发布空气达标情况;后者是选择国家确定的空气污染重点城市开展特征有机污染物、臭氧监测。农村居住环境空气质量监测站建在无工业生产活动的村庄，开展空气污染常规项目的定期监测，评价空气质量状况。

三、国家地表水质量监测网

国家地表水质量监测网由地表水质量监测中心站和若干个地表水质量监测子站组成。地表水质量监测子站设在各水域，委托地方监测站负责日常运行和维护。监测子站的类型有背景监测站、污染趋势监测站、生产性水域监测站和污染物通量监测站。子站的监测断面布设在重要河流的省界，重要支流入河（江）口和入海口，重要湖泊及出入湖河流、国界河流及出入境河流，湖泊、河流的生产性水域及重要水利工程处等。截至 2007 年，我国已在松花江、辽河、海河、黄河、淮河、长江、珠江、太湖、巢湖、滇池等水系或水域建立完善了 200 余个水质自动监测站，分布在 20 多个省（自治区、直辖市），在评价重要地表水水域水质变化趋势、污染事故预警、解决跨界纠纷、重要工程项目环境影响评估及保障公众用水安全方面发挥了重要作用。

四、其他国家环境质量监测网

海洋环境质量监测网由国家海洋局组建，设有海洋环境质量监测网技术中心站、近岸海域污染监测站、近岸海域污染趋势监测断面、远海海域污染趋势监测断面。通过开展监测工作，掌握各海域水质状况和变化趋势。同时，从海洋环境质量监测网的监测站中选择部分监测站开展海洋生态监测，形成生态与环境相统一的监测网。海洋环境质量监测网的信息汇入中国环境监测总站。

地下水监测已形成由一个国家级地质环境监测院、31 个省级地质环境监测中心、200 多个地（市）级地质环境监测站组成的三级监测网，布设了两万多个监测点，并陆续建设和完善了全国地下水监测数据库，完成了大量地下水监测数据的入库管理，基本上控制了全国主要平原、盆地地区地下水质量动态状况。

在生态监测网建设方面，已利用建成的生态监测站和生态研究基地，围绕农业生态系统、林业生态系统、海洋生态系统、淡水（江、河流域和湖、库）生态系统、地质环境系统开展了大量生态监测工作，逐步形成农业、林业、海洋、水利、地质矿产、环境保护部门及中国科学院等多部门合作，空中与地面结合、骨干站与基本站结合、监测与科研结合的国家生态监测网。

五、污染源监测网

建立污染源监测网的目的是为了及时、准确、全面地掌握各类固定污染源、流动污染源排放达标情况和排污总量。污染源监测涉及部门多、单位多，适于以城市为单元组建污染源监测网。城市污染源监测网由环境保护部门监测站（中心）负责，会同有关单位监测站组成。

六、环境监测信息网

环境监测数据、信息是通过信息系统传递的。按照我国环境监测系统组成形式、功能和分工，国家环境监测信息网分为三级运行和管理。

一级网为各类环境质量监测网基层站、城市污染源监测网基层站（城市网络组长单位）。它们将获得的各类监测数据、信息输入原始数据库，按照上级规定的内容和格式将数据、信息传送至专业信息分中心（设在省或自治区、直辖市环境监测中心站）。污染源监测数据、信息由城市网络中心（设在市级监测站）传递给专业信息分中心。基层站的硬件以微型计算机平台为主。

二级网为专业信息分中心，负责本网络基层站上报监测数据和信息的收集、存储和处理，编制监测报告，建立二级数据库，并将汇总的监测数据、信息按统一要求传送至国家环境监测信息中心。专业信息分中心的硬件以小型计算机工作站为主。

三级网为国家环境监测信息中心（设在中国环境监测总站），负责收集、存储和管理二级网上报的监测数据、信息和报告，建立三级数据库，并编制各类国家环境监测报告。

此外，各环境监测网信息分中心、国家环境监测信息中心除实现国内联网外，还应通过互联网与国际相关网络联网，如全球环境监测系统（GEMS）、欧洲大气监测与评估计划网络（EMEP）等，以及时交流并获得全球环境监测信息。

参 考 文 献

[1] 李花粉，万亚男. 环境监测［M］. 第 2 版. 北京：中国农业大学出版社，2022.

[2] 张艳著. 环境监测技术与方法优化研究［M］. 北京：北京工业大学出版社，2022.

[3] 谢志宜，陈春贻，肖娟，等. 土壤环境质量监测网点位优化布设技术与应用［M］. 中国环境出版集团，2022.

[4] 韩芸，聂麦茜. 普通高等教育教材 环境监测技术及应用 第 2 版［M］. 北京：化学工业出版社，2022.

[5] 盛梅，蒋晓凤. 环境分析与监测实验［M］. 上海：华东理工大学出版社，2022.

[6] 殷丽萍，张东飞，范志强. 环境监测和环境保护［M］. 长春：吉林人民出版社，2022.

[7] 刘作云. 环境监测 理实一体化教程［M］. 沈阳：东北大学出版社，2022.

[8] 王海萍，彭娟莹. 环境监测［M］. 北京：北京理工大学出版社，2021.

[9] 代玉欣，李明，郁寒梅. 环境监测与水资源保护［M］. 长春：吉林科学技术出版社，2021.

[10] 隋鲁智，吴庆东，郝文. 环境监测技术与实践应用研究［M］. 北京：北京工业大学出版社，2021.

[11] 隋鲁智，吴庆东，郝文. 环境监测技术与实践应用研究［M］. 北京：北京工业大学出版社，2021.

[12] 聂文杰. 环境监测实验教程［M］. 徐州：中国矿业大学出版社，2020.

[13] 王森，杨波. 环境监测在线分析技术［M］. 重庆：重庆大学出版社，2020.

[14] 白义杰，潘昭，李丰庆. 环境监测与水污染防治研究［M］. 北京：九州出版社，2020.

[15] （比）菲利普·克沃维. 环境监测质量保证 采样与样品预处理［M］. 姚子伟，姜文博，刘亮，等，译. 北京：中国环境出版集团有限公司，2020.

[16] 乔仙蓉. 环境监测［M］. 郑州：黄河水利出版社，2020.

[17] 生态环境部，《土壤环境监测分析方法》编委会. 土壤环境监测分析方法［M］. 北京：中国环境出版集团，2019.

[18] 奚旦立. 环境监测［M］. 北京：高等教育出版社，2019.

[19] 孙成，鲜启鸣. 环境监测［M］. 北京：科学出版社，2019.

[20] 赵育. 环境监测［M］. 第 2 版. 北京：中国劳动社会保障出版社，2019.

[21] 陈井影，李文娟. 环境监测实验［M］. 北京：冶金工业出版社，2018.

[22] 中国环境监测总站编；冯丹，武桂桃，姜晓旭，田志仁，周谐，张榆霞，梁富生，彭刚华，米方卓主编. 国家环境监测网质量体系文件［M］. 中国环境出版集团，2018.

[23] 卢远. 区域生态环境遥感监测与评估实践研究［M］. 长春：东北师范大学出版社，2018.